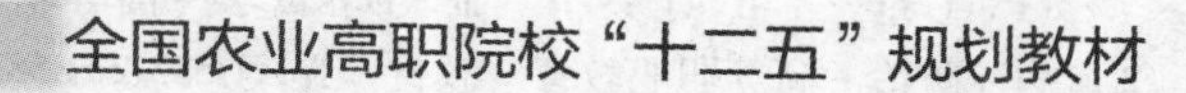

养禽与禽病防治

YANGQIN YU QINBING FANGZHI

蔡长霞　主编
李金岭　主审

中国轻工业出版社

图书在版编目（CIP）数据

养禽与禽病防治/蔡长霞主编. —北京：中国轻工业出版社，2013.9

全国农业高职院校“十二五”规划教材

ISBN 978-7-5019-9097-9

Ⅰ.①养… Ⅱ.①蔡… Ⅲ.①养禽学-高等职业教育-教材②禽病-防治-高等职业教育-教材 Ⅳ.①S83②S858.3

中国版本图书馆 CIP 数据核字（2013）第 013132 号

责任编辑：马 妍　　责任终审：张乃柬　　封面设计：锋尚设计
版式设计：锋尚设计　　责任校对：燕 杰　　责任监印：张 可

出版发行：中国轻工业出版社（北京东长安街 6 号，邮编：100740）
印　　刷：北京君升印刷有限公司
经　　销：各地新华书店
版　　次：2013 年 9 月第 1 版第 1 次印刷
开　　本：720×1000　1/16　印张：18.5
字　　数：375 千字
书　　号：ISBN 978-7-5019-9097-9　定价：35.00 元
邮购电话：010-65241695　传真：65128352
发行电话：010-85119835　85119793　传真：85113293
网　　址：http://www.chlip.com.cn
Email：club@chlip.com.cn
如发现图书残缺请直接与我社邮购联系调换
KG1013-110922

全国农业高职院校“十二五”规划教材

畜牧兽医类系列教材编委会

（按姓氏拼音顺序排列）

本书编委会

主　编

蔡长霞　黑龙江生物科技职业学院

副主编

王晓楠　黑龙江农业工程职业学院

王佳丽　辽宁医学院

参　编

（以姓氏笔画为序）

张苗苗　湖北生物科技职业学院

张　曼　杨凌职业技术学院

赵宪利　五大连池市职教中心学校

常景军　哈尔滨市奥博饲料制造有限公司

主　审

李金岭　黑龙江职业学院

前言 / PREFACE

根据国务院《关于大力发展职业教育的决定》、教育部《关于全面提高高等职业教育教学质量的若干意见》和《关于加强高职高专教育人才培养工作的意见》的精神，2011 年中国轻工业出版社与全国40 余所院校及畜牧兽医行业内优秀企业共同组织编写了“全国农业高职院校‘十二五’规划教材”（以下简称规划教材）。本套教材依据高职高专“项目引导、任务驱动”的教学改革思路，对现行畜牧兽医高职教材进行改革，对学科体系下多年沿用的教材进行了重组、充实和改造，形成了适应岗位需要、突出职业能力，便于教、学、做一体化的畜牧兽医专业系列教材。

《养禽与禽病防治》是高职高专畜牧兽医类专业核心课程的配套教材，主要以禽类生产企业的饲养管理、繁殖孵化、疾病预防和诊治等不同岗位的工作过程为主线进行编写。全书共设七个情境，包括禽场设备、家禽繁育技术、蛋鸡生产、肉鸡生产、水禽生产、禽病防治技术、禽病诊治技术。每个情境均包括知识目标、技能目标、案例导入、课前思考题、单元内容和知识链接等项目。通过对知识目标和技能目标的了解使教者与学者的目标更清晰；增设案例导入和课前思考题能提高学生的学习动力和兴趣；单元情境学习、相关知识链接和技能训练可培养学生多种学习能力和多项技能水平。

本教材主编蔡长霞负责编写情境三、情境二中的单元二和情境五中的单元二，副主编王晓楠负责编写情境四，副主编王佳丽负责编写情境一、情境二中的单元一和单元三，张苗苗负责编写情境六，张曼负责编写情境七，赵宪利负责编写情境五中的单元一，常景军负责编写情境二中的单元四。

本教材除作为高职高专畜牧兽医类教材外，还可作为中等畜牧养殖类专业和基层畜牧兽医人员、专业化养禽场的技术员及饲养员的参考书。

编者

2013. 5

目录 / CONTENTS

情境六 禽病防治技术

情境七 禽病诊治技术

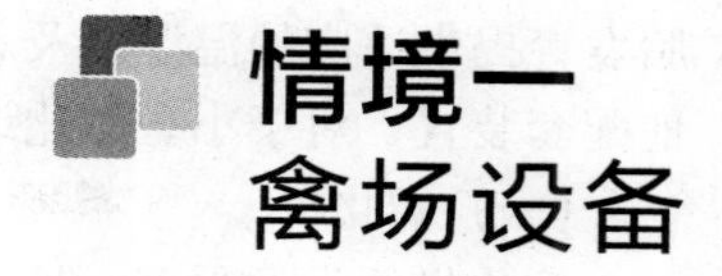

情境一 禽场设备

单元一 | 养殖设备

【知识目标】 识别养禽场喂饲饮水设备、环境控制设备、清粪消毒设备、笼具及平养设备、孵化设备、育雏设备、集蛋设备的种类和用途；了解粪污处理设备的用途、工作过程和应用范围；掌握以上各类设备的种类及各自特点。

【技能目标】 识别禽场喂饲饮水设备、环境控制设备、清粪消毒设备、笼具及平养设备、孵化设备、育雏设备、集蛋设备的种类；学会孵化设备环境条件设置方法；会使用和操作消毒设备。

【案例导入】 你的朋友请你帮忙设计一个现代化的禽舍，在对禽场场址进行选择、规划与布局后，你们应该配置哪些养禽设备以保证养禽场的顺利运营呢？

【课前思考题】

1. 若建一个每天出雏量为50万只雏鸡的孵化厂，请问你预购什么样的孵化机和出雏机，需购置多少台？
2. 如果让你选购商品蛋鸡的饮水设备和喂饲设备，你会选购哪种？
3. 环境控制设备与集蛋、清粪设备相比，哪个更重要？
4. 当购买养鸡舍设备资金不足时，只能先购入4~6种设备，你优先选购什么设备？请说明优先选购的顺序及原因。

一、孵化设备

孵化设备是现代化养禽设备中的主要设备之一，主要用来为禽类种蛋的胚胎发育提供适应的温湿度及新鲜空气。整套孵化设备包括孵化机、出雏机及其他配套装置，对于小型孵化设备也可将孵化机与出雏机合二为一。

（一）孵化机

孵化机的类型很多，虽然自动化程度和容量大小有所不同，但其构造原理基本相同。目前，大中型孵化场所使用的主要是箱体式孵化机（又称电孵箱）和巷道式孵化机，其中又以箱体式孵化机应用较多。

1. 箱体式孵化机

箱体式孵化机外观呈箱式，根据蛋架结构可分为蛋盘架式和蛋架车式。蛋盘架式又包括滚筒式和八角式，它们的蛋盘架均固定在箱内不能移动，入孵和操作管理不方便。目前多采用蛋架车式电孵箱，蛋架车可以直接到蛋库装蛋，消毒后推入孵化机，减少了种蛋装卸次数。箱体式孵化机要求单箱整批入孵，卫生消毒彻底，多采用变温孵化（见图 1 －1）。

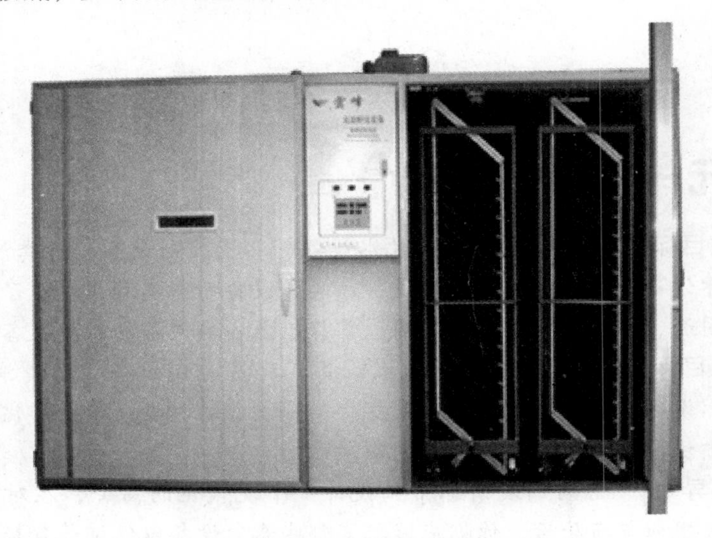

图 1 －1　箱体式孵化机

2. 巷道式孵化机

由多台箱体式孵化机组合连体拼装，配备有空气搅拌和导热系统，种蛋容量大，一般在 7 万枚以上，占地面积小，温度稳定，能自动实现变温孵化，气动翻蛋，喷雾消毒，但对孵化室环境要求严格，一般在 22 ~26℃才能发挥最佳潜能。

巷道式孵化机采取分批入孵，机内新鲜空气由进气口吸入，经加热、加湿后，从上部的风道经多个高速风机吹到对面的门上，大部分气体被反射下去进入巷道，通过蛋架车后又返回进气室，形成 O 形气流，将孵化后期胚蛋产生的热量带给加热前期种蛋，从而为机内不同胚龄的种蛋提供适宜的温度条件。另外，这种独特的气流循环充分利用了胚蛋的代谢热，较其他类型的孵化机省

图 1-2　巷道式孵化机

电（见图 1-2）。

（二）出雏机

出雏机是与孵化机配套的设备，鸡蛋入孵 18d 后要转到出雏机完成出壳。出雏机内不需进行翻蛋，不设翻蛋机构和翻蛋控制系统。出雏盘要求四周有一定的高度，底面网格密集。出雏时进气口、排气口应全部打开。

（三）其他设备

1. 孵化蛋盘架

孵化蛋盘架仅适合于有固定式转蛋架的孵化机使用。用于运送码盘后的种蛋入孵，以及将装有胚蛋的孵化盘移至出雏室。孵化蛋盘架用圆铁管做架，两侧焊有若干角铁滑道，四脚安有活螺轮。其优点是占地面积小，劳动效率高。

2. 照蛋灯

照蛋灯用于孵化时照蛋。采用镀锌铁皮制造，尾部安灯泡，前面有反光罩（用手电筒的反光罩），前端为照蛋孔，孔边缘套塑料管，还可缩小尺寸，并配有 12～36V 的电源变压器，使用时更方便、安全。

二、喂饲饮水设备

（一）喂饲设备

在现代养禽生产中，由于劳动量大、饲料撒落浪费多，一般不采用人工喂养，而是应用各种喂饲设备。

1. 饲槽

（1）长饲槽　长条形状，用塑料或镀锌铁皮制造，可用于平养和笼养。

（2）喂料桶　主要适用于平养家禽。饲料加入料桶时，饲料由料桶与食盘之间的环形带状间隙落到料盘外周供家禽采食。调节机构主要调节流料间隙，以满足不同种类、不同日龄家禽的采食需要（见图 1-3）。

（3）盘筒式饲槽　主要适用于平养家禽，可与喂食机配套使用。饲料从螺旋弹簧式输料管径卡箍部位下落到锥形筒和锥形盘之间，然后下落到食盘，

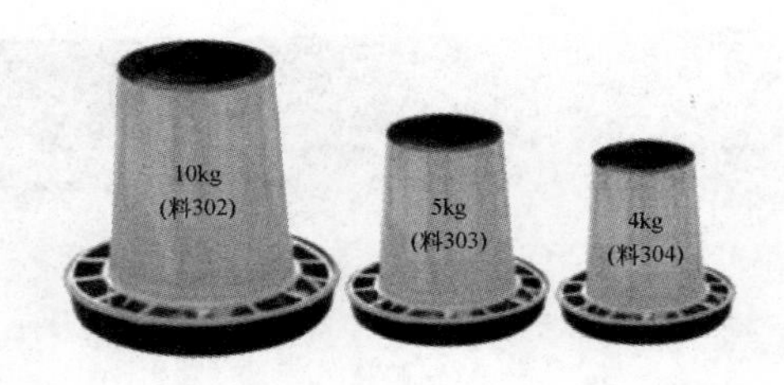

图1－3　料桶

调节螺钉通过改变筒、盘之间的间隙调节饲槽的下料量。用于肉种鸡的盘式喂料系统见图1－4。

图1－4　用于肉种鸡的盘式喂料系统

2. 喂食机

（1）链式喂食机　由驱动器通过链轮带动链片在长饲槽中循环移动，链片的一边有斜面可以推运饲料，把饲料均匀地送往四周饲槽，同时将饲槽中剩余的饲料和鸡毛等杂物带回，通过清洁器时，可把饲料与杂物分离，被清理后的饲料送回料箱、杂物掉落地面。链式喂食机可用于平养或笼养（见图1－5）。

图1－5　快速链式平养喂料机

（2）螺旋弹簧式喂食机　属于直线形喂料设备，由驱动器带动螺旋弹簧转动，弹簧的螺旋面连续把饲料向前推进，通过落料口落入食盘，当所有食盘都加满料后，最后一个食盘中的料位器就会自动控制电机停止转动，即停止输料。当饲料被采食后，食盘料位降到料位器启动位置时电机又开始转动，螺旋弹簧又将饲料依次推送到每一个食盘（见图1－6）。

图1－6　螺旋弹簧式喂食机

此外，还有驱动弹簧式喂食机、索盘式喂食机、轨道车式喂食机等。

（二）饮水设备

饮水设备主要有以下4种：长水槽式、真空式、吊塔式和乳头式，此外还有水禽专用饮水器等。

1. 长水槽式饮水器

长水槽式饮水器多安装于鸡笼食槽上方，是由塑料或镀锌板制成的U形或V形槽，一般由进水龙头、水槽、溢流水塞和下水管组成。水槽一端通入长流水，另一头接出水管将水排出，通过溢流塞或浮子阀控制水面，使整条水槽内保持一定的水位供家禽饮用，当供水超过溢流水塞时，水即由下水管流进下水道。长水槽式饮水设备结构简单、成本低，但同时耗水量大、疾病传播机会多、刷洗工作量大，此外安装要求精度高、不易水平、供水不匀、易溢水，主要适用于短鸡舍的笼养和平养。

2. 真空式饮水器

真空式饮水器由聚乙烯塑料筒和水盘组成。筒倒装在盘上，水通过筒壁小孔流入饮水盘，当水将小孔盖住时即停止流出，保持一定水面。真空式饮水器自动供水，无溢水现象，供水均衡、使用方便，但不适于饮水量较大时使用，一般用于雏鸡和平养鸡，每天清洗工作量大（见图1－7）。

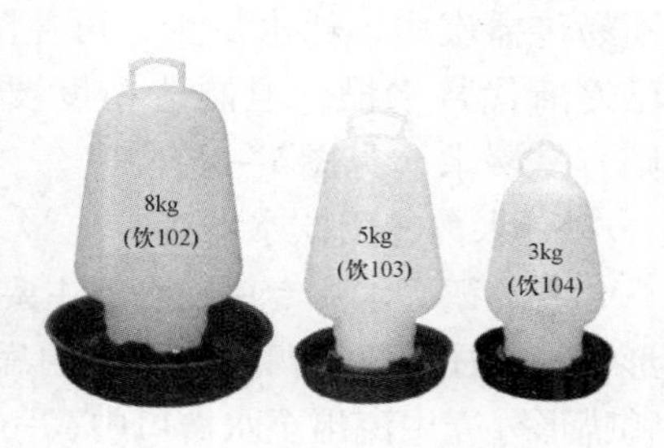

图1－7　真空饮水器

3. 吊塔式饮水器

吊塔式饮水器由钟形体、滤网、大小弹簧、饮水盘、阀门体等组成。饮水器用吊绳吊着，水从阀门体流出，通过钟形体上的水孔流入饮水盘，当饮水盘内无水时，重量变轻，弹簧克服饮水盘重量使控制杆向上运动，将出水阀打开，水顺饮水盘表面流入环形槽，随着环形槽水量增多，弹簧也在不断变长，控制杆向下运动，关闭出水阀，停止流水，从而保持一定水面。吊塔式饮水器适用于大群平养，具有灵敏度高、利于防疫、性能稳定的优点，但洗刷费力，且使用时吊绳要使饮水盘与雏鸡的背部或成鸡的眼睛齐平（见图1－8）。

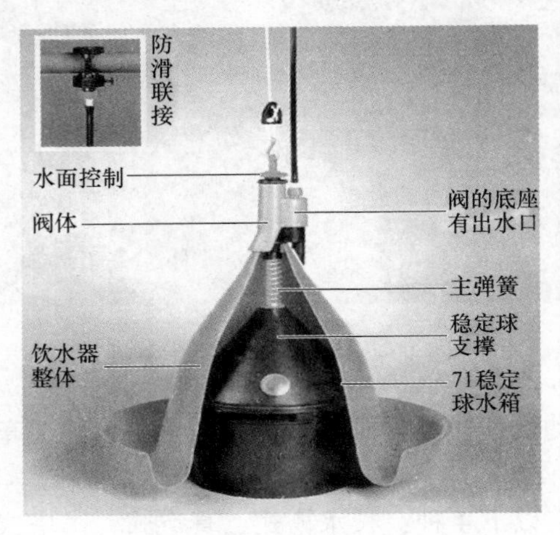

图1－8　吊塔式饮水器

4. 乳头式饮水器

乳头式饮水器由饮水乳头、水管、减压阀或水箱组成，还可以配置加药器。乳头由阀体、阀芯和阀座等组成。阀座和阀芯由不锈钢制成，装在阀体中并保持一定间隙，利用毛细管作用使阀芯底端经常保持有水珠，鸡啄水珠时即顶开阀座使水流出。平养和笼养都可以使用。乳头饮水器属封闭引水系统，不易传播疾病，耗水量少，可免除刷洗工作，已逐渐代替水槽，但制造精度要求较高，否则容易漏水（见图1－9）。

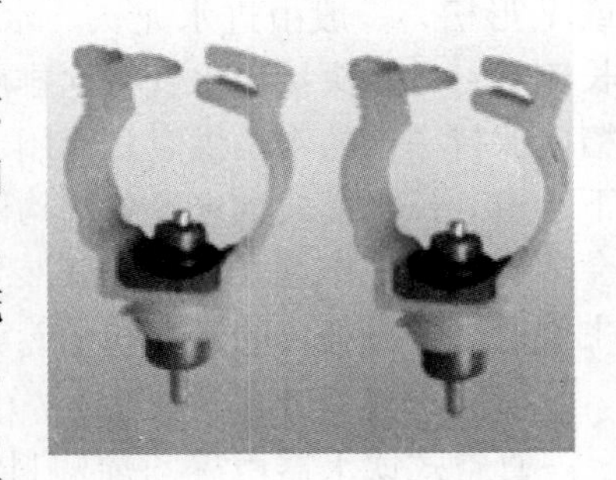

图1－9　禽用球阀式乳头饮水器

5. 水禽专用饮水器

鸭、鹅等水禽专用饮水器主要由配套异向双头管接件和饮水器内球（或锥）形密封钢柱构成。鸭、鹅水禽的扁喙不论从哪个角度，一旦触及阀杆即有水从鸭嘴形外壳中流出至水禽口中，一旦喙离开饮水器水即关闭（见图1－10）。

图 1 – 10 水禽专用饮水器

三、笼具

（一）育雏笼具

1. 叠层式电热育雏笼

叠层式电热育雏笼是一种有加热源的雏鸡饲养设备，一般为 4 层叠层式结构，每层包括加热笼、保温笼、运动笼 3 个部分。加热笼内有加热装置、粪盘、照明灯和加湿槽，侧壁用板封闭以防热量散失，由控制仪自动控温；保温笼是从加热笼到运动笼的过渡，无加热源，侧面与运动笼由帆布帘相接，既保温又允许雏鸡出入；运动笼内有食槽、饮水器、承粪盘，无加热装置，四面不密封，为雏鸡提供饮食及自由活动的场所（见图 1 – 11）。

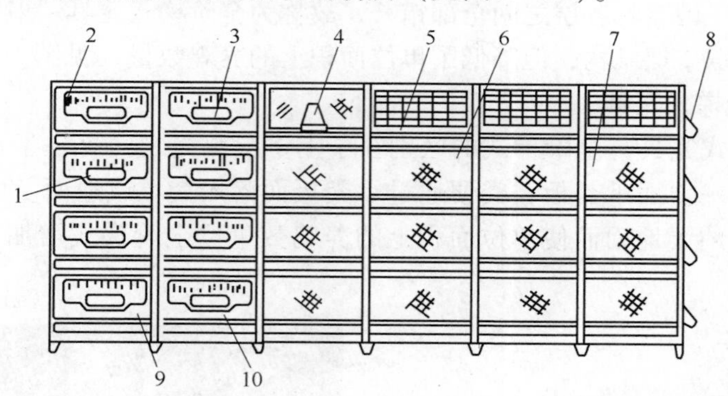

图 1 – 11 电热育雏笼

1—观察窗 2—水盘 3—温度计 4—真空式饮水器 5—粪盘
6—运动笼中组 7—运动笼尾组 8—食槽 9—加热笼 10—保温笼

2. 叠层式育雏笼

叠层式育雏笼为无加热装置的普通育雏笼，常由 4 层或 5 层组成，整个笼组由铁丝网片制成，由笼架固定支撑，每层笼间设承粪板，外形尺寸（mm）：2800 × 1400 × 1700，饲养只数：800 ~ 1000 只。此种笼适用于整室加温的鸡舍（见图 1 – 12）。

（二）育成产蛋笼具

1. 叠层式笼具

叠层式为多层鸡笼相互重叠而成，每层之间有承粪板。笼具安装时每两笼背靠背安装，数个或数十个笼子组成一列，每两列之间留有过道。随设备条件不同，可多层笼子重叠在一起，一般以 3 层为宜。此种布局占地少，单位面积养鸡数量多（见图 1 – 13）。

图 1 – 12　叠层式育雏笼

图 1 – 13　叠层式笼具

2. 全阶梯式笼具

全阶梯式笼具是目前种鸡、商品蛋鸡生产中采用人工受精方式时的主要饲养笼具之一。因笼具各层之间全部错开，故称为全阶梯式笼具。多数为 3 层结构，也可采取 2 层结构，但降低了单位面积上的养鸡数量（见图 1 – 14）。

3. 半阶梯式笼具

半阶梯式笼具与全阶梯式的区别在于上下层鸡笼之间有一半重叠，其重叠部分设有一斜面承粪板，粪便通过承粪板而落入粪坑或地面。由于有一半重叠，故节约了地面而使单位面积上的养鸡数量比全阶梯式增加了 1/3（见图 1 – 15）。

图 1 – 14　全阶梯式笼具

图 1 – 15　半阶梯式笼具

四、集蛋设备

集蛋工作劳动量大，主要有手工捡蛋和机械集蛋两种形式。后者生产效率高，很多国家已普遍使用，但目前我国仍主要采用手工捡蛋。

（一）手工集蛋设备

目前，一般养鸡户都利用蛋托进行手工集蛋。

（二）机械集蛋设备

机械化集蛋方式应根据各场的情况来选择，比较常用的有下面两种方式。

1. 电瓶车或手推车集蛋

集蛋时，电瓶车或手推车运行在鸡笼之间，将蛋捡入蛋盘中，捡完后集中送到清洗包装车间。这种方式较经济实用，在各类鸡场中广泛使用。

2. 传送带式集蛋系统

传送带式集蛋系统由电动机、齿轮与链条、流蛋槽和传送带组成。总体分为纵、横两条线。其中，纵线为集蛋线，安置在每列笼前的传送带。

现代化种鸡场生产设备是配套装备的（见图 1－16）。

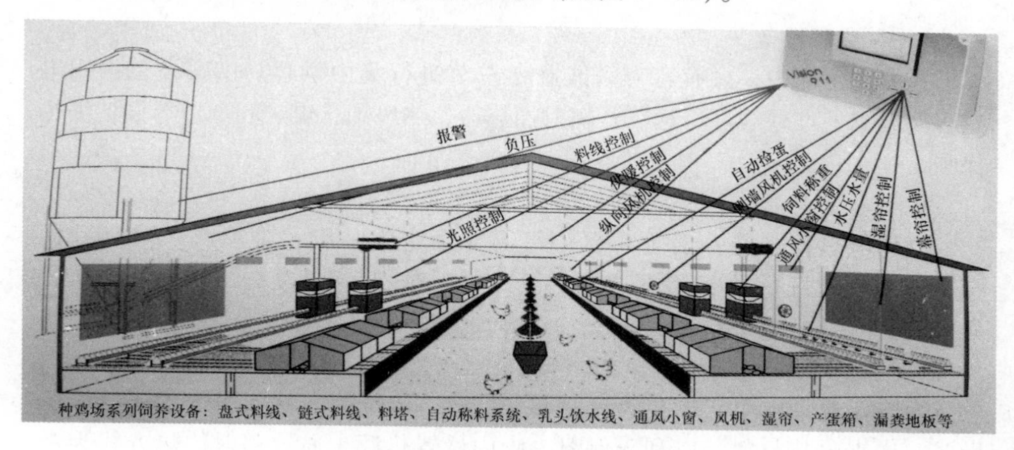

图 1－16 现代化种鸡场生产设备

单元二 | 禽舍环境控制设备

【知识目标】 通过理论与生产实践相结合的方式讲述禽舍的环境控制，了解对禽舍进行温热环境控制、空气质量控制和照明控制的意义和原则，掌握禽舍环境控制的具体方法和措施。

【技能目标】 通过本单元的学习，学会如何对禽舍进行环境控制，能设计一套完整的禽舍温热环境、通风及光照控制程序。

【案例导入】 你帮忙建设的养禽场要正式投入运营，请你根据饲养家禽的种类设计出一套合理的温度、湿度、通风及光照控制程序。

【课前思考题】 养禽场哪些环境因素对家禽的饲养至关重要？如何进行合理的环境控制？

一、控温设备

（一）供暖设备

在养禽生产中，只有育雏舍或严冬季节进行集中供暖。供暖设备可用电热、保温伞、红外线灯、远红外辐射加热器、热风炉、煤炉和烟道等设备加热保暖。

1. 立体电热育雏笼

立体电热育雏笼一般为 4 层，每层 4 个笼为一组，雏鸡 1～2 周龄时，其饲养密度为每平方米 70 只左右，到 3 周龄时为 50 只左右，6 周龄时为 25 只左右。

2. 育雏保温伞

育雏保温伞由伞状罩和热源两部分组成。传统的伞状罩用铁皮或纤维板做成，内夹隔热材料，以利于保温。伞内设置热源，通过辐射传热方式为鸡群供暖。热源可采用电热、燃气或燃煤等。现代生产工艺生产的保温伞罩多由优质的玻璃钢精制而成，保温伞设有温度控制器，可方便地调节设定温度；保温伞里设有照明灯；镀锌链悬挂方便，高低可调。一只伞可供 500 只小鸡使用。

3. 红外线灯

在距地面一定高度处水平悬挂若干个红外线灯泡，利用红外线灯发出的热量育雏。开始时一般离地面 35～45cm，随着鸡龄增加，逐渐提高灯泡高度或逐渐减少灯泡数量，以逐渐降低温度。每只 250W 功率的灯泡可供 100～250 只雏鸡的供暖用。红外线灯育雏具有供暖稳定、室内清洁的优点，但耗电量大、灯泡易损，成本高。

4. 远红外辐射加热器

大型鸡场育雏时多用板式远红外辐射加热器，长 24cm、宽 16cm，功率 800W。一般 $50m^2$ 育雏室用该板一块，挂于距离地面 2m 高处，辐射面朝下。当辐射面涂层变为白色时，应重新涂刷。

5. 环保节能热风炉

热风炉主要用原煤作燃料，比普通火炉节煤 50% ~70%。工作过程中内燃升温，烟气自动外排，配备自动加湿器，室内升温和加湿同步运行。同时，能自动压火控温，煤燃尽时自动报警。

6. 煤炉

煤炉常作为专业户小规模育雏或提高冬天鸡舍内温度的加温设备。煤炉可用铸铁或铁皮制成。煤炉上设置炉管，炉管通向室外，通过炉管将煤烟及煤气排出室外，炉管在室外的开口要根据风向设置，以免迎风致煤炉倒烟。此法简单易行，投资不大，但添煤、出灰比较麻烦，且室内较脏、空气质量不佳，因此要注意适当通风防止煤气中毒。

7. 烟道

烟道分为地上烟道和地下烟道两种，且以地上烟道常见。一般育雏舍设置两列烟道，位于两侧纵墙 50cm 处。多用于供电不正常地区育雏室的加温。

（二）降温设备

降温设备用来减轻高温对家禽的影响，缓解热应激，主要包括湿垫风机降温系统、喷雾降温设备、水冷式空气冷却器、蒸发式冷却器、机械制冷设备等。湿垫风机降温系统由纸质波纹多孔湿垫（见图 1 –17）、湿垫冷风机、水循环系统及控制装置组成，它可使夏季空气通过湿垫进入鸡舍，降低进入鸡舍空气的温度。

图 1 –17　湿垫

二、通风设备

根据舍内气流流动方向，可分为横向通风和纵向通风两种。横向通风是指舍内气流方向与鸡舍长轴垂直。纵向通风是将排气风机全部集中在鸡舍一端的山墙或山墙附近的两侧墙上（即污道端），进气口设在风机对面一端的山墙上或其附近的两侧纵墙上（即净道端）。近年实践证明，纵向通风效果较好，能消灭和克服横向通风时舍内的通风死角和风速小而不均匀的现象，同时可消除横向通风造成鸡舍间交叉感染的弊病。吊扇、换气扇、风机都可用做鸡舍的通风机械，但在大型养鸡场中，通风换气设备主要是风机。

三、光照设备

光照设备用于保证禽舍一定的光照，从而最大限度地发挥家禽的生产性能。主要包括各种光照灯具和光照自动控制器。光照灯具主要有白炽灯、荧光灯、紫外线灯、节能灯和便携聚光灯等。光照自动控制器能够按时开灯和关灯。目前我国已经生产出鸡舍光控器，有石英钟机械控制和电子控制两种，较好的是电子显示光照控制器，也称光控仪（见图1－18）。

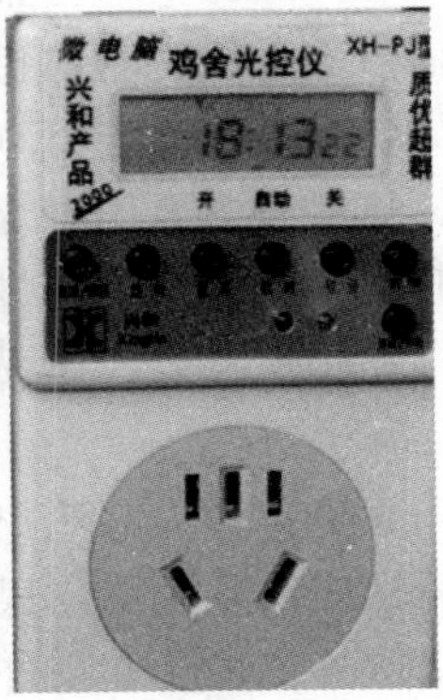

图1－18　鸡舍光控仪

四、清粪消毒设备

现代化养禽场自动化程度越来越高，人工劳动越来越少，随之而来也出现了一些新的机械设备。

（一）清粪设备

清粪设备用来清除禽舍内的粪便，大大降低人工劳动量的同时能有效提高禽舍环境质量、净化禽舍空气。主要清粪设备有刮板式清粪机、传送带式清粪机、螺旋弹簧横向清粪机。

1. 牵引式刮板清粪机

牵引式刮板清粪机一般由牵引机、刮粪板、框架、钢丝绳、转向滑轮、钢丝绳转动器等组成。一般在一侧都有贮粪沟。它是靠绳索牵引刮粪板，将粪便集中，刮粪板在清粪时自动落下，返回时刮粪板自动抬起。主要用于鸡舍内同一个平面一条或多条粪沟的清粪，一条粪沟与相邻粪沟内的刮粪板由钢丝绳相连，可在一个回路中运转，一个刮粪板正向运行，另一个则逆向运行。也可楼上楼下联动同时清粪。钢丝绳牵引的刮粪机结构比较简单，维修方便，但钢丝绳易被鸡粪腐蚀而断裂（见图1－19）。

图1－19　牵引式刮板清粪机

2. 传送带式清粪机

传送带式清粪机主要由传送带、主动轮、从动轮、托轮等组成。常用于高密度叠层式上下鸡笼间清粪，鸡的粪便可由底网空隙直接落于传送带上，可省去承粪板和粪沟。采用高床式饲养的鸡舍，鸡粪可直接落在深坑中，积粪经1年后再清理，非常省事。但成本较高，如制作和安装符合质量要求，则清粪效果好，否则系统易出现问题，会给管理工作带来麻烦（见图1－20）。

（二）消毒设备

1. 消毒池

图1－20 传送带式清粪机

在养禽场的入口处和每栋禽舍的入口处要设置消毒池。消毒池内放入2%～4%的氢氧化钠溶液，每周更换3次。北方地区冬季严寒，可用石灰粉代替消毒液。有条件的可在生产区出入口处设置喷雾装置，喷雾消毒液可采用0.1%百毒杀溶液、0.1%新洁尔灭或0.5%过氧乙酸。每栋禽舍的门前也要设置脚踏消毒槽（消毒槽内放置5%氢氧化钠溶液），进出禽舍最好换穿不同的专用橡胶长靴，在消毒槽中浸泡1min，并进行洗手消毒，穿上消毒过的工作衣和工作帽进入禽舍。

2. 消毒室

场区门口和禽舍门口要设置消毒室，人员和用具进舍要消毒。消毒室天棚下方安装紫外线灯（1～2W/m^3 空间），旁边设脚踏消毒池，内放2%～5%的氢氧化钠溶液。进入人员要换鞋和工作服等，如有条件，可以设置淋浴设备，洗澡后方可入内。脚踏消毒池中消毒液每周至少更换2次。

3. 喷雾器

按照喷雾器的动力来源分为背负式手动型喷雾器、机动喷雾器和手扶式喷雾车等。

（1）背负式手动喷雾器　主要用于场地、畜舍、设施和带畜（禽）的喷雾消毒。产品结构简单，保养方便，喷洒效率高。

（2）机动喷雾器　常用于场地消毒以及禽舍消毒。设备有动力装置，具有体轻、振动小、噪声低、高效安全、经济耐用等特点。用少量的液体即可进行大面积消毒，且喷雾迅速。高压机动喷雾器主要由喷管、药水箱、燃料箱、高效二冲程发动机组成，使用中需注意佩戴防护面具或安全护目镜。操作者应戴合适的防噪声装置（见图1－21）。

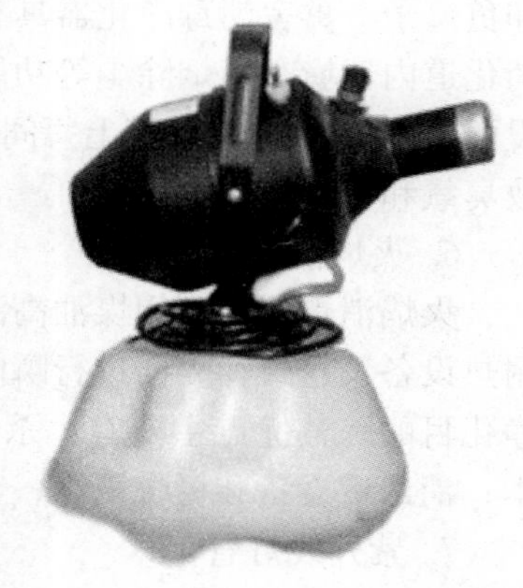

图1－21 机动喷雾器

（3）手扶式喷雾车　用于大面积喷洒环境消毒，尤其在场区环境消毒和疫区环境防疫消毒中使用。产品特点是二冲程发动机强劲有力，不仅驱动行驶，而且驱动辐射式喷洒及活塞膜片式水泵。进退各两档，使其具有爬坡能力及良好的地形适应性。快速离合及可调节手闸保证在特殊的山坡上也能安全工作。主要结构是较大排气量的二冲程发动机带有变速装置，可前进或后退，药箱容积相对较大，适宜连续消毒作业。每分钟喷洒量大，同时具有较大的喷洒压力，可短时间内完成大量的消毒工作（见图 1－22）。

图 1－22　手扶式喷雾车

4. 禽舍固定管道喷雾消毒设备

禽舍固定管道喷雾消毒设备是一种可以用机械喷雾代替人工喷雾的设备，可用于鸡舍内的喷雾消毒和降低粉尘。在夏季，与通风装置配合使用，还可降低鸡舍内的温度。一般情况下，一栋长 100m、宽 12m 的鸡舍消毒一次仅需 1.5min（见图 1－23）。

图 1－23　禽舍固定管道喷雾消毒设备

5. 禽舍消毒净化器

禽舍消毒净化器将臭氧发生器与负离子发生器有机结合，可同时产生臭氧和负离子。禽舍消毒净化器具有除氨气臭、空气消毒、饮用水消毒、净化家禽消化道内环境、消烟除尘等功能。安装时将仪器设置在禽舍外间，在禽舍内铺设两条 PVC 管道，管道上每间隔 2m 钻一内径 3～5mm 的出气孔，通过气孔释放臭氧和负离子。

6. 火焰消毒器

火焰消毒器是利用煤油高温雾化，剧烈燃烧产生高温火焰对舍内的鸡笼等耐热设备及建筑物表面进行瞬间高温燃扫，达到杀灭细菌、病毒、虫卵等消毒净化目的。其优点主要有：杀菌率高达 97%；操作方便、高效、低耗、低成本；消毒后设备和栏舍干燥，无药液残留。

7. 紫外线灯管

紫外线照射消毒是利用紫外线灼热以及干燥等作用使病原微生物灭活而达到消毒的目的。此法较适用于禽舍的垫草、用具、进出人员等的消毒，对被污染的土壤、牧场、场地表层的消毒均具有重要意义。

参观养禽设备

一、技能目标

学生通过参观养鸡场机械设备，了解家禽场常用生产设备的种类、用途及基本使用方法和注意事项，使学生能够在实际生产中选择适宜的养禽设备。

二、教学资源准备

（一）仪器用具

养鸡场及孵化场机械设备，具体包括孵化设备、育雏设备、笼具、饲喂设备、饮水设备和环境控制设备等。

（二）师资配置

实训时 1 名教师指导 40 名学生。

三、原理与知识

预习各种养殖设备的工作原理，熟悉环境控制设备基本操作程序。

四、操作方法及考核标准

（一）方法与步骤

（1）孵化设备参观　熟悉孵化机和育雏机的型号、结构和基本使用方法。了解照蛋灯的构造和使用。

（2）育雏设备参观　熟悉饲养场所使用育雏笼具和育雏保温设备的种类，了解其使用效果。

（3）饲养设备参观　掌握饲养场所使用的笼具类型及配套的饲喂设备和饮水设备的类型，了解其使用效果。

（4）环境控制设备　了解饲养场所使用环境控制设备及其用途。

（二）作业

记录观察到的饲养场的各种机械设备的类型、用途及结构等并做出实验报告，结合所学专业知识讨论该饲养场选用设备的成功经验与不足之处，并提出初步改进措施。

孵化机使用的七大技巧

孵化机使用技巧1——使用前对整机进行一次全面的检修，如风机是否有杂音、皮带松紧度是否适宜、运动部件是否灵活、保险是否完好、使用的电源电压是否稳定等，发现问题及时修理。

孵化机使用技巧2——机器孵化前应放在一层砖厚的方木或水泥台上，要求通风良好、机器平稳，孵化前要试机运行，查看报警按钮、线路是否良好，检查照明开关是否即开、即关。

孵化机使用技巧3——开机时应先开总的进线开关（稳压器），然后开电源开关，电控显示灯亮。开风扇开关，大风扇转动，加热指示灯亮且加热管工作。最后再开翻蛋开关。

孵化机使用技巧4——开机后应观察风扇转动是否正常、翻蛋机是否正常工作、翻转的角度是否合适、控制情况是否良好，待开机调试两天确定一切正常后再放种蛋进行孵化。

孵化机使用技巧5——放取种蛋时，翻蛋开关一定要关上。用摇把将蛋架摇平，再放置种蛋。而后，打开翻蛋开关，翻蛋机构运转到设定角度，恢复到工作状态。手摇翻蛋时一定要沿着箭头所示方向缓慢摇动摇把。

孵化机使用技巧6——经常检查皮带的松紧度，过松则风量小，通风不良，机内温差大；过紧则会影响皮带及电机寿命。

孵化机使用技巧7——利用生产淡季，每年整机进行清洗一次，有轴承的地方加注黄油进行保养。

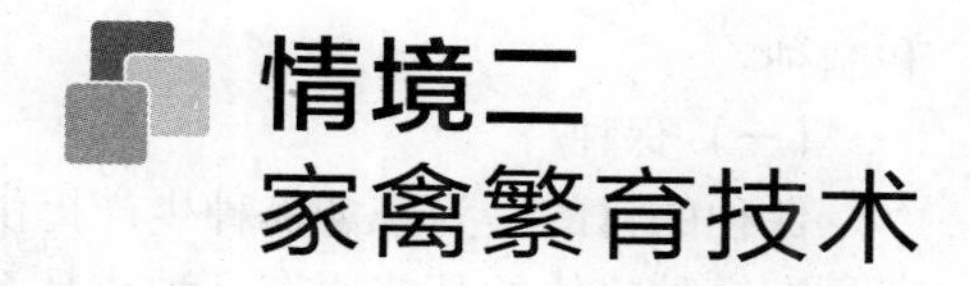

情境二 家禽繁育技术

单元一 | 家禽繁育体系

【知识目标】 了解保种的目的和方法，说出育种的程序，认识配合力测定的作用；说出生产商品杂交禽的制种过程及其杂交方式；了解家禽繁育体系的基本环节，掌握家禽良种繁育体系的组成结构。

【技能目标】 能绘制二系配套杂交、三系配套杂交、四系配套杂交的模式图，能设计现代家禽良种的繁育体系图谱。

【案例导入】 企业派你到美国去购买蛋鸡良种，给你带了300万元人民币。打算将你新购入的品种扩繁并推广到企业的子公司作为拳头产品来经营。你到达美国后得知：祖代鸡，1000元人民币/只，父母代鸡100元人民币/只，商品代鸡3元人民币/只。请问你选购哪个代次的鸡种，选购多少只鸡，其中公、母各为多少？

【课前思考题】 家禽养殖业的五大支柱是良种、全价配合饲料、畜牧工程设施、饲养管理和卫生防疫，其中良种排在首位，那么如何培育新的良种呢？其繁育体系主要包括什么？

家禽的杂交繁育体系是将纯系选育、配合力测定以及种鸡扩繁等环节有机结合起来形成的一套体系。在杂交繁育体系中，将育种工作和杂交扩繁任务划分给相对独立而又密切配合的育种场和各级种禽场来完成，使各部门的工作专门化。家禽杂交繁育体系的建立，决定了现代养鸡生产的基本结构。

一、现代禽种繁育的基本环节

现代禽种的繁育过程主要包括4个基本环节，即保种、育种、配合力测定和制种。

（一）保种

保种的目的是为家禽良种生产提供育种素材。以某些现有品种为基础，保存具有育种价值的某些原有品种或品系，采用本品种选育或提纯复壮等保种措施，提高原有品种或品系的生产性能，为育种场提供育种素材。保种首先要收集育种素材，收集不同品种、品系或群体，建立基础群，保证丰富多样的基因库。保种是保证现代养禽生产的基因库，根据不同的经济用途，选择现有的标准品种的不同特征而繁育提高，完成家禽新品种的产生。

提纯复壮是指在本品种或品系繁育过程中，有目的、坚持不懈地进行选纯选优、去杂去劣，防止良种退化，能够使家禽的遗传基础得到稳定，同时可以提高某些数量性状和经济性状，保证后代群体的生产性能，促进养禽事业的可持续发展。

（二）育种

育种是在一个品种内合适的群体培育出各具特点的纯系或合成系。利用某些原有品种或品系为育种素材，采用科学合理的育种方法，培育出若干各有特点的纯系或合成系。纯系包括育种核心群，培育纯系的方法主要有近交系育种法、闭锁群育种法、正反反复选择育种法、合成系育种法等。家禽生产过程中，由于家禽所在地理位置不同，饲养和环境管理等外部条件不同，所以即使较高生产性能的同一家禽也会表现出不同的经济价值，为了更好地使生产性能的遗传力得到充分的发挥，育种中即便是同一个家禽品种也有很多不同特点的品系。例如，来航鸡按冠型和毛色共分 16 个品变种，如单冠白来航、玫瑰冠褐来航等。其中以单冠白来航生产性能最高，分布最广，早熟，耗料少，具有蛋鸡生产的优势较多，但是抗应激能力比较差。当然，根据不同地域特点，采用品系也会不同，这样才能充分发挥某一个品种的生产性能。

（三）配合力测定

配合力测定是将培育出的纯系进行不同杂交组合的生产性能试验，筛选出最佳的杂交组合，生产具有强大杂种优势的较高性能和抗病适应能力的商品杂交禽。

品系间的配合力有一般配合力和特殊配合力之分。一般配合力主要来自自加性遗传方差，而特殊配合力则来自非加性遗传方差。品系间特殊配合力好的杂交，说明杂种优势强，有用于生产的可能性。

不同品系的组合杂交，产生的杂交优势强弱不同。杂交优势的强弱取决于父母双亲配合力的好与坏，所以可通过配合力测定杂交后代生产性能高低的方法，来评定父母双亲配合力的好坏。具体方法是，把育种场培育的各个纯系的杂交组合送到配合力测定站，在相同的饲养管理条件下进行饲养试验，对杂交后代生产性能进行测定记录，包括数量性状和质量性状的测定。

例如，蛋鸡通过产蛋量、受精率、孵化率、雏鸡生活力、产蛋鸡生活力、性成熟期、体重、产蛋率、耗料比、抗病力、蛋重、产蛋重、蛋壳厚度和强度、蛋形、哈氏单位、蛋壳颜色、蛋壳组织、血斑率和肉斑率等多个性状的测定，从中筛选出符合经济需要、配合力最佳的杂交组合，从而构成配套品系用于育种。

（四）制种

经配合力测定最后选出最佳的杂交组合即可进行品系配套扩繁，进而转入杂交制种生产商品杂交禽。配套品系的杂交过程就是制种，即利用构成配套品系的各个纯系，按照固定的生产模式进行逐代杂交，生产商品杂交禽的过程。其杂交方式主要有二系配套杂交、三系配套杂交和四系配套杂交。

1. 二系配套杂交

配套系由两个纯系构成。用两个纯系固定性别的公、母禽进行一次纯繁，用其各自单一性别进行一次杂交，利用杂交一代作商品禽生产。这是最简单的一种杂交方式，又称单交。我国培养的“京白 283”、“滨白 42”白壳蛋鸡就是二系配套杂交。图 2－1 即为二系配套杂交模式图。

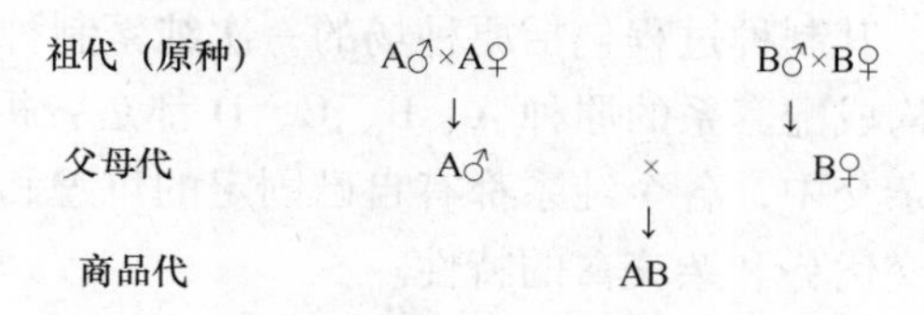

图 2－1　二系配套杂交图

2. 三系配套杂交

配套系由 3 个纯系构成。首先在曾祖代场（原种场）进行一次纯繁，先用两个纯系固定性别的公、母禽进行杂交，利用杂交子一代的母禽再与第三个纯系的公禽杂交，用以生产商品杂交禽。这种杂交方式比二系杂交方式的遗传基础广，因此获得的杂交优势也较强。图 2－2 即为三系配套杂交模式图。

如果育种目标达到的话，三系配套最为经济，具有充分的市场竞争力。

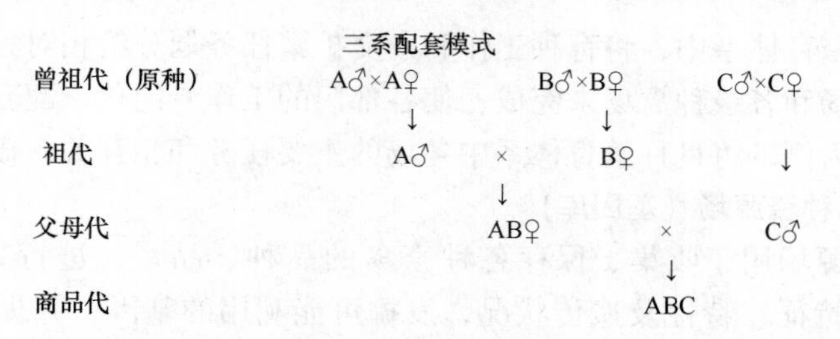

图 2－2　三系配套杂交图

3. 四系配套杂交

配套系分别来源于4个纯系。先用4个纯系固定性别的公、母禽分别进行两两杂交，利用其产生的子代再进行杂交，用以生产商品杂交禽。四系配套杂交又称双交，这种杂交方式遗传基础更广，杂交优势也更强。如美国的“AA”肉鸡、加拿大的星杂“579”褐壳蛋鸡等就是四系配套杂交。家禽的商品代的自别雌雄（羽色和羽速）都是采用四系配套产生的，引入了一对相对性状基因作为第四系。图2－3即为四系配套杂交模式图。

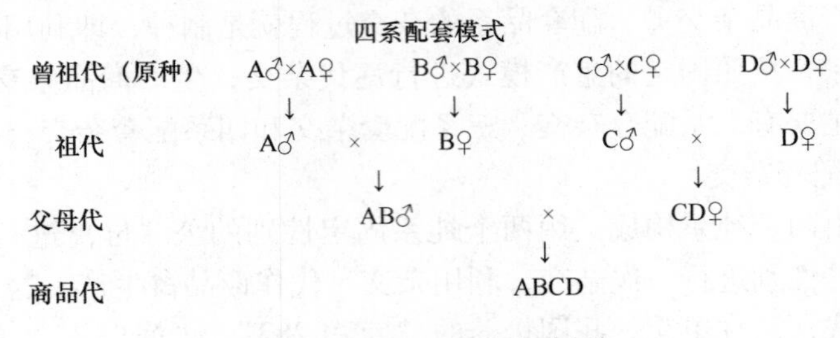

图2－3　四系配套杂交图

四系配套杂交，其制种过程包括原种场的一次纯繁制种和祖代及父母代场的两次杂交制种。构成配套系的原种A、B、C、D都是曾祖代（原种）。应该注意，在配套组合杂交中，各个纯系都有自己固定的位置和性别，不能随意改换，否则将失去杂交优势和杂交禽的特性。

二、良种繁育体系

现代禽种的繁育过程主要包括保种、育种、配合力测定和制种4个基本环节，整个过程需要通过繁育体系来实现。家禽繁育体系是现代禽种繁育的基本组织形式。为了获得生产性能高、有突出特点且具有市场竞争能力的优良禽种，必须进行一系列的育种和制种工作，需要把品种资源、纯系培育、配合力测定以及曾祖代、祖代、父母代、商品代的组配与生产等环节有机地配合起来，从而形成一套体系，这套体系就是现代家禽良种繁育体系（见图2－4）。

在杂交繁育体系中，将育种工作和杂交扩繁任务划分给相对独立而又密切配合的育种场和各级种禽场来完成，使各部门的工作专门化、配套化。现以四系配套杂交为例，将良种繁育体系中各场的主要任务和相互关系概述如下。

（一）品种资源场（基因库）

品种资源场用于收集、保存各种家禽的品种、品系，进行繁殖、观察，研究它们的特征、特性及遗传状况，发掘可能利用的基因，并提高原有品种或品系的生产性能，给育种场提供素材。品种场是培育现代商品杂交禽的基础，这项工作称为建立基础群。现代家禽育种公司都建有自己的育种基础

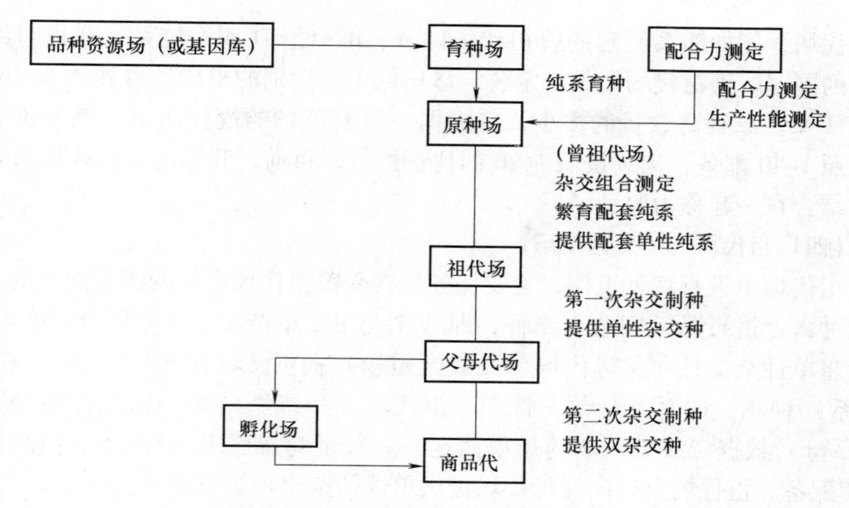

图 2－4　现代家禽良种的繁育体系

群，即丰富的品种资源（基因库），根据市场的需求及其家禽的生产变化改进提高，不断选育成新的"纯系"。因此，品种资源场也称"基因库"，它是家禽各种各样基因的保存仓库，同时也是保证和促进养禽生产、提高生产性能的重要基础。

（二）育种场

育种场利用品种场提供的适应生产需要的品种或品系，进行杂交组合试验，筛选出杂交优势强大并经随机抽样性能测验站测验的配套组合。它是一项技术性复杂、要求高、过程长、花费大的工作，需要科研部门与高校等协作配合。为使禽群的基因纯合化，用近交育种法、闭锁群选育育种法、正反反复育种法或合成系育种等进行家系选育。近交育种是受玉米双杂交的启发，使近交系数达到50%左右，虽然本身性能不高，但是可以产生显著的杂交优势，产蛋量有明显的提高；闭锁群选育种闭锁禽群，如引入外血，在避免近交的前提下随机配种，之后通过细致的选择使优良基因逐步达到纯合；正反反复育种法，首先将两个品系的公、母禽进行正反杂交，然后根据杂种的性能选出优秀的亲本纯繁，如此反复进行，以期不断改进两系的配合力，提高商品禽的生产性能；合成系育种是将两个或两个以上的各具特色的品系杂交，利用基因重组形成遗传基础有别于杂交亲本的群体，经过几代闭锁群选育后，培育出生产性能好、能够遗传给下一代并且能够在商品代体现的新品系。

（三）原种场（曾祖代场）

原种场（曾祖代场）是制种体系的中心，任务是饲养育种场提供的配套品系，进行纯繁制种及纯繁保种（选育提高），为祖代场提供各品系的单性鸡。由育种场提供的配套纯系种蛋或种雏，在曾祖代场安家落户。曾祖代场也进行配套纯系的选育、扩繁和杂交组合的测定。将优秀组合中的单性纯系提供给祖代场，例如四系配套的曾祖代场的A、B、C、D四个纯系，在进行纯繁保种的同时，为祖代场提供一定公、母比例单一性别的祖代种禽如A♂、B♀、C♂、D♀。原种禽数量的多少，需根据一级繁殖场的规模而定，例如蛋鸡一般按照1∶40配备，肉鸡按照1∶20的比例配备。目前，我国的曾祖代场与育种场常结合在一起称为原种场。

（四）祖代场（一级繁殖场）

祖代场不进行育种工作，主要任务是接受曾祖代场提供的四系配套的单一性别种禽，进行品系间杂交制种，即A♂与B♀单杂交、C♂与D♀单杂交，然后将单性杂交种向父母代场（二级繁殖场）提供父母代AB（父系）和CD（母系）种鸡。四系都是单一性别。祖代场（一级繁殖场）祖代种鸡的数量（D系母）根据二级繁殖场的规模而定，一般蛋鸡按照1∶60配备、肉鸡按照1∶50配备。祖代场可以向父母代场提供单性的杂交种雏或种蛋。

（五）父母代场（二级繁殖场）

父母代场的任务是接受祖代场提供的父母代种鸡，进行双杂交，即用AB♂与CD♀进行杂交。父母代场要把AB♀和CD♂淘汰，决不能用反交方式进行杂交，也不能利用祖代场提供的种蛋继续进行自繁，这样会降低商品代鸡的质量。规定祖代场每年必须由曾祖代场进鸡，父母代场每年必须由祖代场进鸡。父母代场经过杂交制种，向商品代鸡场提供商品杂交鸡ABCD。父母代场种禽的数量（CD母）根据商品场的规模而定，比如蛋鸡按照1∶80配备、肉鸡按照1∶100配备。

（六）商品代场

饲养由父母代场提供的双杂交商品禽（ABCD），进行商品生产，为市场提供商品禽蛋或禽肉。商品代场借助较好的遗传基础，通过科学规范的管理办法，使自身的遗传力得到充分发挥，特别是主要的经济性状的体现。

单元二 | 家禽品种

【知识目标】 了解标准品种的原产地、外貌特征和生产性能；掌握白来航鸡、洛岛红鸡等标准品种在家禽育种中的作用；熟悉鸡地方品种的优点；掌握现代蛋鸡配套系，能说出京白904、京白938白壳蛋鸡的生产性能。了解中国现有鸭、鹅品种资源及其分布状况；熟悉常见鸭、鹅品种的外貌特征；掌握其生产性能各项指标。能说出绍兴鸭、北京鸭、太湖鹅、狮头鹅的产肉性能、产蛋性能、繁殖性能和产毛性能。

【技能目标】 能根据来航鸡、洛岛红鸡、丝毛鸡、北京油鸡特有的外貌特征，识别其品种模型或图片；看生产性能表，找出京红1号、京粉1号与国外褐壳蛋鸡生产性能上的差别；看图能识别海兰灰粉壳蛋鸡的外貌特征；能根据图片识别蛋鸭与肉鸭的常见品种；能根据图片识别大、中、小型鹅常见的品种。

【案例导入】 某大型蛋鸡场与皮蛋制作加工企业合作，签订了长期供货合同，合同是按重量计算价格的，要求供应的每枚蛋重略小一点，蛋鸡场在选择蛋鸡品种时应考虑饲养哪个品种才能达到双赢？

【课前思考题】

1. 世界著名的白壳蛋鸡的品种是如何育成的？
2. 世界著名的褐壳蛋鸡的品种是如何育成的？
3. 我国在世界蛋鸡育种史上有哪些贡献？
4. 我国地方品种的最大优势是什么？
5. 鸭的品种分类与其代表品种有哪些？
6. 蛋鸭和肉鸭生产性能有哪些区别？
7. 鹅的品种分类与其代表品种有哪些？

一、鸡的品种

（一）标准品种

20世纪50年代前，经过人们有计划地系统选种、选育，并按育种组织制订的标准鉴定承认的品种称为标准品种。按经济用途分为蛋用型、肉用型、兼用型和观赏型。列为世界标准品种和品变种的鸡种有200多个，其中白来航鸡是著名的蛋用型品种，洛岛红鸡是著名的蛋肉兼用型品种，现将国内外著名标准品种介绍如下。

1. 白来航鸡

（1）产地与分布 著名蛋用型鸡种。原产于意大利，现已遍布全世界。

（2）外貌特征　体型小，轻巧活泼。冠型共有 12 种，主要有单冠和玫瑰冠 2 种，其中以单冠最为普遍。按羽色分为白来航鸡和褐来航鸡两种（见图 2－5），其中，白来航在世界白壳蛋鸡育种中贡献最大。其外貌为全身羽毛白色而紧贴，冠大鲜红，单冠公鸡的冠较厚而直立，上缘呈锯齿状，母鸡初产时单冠倾斜一侧。喙、胫、趾和皮肤均呈黄色，胫无毛。耳叶呈白色。

图 2－5　来航鸡（♂♀）

（3）生产性能　成年公鸡平均体重 2700g，母鸡 2000g。开产日龄 140～150d，平均年产蛋 220 枚以上。蛋壳白色，蛋重 55～65g。无就巢性，性成熟早，具有产蛋量高而饲料消耗少的优势。

现代生产白壳蛋的配套商品杂交鸡，均为利用白来航鸡品种育成具有不同特点的品系，然后采用二元、三元或四元杂交，通过配合力测定，筛选出最佳的配套杂交组合，使新培育的商品蛋鸡高产、稳定而且饲料报酬高，常用公司名称编号出售。如海兰 W－36、北京白鸡等就是白来航商品系配套杂交鸡。

2. 洛岛红鸡

（1）产地与分布　著名肉蛋兼用型鸡种。原产于美国，现遍布世界各地。

（2）外貌特征　有单冠和玫瑰冠两个变种，我国引进的为单冠变种。体躯长方形，体格强健。耳叶红色、椭圆形，喙、胫、趾、皮肤黄色，全身羽毛红棕色，主翼羽、尾羽大部分为黑色，胫无毛（见图 2－6）。

图 2－6　洛岛红鸡（♂♀）

（3）生产性能　公鸡体重 3.5～3.75kg，母鸡体重 2.25～2.75kg。母鸡开产日龄 180～210d，年产蛋 160～170 枚，蛋重 60g，蛋壳褐色。有就巢性。

现代生产褐壳蛋的配套商品杂交鸡，在四系配套杂交组合的父本中，主要是利用洛岛红鸡的高产品系作父本的父系和母系。而且大多用做伴性遗传的亲本，利用其隐性金黄色和非芦花羽色分别对显性银白色和芦花羽色的伴性特点，用做繁殖商品蛋鸡的父本，使初生雏能按羽色自别雌雄。

3. 新汉夏鸡

（1）产地与分布　育成于美国新汉夏州的肉蛋兼用型鸡种，现已遍布全世界。

（2）外貌特征　新汉夏鸡羽毛呈浅红色，尾羽黑色，体躯呈长方形，头中等大，单冠。脸部、肉垂和耳叶均呈鲜红色，喙褐黄色，胫、趾黄色或微带红色，皮肤黄色。背部较短，体躯各部肌肉发达，体质强健，适应性强（见图2－7）。

（3）生产性能　新汉夏鸡年产蛋量为180～200枚，蛋重为56～60g，蛋壳褐色。标准体重公鸡为3.0～3.5kg，母鸡为2.5～3.0kg。

4. 澳洲黑鸡

（1）产地与分布　原产于澳洲的肉蛋兼用型品种，现已遍布世界各地。

（2）外貌特征　澳洲黑鸡羽毛紧密，体躯深广，胸部丰满。全身羽毛黑色而富有光泽，喙、胫、趾均呈黑色，脚底呈白色（见图2－8）。

图2－7　新汉夏鸡（♂♀）

图2－8　澳洲黑鸡（♂♀）

（3）生产性能　母鸡6月龄开产，平均年产蛋160枚左右，蛋重约60g，蛋壳褐色。略有就巢性。成年公鸡体重3.75kg左右，母鸡2.5～3kg。

5. 浅花苏赛斯鸡

（1）产地与分布　原产于英国英格兰苏赛斯的肉蛋兼用型品种。

（2）外貌特征　体长，胸、腹宽深，胫较短。单冠，中等大，冠、肉垂、耳叶均为红色，皮肤白色。依羽色不同，分为斑点、红色和浅花3个变种，我国仅引进浅花变种（见图2－9）。

（3）生产性能　年产蛋150枚左右，蛋重56g左右，蛋壳褐色。成年公鸡体重4.0kg，母鸡3.2kg。

6. 狼山鸡

（1）产地与分布　我国著名优良蛋肉兼用型品种。原产于江苏如东、南通两县，全国各地均有饲养，曾于19世纪后期输往英国，后又分布到其他国家。英国著名的黑色奥品顿（Orpington）鸡即由它改良育成。狼山鸡对其他

图 2－9　浅花苏赛斯鸡（♂♀）

外国鸡种的形成也起到了一定作用。

（2）外貌特征　羽毛多为纯黑色，少数白色（见图 2－10）。单冠红色，头颈挺举，尾羽高耸，背部似 U 字形，胸部发达。体高腿长，腿上外侧多有羽毛。嘴、腿均为黑色。

图 2－10　狼山鸡（♂♀）

（3）生产性能　成年公鸡体重 3.5～4kg，母鸡 2.5～3kg。年产蛋 120～170 枚，蛋重 55～65g，蛋壳褐色。狼山鸡性情活泼，觅食能力强，适应性和抗病力也很强。肉质细嫩，滑嫩爽口。

7. 洛克鸡

（1）产地与分布　原产于美国朴勒茅斯洛克州，已遍布全世界。我国引入的主要是横斑洛克、浅黄洛克和白洛克 3 个变种（见图 2－11、图 2－12、图 2－13）。

图 2－11　横斑洛克鸡（♂♀）

图 2－12　浅黄洛克鸡（♂♀）

图2－13　白洛克鸡（♂♀）

（2）外貌特征　横斑洛克鸡体型椭圆，身躯各部发育良好，生长快，产蛋多，肉质好，易肥育。全身羽毛系黑白相间的横斑纹，羽毛末端为黑边，斑纹清晰一致。公鸡的白色横斑约为2/3，黑色横斑约为1/3；母鸡的黑、白横斑几乎相等，因此看起来母鸡的羽色较浓而公鸡较淡；单冠，耳叶红色。喙、胫、趾和皮肤均呈黄色。浅黄洛克鸡体型、外貌和生产性能均与横斑洛克鸡相似，只是全身羽毛呈浅黄色。白洛克鸡体型与上述两个品变种相仿，肉垂和耳叶均呈红色，喙、胫和趾均为深黄色，皮肤浅黄色，全身羽毛白色，单冠。

（3）生产性能　横斑洛克鸡年产蛋量在180枚左右，经选育的高产品系可达250枚。蛋重为56g，蛋壳褐色，公鸡体重为4.0kg，母鸡为3.0kg。白洛克鸡年产蛋量为150～160枚，蛋重为60g左右，蛋壳呈浅褐色。标准体重：公鸡为4.0～4.5kg，母鸡为3.0～3.6kg。

8. 丝毛鸡

（1）产地与分布　又称“乌骨鸡”、“武山鸡”、“丝羽鸡”，原产于我国，主要产区以江西泰和和福建泉州等较为集中，分布现已遍及全国各地。

（2）外貌特征　其遍体白毛如雪，反卷，呈丝状（见图2－14）。归纳其外貌特征，体小，有“十全和六乌”特征，“十全”特征即红冠（红或紫色复冠）、缨头（毛冠）、绿耳、胡子、五爪、毛脚、丝毛、乌皮、乌骨和乌肉。“六乌”特征即乌皮、乌骨、乌肉、乌眼喙、乌趾、乌内脏及脂肪（见图2－15）。

图2－14　丝毛鸡（♂♀）

图2－15　丝毛鸡六乌特征

（3）生产性能　公鸡体重1～1.25kg，母鸡0.75kg。年产蛋量约80枚，蛋壳米褐色。既可食用，又可观赏，还可供药用，有美容、抗衰老、抗癌的功效。

（二）地方品种

地方品种生产性能较低，体型外貌不一致，但具有生活力强、耐粗饲等优点；是在育种技术水平较低，无明确的育种目标，没有经过有计划的系统选种、选育，而在某一地区长期饲养而形成的品种。目前，中国现存产蛋性能较好或蛋肉兼用性能较好的地方品种如下：

1. 仙居鸡

（1）产地与分布　蛋用型优良地方品种，主要产区在浙江省仙居县及邻县，多分布在浙江东南部地区，外省也有引种。

（2）外貌特征　羽色较杂，但以黄色为主，颈羽色较深，黑尾，翼羽半黄半黑（见图2－16）。

图2－16　仙居鸡（♂♀）

（3）生产性能　开产日龄150～180d，年均产蛋160～180枚，最高产鸡可达200枚以上，蛋重42g左右；就巢母鸡一般占鸡群10%～20%；成年母鸡体重1.25kg；蛋壳以浅褐色为主。江苏省家禽科学研究所的资料表明，用来航公鸡与仙居鸡杂交：500日龄产蛋量达到223枚，蛋重48～50g。

2. 寿光鸡

（1）产地与分布　肉蛋兼用型优良地方鸡种，原产于山东寿光的稻田区慈家、伦家一带，也称“慈伦鸡”。

（2）外貌特征　寿光鸡全身黑羽并有光泽，红色单冠，眼大灵活，虹彩呈黑色或褐色，喙为黑色，皮肤白色。体大脚高，骨骼粗壮，体长胸深，背宽而平，脚粗。具有耐粗饲，觅食能力强的优点（见图2－17）。

（3）生产性能　大型成年公鸡平均体重3.8kg、母鸡3.1kg，初产日龄为240～270d，年产蛋量90～100枚，蛋重70～75g；小型成年公鸡平均体重3.6kg、母鸡2.5kg，年产蛋量120～150枚，蛋重60～65g，蛋壳为红褐色。

图2－17　寿光鸡（♂♀）

3. 固始鸡

（1）产地与分布　蛋肉兼用型地方鸡种，原产于河南省固始县，主要分布于沿淮河流域以南、大别山脉北麓的商城、新县、淮滨等10个县、市，安徽省霍丘、金泰等县也有分布。

（2）外貌特征　固始鸡属黄鸡类型，体躯呈三角形，羽毛丰满，单冠直立，6个冠齿，冠后缘分叉，耳垂呈鲜红色，眼大有神，喙短呈青黄色。公鸡毛呈金黄色，母鸡以黄色、麻黄色为多（见图2－18）。

（3）生产性能　母鸡常在160d开产，年产蛋为122～222枚，平均蛋重51.43g，蛋黄呈鲜红色。成年公鸡体重2.47kg，母鸡1.78kg。

4. 北京油鸡

（1）产地与分布　肉蛋兼用型地方鸡种。原产于北京市郊区，历史悠久，距今已有300余年。主要分布在安定门外的北顶、小关、大屯等地。

（2）外貌特征　北京油鸡体躯中等，羽色美观，主要为赤褐色和黄色羽色。赤褐色者体型较小，黄色者体型大。雏鸡绒毛呈淡黄或土黄色，成年鸡羽毛厚而蓬松。公鸡羽毛色泽鲜艳光亮，头部高昂，尾羽多为黑色；母鸡头、尾微翘，胫略短，体态敦实。北京油鸡羽毛较其他鸡种特殊之处在于，具有冠羽和胫羽，有的个体还有趾羽。不少个体下颌或颊部有髯须，故称为"三羽"特征，即有风头、毛腿和胡子嘴，是北京油鸡特有的外貌特征（见图2-19）。

图2-18　固始鸡（♂♀）

图2-19　北京油鸡（♂♀）

（3）生产性能　北京油鸡的生长速度缓慢。屠体皮肤微黄，肉质细腻，肉味鲜美。其初生重为38.4g，4周龄重为220g，8周龄重为549.1g，12周龄重为959.7g，16周龄重为1228.7g，20周龄的公鸡为1.5kg、母鸡为1.2kg。开产日龄170d，年产蛋量120枚，蛋重54g，蛋壳颜色为淡褐色，部分个体有就巢性。

（三）现代品种

根据产蛋的颜色分为白壳蛋鸡系、褐壳蛋鸡系和粉壳蛋鸡系。

1. 白壳蛋鸡系

白壳蛋鸡系主要是以白来航鸡品种为育种素材而培育的现代品种，是蛋用型鸡的典型代表。白壳蛋鸡开产早，产蛋量高；无就巢性；体积小，耗料少，饲料报酬高；单位面积的饲养密度高，蛋中血斑和肉斑率很低。不足之处是胆小怕人，富于神经质，抗应激性较差；因其好动爱飞，平养条件下需设置较高的围栏；啄癖多，特别是开产初期啄肛造成的伤亡率较高。

（1）京白904　为三系配套，是北京市种禽公司育成的北京白鸡系列中目前产蛋性能最佳的配套杂交鸡。父本为单系，母本两个系。这种杂交鸡的突出特点是早熟、高产、蛋大、生活力强、饲料报酬高。在"七五"国家蛋鸡攻关生产性能随机抽样测定中，京白904的产蛋成绩名列前茅，甚至超过引进的巴布可克B-300的生产性能，是目前国内最好的白壳蛋鸡品种。测定结果如下：0~20周龄育成率92.17%，20周龄体重1.49kg，群体150日龄开产，72

周龄产蛋数288.5枚，平均蛋重59.01g，总蛋重17.02kg，料蛋比2.33∶1，产蛋期存活率88.6%，产蛋期末体重2kg。

（2）京白938　是北京市种禽公司的科技人员为实现白壳蛋鸡羽速自别雌雄，在原有京白823和京白904配套纯系的基础上，进行快羽和慢羽的选育。在1991—1995年期间，经过多批次几十个组合的测定，最后筛选出可通过羽速自别雌雄的品系配套的938高产白壳蛋鸡（见图2－20）。其主要生产性能指标如下：20周龄育成率94.4%；20周龄体重1.19kg；21～72周龄饲养日产蛋303枚，平均蛋重59.4g，总蛋重18kg；产蛋期存活率90%～93%。

图2－20　京白938（♂♀）

（3）滨白584　东北农业大学的专家从1986年起，引进海赛克斯白父母代作育种素材，与原有滨白鸡纯系进行杂交组合品系选育，经过6年的工作，于1992年筛选出品系配套的滨白584高产蛋鸡。其主要生产性能指标如下：72周龄饲养日产蛋量281.1枚，平均蛋重59.86g，总蛋重16.83kg，料蛋比2.53∶1，产蛋期存活率91.1%。

（4）海赛克斯白　该鸡系荷兰优利布里德公司育成的四系配套杂交鸡。以产蛋强度高、蛋重大而著称。该鸡种135～140日龄见蛋，160日龄产蛋率达50%，210～220日龄产蛋率超过90%，总蛋重16～17kg。据英国、瑞典、德国、比利时、奥地利等国测定，其平均性能为：72周龄产蛋量274.1枚，平均蛋重60.4g，产蛋期存活率92.5%。

（5）巴布可克B－300　该鸡为美国巴布可克公司育成的四系配套杂交鸡。世界上有70多个国家和地区饲养。该鸡的特点是产蛋量高，蛋重适中，饲料报酬高（见图2－21）。资料表明，商品鸡：0～20周龄育成率97%，产蛋期存活率90%～94%，72周龄入舍鸡产蛋量275枚，饲养日产蛋量283枚，平均蛋重61g，总蛋重16.79kg，产蛋期末体重1.6～1.7kg。巴布可克B－300参加“七五”蛋鸡攻关生产性能主要指标随机抽样测定的结果为：0～20周龄育成率88.7%；20周龄体重1.46kg；72周龄产蛋量285枚，平均蛋重58.96g，总蛋重16.8kg，料蛋比2.29∶1，产蛋期末体重1.96kg，产蛋期存活率85.1%。

图2－21　巴布可克B－300（♂♀）

（6）罗曼白　是德国罗曼公司育成的两系配套杂交鸡，即精选罗曼SLS。由于其产蛋量高、蛋重大而备受人们的青睐。罗曼公司的资料表明：罗曼白商品代鸡：0～20周龄育成率96%～98%；20周龄体重1.3～1.35kg；150～

155d产蛋率达50%，高峰期产蛋率92% ~94%，72周龄产蛋量290 ~300枚，平均蛋重62 ~63g，总蛋重18 ~19kg，料蛋比2.3 ~2.4∶1；产蛋期末体重1.75 ~1.85kg，产蛋期存活率94% ~96%。

（7）海兰W -36　该鸡是美国海兰国际公司育成的配套杂交鸡（见图2 -22）。资料表明，海兰W -36商品代鸡：0 ~18周龄育成率97%，平均体重1.28kg；161日龄达产蛋率50%，高峰期产蛋率91% ~94%，32周龄平均蛋重56.7g，70周龄平均蛋重64.8g，80周龄入舍鸡产蛋量294 ~315枚，饲养日产蛋量305 ~325枚；产蛋期存活率90% ~94%。雏鸡可通过羽速自别雌雄。

图2 -22　海兰W -36（♂♀）

2. 褐壳蛋鸡系

褐壳蛋鸡由肉蛋兼用型品种培育而来，父母代和商品代均可以羽色自别雌雄。具有蛋重大、蛋的破损率低、鸡性情温顺、对应激因素的敏感性差等优点。

（1）京红1号　是北京市华都峪口禽业有限责任公司在引进世界优秀育种素材的基础上，采用传统育种和现代育种技术相结合的方法，于2009年选育出来的优秀蛋鸡品种（见图2 -23）。该品种的问世打破了长期以来祖代蛋鸡品种受制于人、完全依赖国外进口的格局，揭开了我国蛋鸡育种事业的新篇章。农业部家禽品质监督检测中心测定结果表明，京红1号生产性能达到国际领先水平。其生产性能如下：商品代蛋鸡育雏育成期成活率高达96% ~98%，产蛋期成活率92% ~95%，高峰期产蛋率93% ~96%，90%以上产蛋率维持8个月以上，高峰期料蛋比2.0 ~2.1∶1。此外，还具有繁殖力高、适应性强、杂交配套系可实现雏鸡雌雄自别的优势。试验表明，配套系父母代雌雄自别准确率高达98%以上，商品代雌雄自别准确率接近100%。

图2 -23　京红1号父母代种鸡

（2）海兰褐　由美国海兰国际公司育成的四系配套杂交鸡。父本红褐色，母本白色（见图2 -24）。商品雏鸡可用羽色自别雌雄：公雏白色，母雏褐色。海兰国际公司的资料表明，商品代生产性能：0 ~20周龄育成率97%；20

图2 -24　海兰褐父母代种鸡

周龄体重 1.54kg，156 日龄达 50% 的产蛋率，29 周龄达产蛋高峰，高峰期产蛋率 91% ~96%，18 ~80 周龄饲养日产蛋量 299 ~318 枚，32 周龄平均蛋重 60.4g，20 ~74 周龄蛋鸡存活率 91% ~95%。

（3）海赛克斯褐　由荷兰优利布里德公司育成的四系配套杂交鸡。该鸡在世界分布较广，是目前国际上产蛋性能最好的褐壳蛋鸡之一。父本两系均为红褐色，母本两系均为白色，商品代雏可用羽色自别雌雄：公雏为白色，母雏为褐色。据该公司介绍，海赛克斯褐的产蛋遗传潜力为年产 295 枚。商品代鸡 0 ~20 周龄育成率 97%；20 周龄体重 1.63kg；78 周龄产蛋量 302 枚，平均蛋重 63.6g，总蛋重 19.2kg；产蛋期存活率 95%。目前我国各地均有饲养，普遍反映该鸡种不仅产蛋性能好，而且适应性和抗病力强。

（4）罗曼褐　是德国罗曼公司育成的四系配套褐壳蛋鸡高产品种。该品种具有产蛋性能高、性成熟早、显著的产蛋高峰和高峰后持久的产蛋力等特性；还具有良好的适应性、较强的抗病能力、饲料转化率高等优点。其父本两系均为褐色，母本两系均为白色（见图 2 -25）。商品代雏鸡可用羽色自别雌雄：公雏白羽，母雏褐羽。据该公司的资料，罗曼褐商品鸡 0 ~20 周龄育成率 97% ~98%，152 ~158 日龄达 50% 产蛋率；0 ~20 周龄总耗料 7.4 ~7.8kg，20 周龄体重 1.5 ~1.6kg；高峰期产蛋率为 90% ~93%，72 周龄入舍鸡产蛋量 285 ~295 枚，12 月龄平均蛋重 63.5 ~64.5g，入舍鸡总蛋重 18.2 ~18.8kg，料蛋比 2.3 ~2.4∶1；产蛋期末体重 2.2 ~2.4kg；产蛋期母鸡存活率 94% ~96%。

图 2 -25　罗曼褐父母代种鸡

3. 粉壳蛋鸡

粉壳蛋鸡是由洛岛红品种与白来航品种间正交或反交产生的杂种鸡，其蛋壳颜色介于褐壳蛋与白壳蛋之间，呈浅褐色，严格地说属于褐壳蛋，国内均称其为粉壳蛋。其羽色以白色为主体，间杂黄、黑、灰等羽斑，与褐壳蛋鸡又不相同。故单列为粉壳蛋鸡。

（1）京粉 1 号　是北京市华都峪口禽业有限责任公司在引进世界优秀育种素材的基础上，采用传统育种和现代育种技术相结合的方法，在中国饲养环境条件下选育的优秀蛋鸡品种（见图 2 -26）。适合中国的防疫环境、饲料质量、设施设备条件等，与京红 1 号同时培育成功。农业部家禽品质监督检测中心测定结果表明，京粉 1 号生产性能达到国际领先水平。该品种具有开产早、产蛋多、

图 2 -26　京粉 1 号父母代种鸡

好饲养、抗病强的特点，140 日龄达到 50% 的产蛋率；90% 以上产蛋率维持 9 个月以上。适应粗放的饲养环境，育雏、育成成活率 97% 以上，产蛋鸡成活率 97% 以上，高峰期料蛋比 2.0～2.1∶1。

（2）海兰灰　与海兰褐为同一父本，母本为白来航，单冠，耳叶白色，全身羽毛白色，皮肤、喙和胫均呈黄色，体型轻小。海兰灰的商品代初生雏鸡全身绒毛为鹅黄色，有小黑点分布全身，可以通过羽速鉴别雌雄，成年鸡背部羽毛为灰浅红色，翅间、腿部和尾部为白色，皮肤、喙和胫均为黄色（见图 2－27）。商品代群体生产性能为：生长期（1～18 周龄）成活率为 98%、饲料消耗为 5.66kg、体重为 1.42kg；产蛋期（21～72 周龄）50% 产蛋日龄为 151d，高峰产蛋率为 93%～94%，32 周龄蛋重为 60.1g，70 周龄蛋重为 65.1g，日耗料 105g，料蛋比 2.16∶1，蛋壳颜色为粉红。

图 2－27　海兰灰商品蛋鸡

二、鸭的品种

鸭的品种按其经济用途可分为蛋用型、肉用型和兼用型。目前兼用型鸭种养殖者较少。现重点介绍常见的蛋鸭品种和肉鸭品种。

（一）蛋鸭品种

1. 绍兴鸭

绍兴鸭是我国优良的高产蛋鸭品种。

（1）产地与分布　绍兴鸭，简称绍鸭，又称绍兴麻鸭、浙江麻鸭。因原产地位于浙江旧绍兴府所辖的绍兴等县而得名。目前分布于江西、福建、湖南、广东、黑龙江等省。

（2）外貌特征　成年鸭有红毛绿翼梢鸭、带圈白翼梢鸭和全白羽鸭 3 种。红毛绿翼梢鸭体型小巧，性情温顺，适宜圈养。红毛绿翼梢公鸭全身羽毛以深褐色为主，喙、胫、蹼均为橘红色；胸腹部颜色较浅；头至颈部羽毛均呈墨绿色；颈羽和尾部羽也呈墨绿色。母鸭全身以深褐色为主，颈上部褐色，无麻点；颈羽墨绿色，有光泽；腹部褐麻色，喙灰黄色或豆黑色，蹼橘黄色，爪黑色，皮肤黄色。带圈白翼梢鸭喙豆黑色，胫、蹼橘红色，爪白色，皮肤黄色。公鸭全身羽色为深褐色，头和颈上部羽色呈墨绿色，有光泽；母鸭全身以浅褐色麻雀羽为基色，颈中间有2～4cm 宽的白色羽圈，主翼和腹部中下部羽毛为白色，虹彩灰蓝色（见图 2－28）。

（3）生产性能　平均初生重为 38g；60 日龄 860g；90 日龄 1120g；成年

1450g。红毛绿翼梢成年公鸭体重1300g，母鸭1260g；母鸭平均年产蛋280枚，300日龄平均蛋重70g。带圈白翼梢成年公鸭体重1430g，母鸭1270g；母鸭平均年产蛋270枚，300日龄平均蛋重67g，蛋壳呈玉白色，少数呈白色或青绿色。公鸭性成熟期110d，公母鸭配种比例为：早春1:20、夏秋1:30。种蛋受精率90%，受精卵孵化率80%。公鸭利用年限1年，母鸭1~3年。

图2-28 绍兴鸭

2. 金定鸭

（1）产地与分布　金定鸭又称绿头鸭、华南鸭，因主产于福建省龙海市紫泥镇金定乡而得名，已有260年的历史。主要产区为闽南沿海的厦门市郊区、龙海、同安、南安、晋江、惠安、漳州、漳浦、云霄、诏安等地。目前，福建省石狮市建有金定鸭原种场。

（2）外貌特征　公鸭体型较长，前躯高台，胸宽背阔；母鸭身体细长，匀称紧凑，腹部丰满。成年公鸭头颈部羽毛具有翠绿色光泽，无明显的白颈圈；前胸赤褐色，背部灰褐色，腹部灰白带深色斑纹，翼羽深褐色有镜羽，尾羽黑褐色；性羽黑色，并略上翘。母鸭全身羽毛呈赤褐色麻雀羽，背部羽毛由前至后逐渐加深，腹部羽毛较淡，颈部羽毛无黑斑，翼羽深褐色，有镜羽。喙黄绿色，虹彩褐色；胫、蹼橘红色；爪黑色（见图2-29）。

图2-29 金定鸭

（3）生产性能　平均初生重为48g；60日龄公鸭1038g，母鸭1037g；90日龄公鸭1465g，母鸭1466g，成年公鸭1760g，母鸭1780g。母鸭平均开产日龄115d，平均年产蛋290枚，舍饲条件下平均年产蛋313枚，高者达360枚，平均蛋重72g，蛋壳青色，少数白色。公鸭性成熟期110d。公母鸭配种比例为1:25。种蛋受精率90%，受精卵孵化率89%。公鸭利用年限1年，母鸭3年。

3. 荆江麻鸭

（1）产地与分布　荆江麻鸭因产于湖北省荆江两岸而得名。其中心产区为湖北省监利、江陵，毗邻的洪湖、石首、公安、潜江和荆门等地也有分布。

（2）外貌特征　体型较小，肩较窄，背平直。体躯稍长且向上抬起，全身羽毛紧密。头清秀，颈细长，喙石青色，眼上方有长眉状白色。公鸭头、颈部羽毛具翠绿色光泽，前胸、背腰部羽毛褐色，尾部淡灰色。母鸭头颈部羽多为泥黄色，背腰部羽毛以泥黄色为底色，上缀黑色条斑或浅褐色底色上缀黑色条斑。胫、蹼橙黄色（见图2-30）。

（3）生产性能　初生重为39g；60日龄456g；90日龄公鸭1123g，母鸭

1041g；成年公鸭1415g，母鸭1495g。母鸭平均开产日龄100d，平均年产蛋214枚。平均蛋重64g，蛋壳以白色居多。公母鸭配种比例1∶20～25。种蛋受精率93%，受精卵孵化率93%。公鸭利用年限1～2年，母鸭3～5年。

图2－30　荆江麻鸭

4. 山麻鸭

（1）产地与分布　山麻鸭又称新岭鸭，主产于福建省龙岩县湖邦乡，分布在龙岩地区。经过山区生态环境的自然选择和当地人民的长期选育，逐渐形成善于奔跑、觅食力强、适应于梯田放牧饲养的蛋用品种。现福建省龙岩市建有原种场。

（2）外貌特征　公鸭头中等大，眼圆颈长，胸背浅窄，腹平，体躯长方形。喙青黄色或米黑色；虹彩黑色，头及颈上部的羽毛为孔雀绿，有光泽，有一条白颈环（部分公鸭没有）；前胸羽毛赤棕色；腹羽洁白；从前背至腰部羽毛均为灰棕色；尾羽及性羽全为黑色。母鸭羽色有浅麻、褐麻和杂麻3种，胫、蹼橙红色，趾黑色（见图2－31）。

图2－31　山麻鸭

（3）生产性能　平均初生重为45g；60日龄公鸭1013g，母鸭977g；90日龄公鸭1317g，母鸭1328g；成年公鸭1506g，母鸭1578g。母鸭平均开产日龄100d。平均年产蛋243枚，高者达280枚，平均蛋重55g。公鸭性成熟期110d。公母鸭配种比例1∶25。种蛋受精率95%，受精卵孵化率90%。公鸭利用年限1年，母鸭2～3年。

5. 江南1号和江南2号

（1）产地与分布　江南1号鸭和江南2号鸭是由浙江省农科院畜牧兽医研究所陈烈主持培育成的高产蛋鸭配套系，其因此获得省科技进步二等奖。这两种鸭的特点是：产蛋率高，高峰持续期长，饲料利用率高，成熟较早，生活力强，适合我国农村的饲养条件，现已推广至20多个省市。

（2）外貌特征　该配套系江南1号雏鸭黄褐色，成鸭羽深褐色，全身布满黑色大斑点（见图2－32）。江南2号雏鸭绒毛颜色更深，褐色斑较多，全身羽浅褐色，并带有较细而明显的斑点。

图2－32　江南1号成鸭

（3）生产性能　江南1号母鸭成熟时平均体重1.6～1.7kg。产蛋率达90%时的日龄为210d左右。产蛋率达90%以上的高峰期可保持4~5个月。500日龄平均产蛋量305~310枚，总蛋重21kg。江南2号母鸭成熟时平均体重1.6~1.7kg。产蛋率达90%时的日龄为180d左右。产蛋率达90%以上的高峰期可保持9个月左右。500日龄平均产蛋量325~330枚，总蛋重21.5~22.0kg。

6. 咔叽·康贝尔鸭

咔叽·康贝尔鸭是国外引入我国的优良蛋用型鸭种。

（1）产地与分布　由印度跑鸭、法国鲁昂鸭和绿头野鸭杂交培育而成。

（2）外貌特征　体躯较高大，深长而结实。头部秀美，喙中等大，眼大而明亮。颈细长而直，背宽平直、长度中等。胸部饱满，腹部发育良好且不下垂。两翼紧贴体躯，两腿中等长，站距较宽。公鸭的头、颈、尾和翼肩部羽毛呈青铜色，其余羽毛呈深褐色；喙蓝色，胫、蹼深橘红色。母鸭的羽毛为暗褐色，头颈羽毛为稍深的黄褐色，喙绿色或浅黑色，翼黄褐色，胫、蹼的颜色与体躯相似（见图2-33）。

图2-33　咔叽·康贝尔鸭

（3）生产性能　60日龄公鸭平均体重1820g，母鸭1580g。成年公鸭平均体重2400g，母鸭2300g。其肉质鲜美，有野鸭肉的风味。母鸭平均开产日龄130d，72周龄平均产蛋280枚，平均蛋重70g，蛋壳白色。公母鸭配种比例1:15~20，种蛋受精率85%。公鸭利用年限1年；母鸭利用年限2年，其中第一年生产性能较好、第二年明显下降。

（二）肉鸭品种

1. 北京鸭

北京鸭是世界上著名的肉用型标准品种，该品种具有生长发育快、育肥性能好的特点，是闻名中外的“北京烤鸭”的制作原料。

（1）产地与分布　原产于北京西郊玉泉山一带，现已遍布世界各地，在国际养鸭业中占有重要地位。

（2）外貌特征　体型较大、紧凑匀称，头大颈粗，体宽胸深，腿短，体躯呈长方形，前躯高昂，两翼紧附于体躯，羽毛纯白略带奶油光泽。公鸭有钩状性羽，母鸭尾羽稍上翘。喙和皮肤为橙黄色，跖蹼为橘红色（见图 2－34）。

图 2－34 北京鸭

（3）生产性能 北京鸭不仅具有优良肉用性能，而且具有很高的产蛋性能。雏鸭成活率可达 90%～95%，7 周龄体重可达 2.5kg，优良配套系杂交鸭体重在 3kg 以上。肉料比为 1∶3.5 左右，成年公鸭体重 3～4kg，母鸭 2.7～3.5kg。性成熟期为 150～180 日龄，公母配种比例为 1∶5。年产蛋 180～210 枚，蛋重 90～100g，蛋壳白色。种蛋受精率为 90% 以上。受精卵孵化率为 80% 左右，一般生产场每只母鸭可年生产（繁殖）80 只左右肉鸭或填鸭。育种场的每只母鸭年产肉鸭 100 只以上。

2. 天府肉鸭

天府肉鸭属肉用型品种，具有生长速度快、体型硕大丰满、肉质鲜美的特点。

（1）产地与分布 天府肉鸭是四川农业大学家禽育种专家王林全教授利用引进种和地方良种的优良基因，应用现代家禽商业育种强化选择的原理，采用适度回交和基因引入技术育成的遗传性能稳定、适应性和抗病力强的大型肉鸭商用配套品系。天府肉鸭已广泛分布于四川、云南等多个省市。

（2）外貌特征 初生雏鸭绒毛呈黄色，成鸭分为白羽和麻羽 2 个品系。白羽品系羽毛洁白，喙、胫、蹼呈橙黄色，母鸭随着产蛋日龄的增长，颜色逐渐变浅，甚至出现黑斑。麻羽品系羽色麻黄（见图 2－35）。

（3）生产性能 父母代成年体重为公鸭 3.2～3.3kg、母鸭 2.8～2.9kg；商品代肉鸭 28 日龄活重 1.6～1.86kg，肉料比 1∶1.8～2.0。35 日龄活重 2.2～2.37kg，肉料比 1∶2.2～2.5，49 日龄活重 3.0～3.2kg，肉料比 1∶2.7～2.9。开产日龄 180～190d，入舍母鸭年产合格种蛋 230～250 枚，蛋重 85～90g，受精率 90% 以上，受精卵孵化率 84%～88%。

3. 樱桃谷鸭

樱桃谷鸭属著名的国外肉用型品种。

图2－35　天府肉鸭

（1）产地与分布　是英国林肯郡樱桃谷公司经多年培育而得的优良品种，又名快大鸭、超级鸭。现已远销61个国家和地区，是世界著名的瘦肉型鸭。樱桃谷鸭既耐寒又比较耐热，可以水养也能旱牧，喜欢栖息于干爽地方，能在陆地交配，湖沼、平原、丘陵或山区、坡地、竹林、房前屋后均可放牧。很少发生疫病。此鸭性温驯、不善飞翔、易合群、好调教、便于大群管理。

（2）外貌特征　樱桃谷鸭外貌颇似北京鸭，全身羽毛洁白，头大，额宽，鼻脊较高，喙橙黄色、稍凹、略短于北京鸭；颈平而粗短，翅膀强健，紧贴躯干；背部宽而长，从肩向尾稍斜，胸宽肉厚；腿粗而短呈橘红色，位于躯干后部（见图2－36）。

图2－36　樱桃谷鸭

（3）生产性能　樱桃谷鸭具有生长快、瘦肉率高、净肉率高和饲料转化率高以及抗病力强等优点。雏鸭初生体重60g，成年体重为公鸭4.0～4.5kg、母鸭3.5～4.0kg。在喂全价饲料和良好的管理条件下，白羽L系商品鸭29日龄体重2.6kg，肉料比1∶3.0，瘦肉率达70%以上，胸肉率23.6%～24.7%。父母代群母鸭性成熟期26周龄，年平均产蛋210～220枚。屠宰半净膛率为85%，全净膛率（连头脚）为79%。

4. 瘤头鸭

瘤头鸭是著名的国外肉用型品种。

（1）产地与分布　原产于南美洲及中美洲热带地区。学名麝香鸭、疣鼻栖鸭。我国称番鸭或洋鸭。国外称火鸡鸭、蛮鸭或巴西鸭。

（2）外貌特征　体型前后窄，中间宽，呈纺锤状，站立时体躯与地面呈水平状态。喙短而窄，喙基部和头部两侧有红色或黑色皮瘤，不生长羽毛，雄鸭的皮瘤肥厚展延较宽，头大，颈粗稍短，头顶部有一排纵向长羽，受刺激时竖起呈刷状。腿短而粗壮，胸腿肌肉发达。翅膀发达长达尾部，能做短距离飞翔（见图2－37）。

图2－37　瘤头鸭

（3）生产性能　成年公鸭体重3.5～4.0kg，母鸭2.0～2.5kg。公鸭全净膛率76.3%，母鸭77%；公鸭胸腿肌占全净膛屠体重的29.63%，母鸭为29.74%。肌肉蛋白质含量达33%～34%。母鸭开产日龄6～9月龄，一般年产蛋量为80～120枚，高产者可达150～160枚，蛋重70～80g。蛋壳玉白色，蛋形指数1.38～1.42。公母鸭配种比例为1∶6～8，受精率85%～94%，受精蛋孵化率80%～85%，种公鸭利用年限1～1.5年。

三、鹅的品种

（一）小型鹅品种

1. 太湖鹅

（1）产地与分布　原产于江、浙两省沿太湖的县、市，现遍布江苏、浙江、上海，在东北、河北、湖南、湖北、江西、安徽、广东、广西等地均有分布。

（2）外貌特征　体型较小，全身羽毛洁白，体型细致紧凑。体态高昂，肉瘤姜黄色、发达、圆而光滑，颈长、呈弓形，无肉垂，眼睑淡黄色，虹彩灰蓝色，喙、跖、蹼呈橘红色，爪白色。公鹅喙较短，约为6.5cm；性情温顺，叫声低，肉瘤小（见图2－38）。

图 2－38　太湖鹅

（3）生产性能　成年公鹅体重 4.3kg、母鹅 3.2kg，雏鹅初生重为 91.2g，70 日龄上市体重为 2.3kg。成年公鹅的半净膛率和全净膛率分别为 84.9% 和 75.6%，母鹅分别为 79.2% 和 68.8%。经填饲，平均肝重为 251～313g，最大达 638g。母鹅性成熟较早，160 日龄即可开产，一个产蛋期（当年 9 月至次年 6 月）每只母鹅平均产蛋 60 枚，高产鹅达 80～90 枚，平均蛋重 135g，蛋壳白色。公母鹅配种比例为 1∶6～7。种蛋受精率可达 90% 以上，受精卵孵化率可达 85% 以上，就巢性弱，鹅群中约有 10% 的个体有就巢性，但就巢时间短。70 日龄肉用仔鹅平均成活率在 92% 以上。

2. 豁眼鹅

（1）产地与分布　又称豁鹅，因其上眼睑边缘后上方豁而得名。原产于山东莱阳地区，因集中产区地处五龙河流域，曾称五龙鹅。在中心产区莱阳建有原种选育场。由于历史上曾有大批的山东居民移居东北时将这种鹅带往东北，因而东北三省现已是豁眼鹅的分布区，且以辽宁昌图饲养最多，俗称昌图豁鹅；吉林通化地区，称此鹅为疤拉眼鹅。近年来，该品种在新疆、广西、内蒙古、福建、安徽、湖北等地均有分布。

（2）外貌特征　体型轻小紧凑，全身羽毛洁白。喙、胫、蹼均为橘黄色，成年鹅有橘黄色肉瘤。眼呈三角形，眼睑淡黄色，两眼上眼睑处均有明显的豁口，此为该品种独有的特征。虹彩蓝灰色。头较小，颈细稍长。公鹅体型较短，呈椭圆形，有雄相。母鹅体型稍长，呈长方形。山东的豁眼鹅有咽袋，少数有腹褶，东北三省的豁眼鹅多有咽袋和较深的腹褶（见图 2－39）。

图 2－39　豁眼鹅

（3）生产性能　公鹅初生体重 70～78g，母鹅 68～79g；60 日龄公鹅体重 1.4～1.5kg，母鹅 0.9～1.5kg；90 日龄公鹅体重 1.9～2.5kg，母鹅

1.8～1.9kg。成年公鹅平均体重3.7～4.4kg，母鹅3.1～3.8kg；屠宰活重3.3～4.5kg的公鹅，半净膛率为78.3%～81.2%，全净膛率为70.3%～72.6%；活重2.9～3.7kg的母鹅，半净膛率为75.6%～81.2%，全净膛率在69.3%～71.2%。仔鹅填饲后，肥肝平均重324.6g，最大515g。母鹅一般在210～240d开始产蛋，年平均产蛋80枚，在半放牧条件下，年平均产蛋100枚以上；饲养条件较好时，年产蛋120～130枚。平均蛋重120～130g，蛋壳白色。公母鹅配种比例为1∶5～7，种蛋受精率在85%左右，受精卵孵化率为80%～85%。4周龄、5～30周龄、31～80周龄成活率分别为92%、95%和95%。母鹅利用年限3年。

3. 籽鹅

(1) 产地与分布　中心产区位于黑龙江省绥北和松花江地区，其中心肇东、肇源、肇州等县最多，黑龙江全省均有分布。该鹅种因产蛋多而称为籽鹅，具有耐寒、耐粗饲和产蛋能力强的特点。

图2－40　籽鹅

(2) 外貌特征　体型较小，紧凑，略呈长圆形。羽毛白色，一般头顶有缨，又称顶心毛，颈细长，肉瘤较小，颌下偶有咽袋，但较小。喙、胫、蹼均为橙黄色，虹彩为蓝灰色。腹部一般不下垂（见图2－40）。

(3) 生产性能　初生公雏体重89g，母雏85g；56d公鹅体重3.0kg，母鹅2.6kg；70d公鹅体重3.3kg，母鹅2.9kg；成年公鹅体重4.0～4.5kg，母鹅3.0～3.5kg。70d公母鹅半净膛率分别为78.02%和80.19%，全净膛率分别为69.47%和71.30%，胸肌率分别为11.27%和12.39%，腿肌率分别为21.93%和20.87%。母鹅开产日龄为180～210d，一般年产蛋在100枚以上，多的可达180枚，蛋重平均131.1g，最大153g。公母鹅配种比例1∶5～7，喜欢在水中配种，受精率在90%以上，受精卵孵化率平均在90%以上，高的可达98%。

(二) 中型鹅品种

1. 皖西白鹅

(1) 产地与分布　中心产区位于安徽省西部丘陵山区和河南省固始一带，主要分布于皖西的霍邱、寿县、六安等县市。

(2) 外貌特征　体型中等，体态高昂，气质英武，颈长呈弓形，胸深广，背宽平。全身羽毛洁白，头顶肉瘤呈橘黄色、圆而光滑、无皱褶，喙橘黄色，喙端色较淡，虹彩灰蓝色，胫、蹼橘红色，爪白色，约6%的鹅颌下带有咽袋。少数个体头颈后部有球形羽束。公鹅肉瘤大而突出，颈粗长有力，母鹅颈较细短，腹部轻微下垂（见图2-41）。

图2-41　皖西白鹅

（3）生产性能　初生重90g左右，30日龄仔鹅体重可达1.5kg以上，60日龄达3.5kg，90日龄达4.5kg左右，成年公鹅体重6.1kg、母鹅5.6kg。8月龄放牧饲养且不催肥的鹅，其半净膛率和全净膛率分别为79.0%和72.8%。母鹅开产日龄一般为6月龄，年产蛋25枚左右，3%~4%的母鹅可连产蛋30~50枚，被称为“常蛋鹅”。平均蛋重142g，蛋壳白色，蛋形指数1.47。母鹅就巢性强。公母配种比例1:4~5，种蛋受精率为88%以上。受精卵孵化率为91.1%，健雏率97.0%。平均30日龄仔鹅成活率高达96.8%。母鹅就巢性强，一般年产两期蛋，每产一期，就巢一次，有就巢性的母鹅占98.9%，其中一年就巢两次的占92.1%。公鹅利用年限3~4年或更长，母鹅4~5年，优良者可利用7~8年。

2. 四川白鹅

（1）产地与分布　中心产区位于四川省温江、乐山、宜宾、永川和达县等地，还分布于江安、长宁、翠屏区、高县和兴文等平坝和丘陵水稻产区。

（2）外貌特征　体型稍细长，头中等大小，躯干呈圆筒形，全身羽毛洁白，喙、胫、蹼呈橘红色。公鹅体型稍大，头颈较粗，额部有一呈半圆形的橘红色肉瘤；母鹅头清秀，颈细长，肉瘤不明显（见图2-42）。

图2-42　四川白鹅

（3）生产性能　初生雏鹅体重为71.10g，60日龄体重2.5kg。6月龄公鹅半净膛率为86.28%，母鹅80.69%，6月龄公鹅全净膛率为79.27%，母鹅73.10%。经填肥，肥肝平均重344g，最大520g，料肝比42:1。母鹅开产日龄200~240d，年平均产蛋量60~80枚，平均蛋重146g，蛋壳白色。公鹅性成熟期为180d左右，公母鹅配种比1:3~4，种蛋受精率在85%以上，受精卵孵化率为84%左右，无就巢性。

（三）大型鹅品种

1. 狮头鹅

（1）产地与分布　是我国唯一的大型鹅种，因前额和颊侧肉瘤发达呈狮头状而得名。狮头鹅原产于广东饶平县溪楼村，现中心产区位于澄海县和汕头市郊，在北京、上海、黑龙江、广西、陕西等20多个省、市、自治区均有分布。

（2）外貌特征　体型硕大，体躯呈方形。头部前额肉瘤发达，覆盖于喙上，颌下有发达的咽袋一直延伸到颈部，呈三角形。喙短，质坚实，黑色，眼皮突出，多呈黄色，虹彩褐色，胫粗、蹼宽且均为橙红色，有黑斑，皮肤米色或乳白色，体内侧有皮肤皱褶。全身背面羽毛、前胸羽毛及翼羽为棕褐色，由头顶至颈部的背面形成如鬃状的深褐色羽毛带，全身腹部的羽毛呈白色或灰色（见图2－43）。

图2－43　狮头鹅

（3）生产性能　成年公鹅体重8.9kg，母鹅为7.9kg。在放牧条件下，公鹅初生重134g、母鹅133g，30日龄公鹅体重2.2kg、母鹅2.1kg，60日龄公鹅体重5.6kg、母鹅5.1kg，70～90日龄上市未经肥育的仔鹅，公鹅平均体重6.2kg、母鹅5.5kg，公鹅半净膛率81.9%、母鹅为84.2%，公鹅全净膛率为71.9%、母鹅为72.4%。狮头鹅平均肝重600g，最大肥肝可达1400g，肥肝占屠体重达13%，料肝比为40∶1。母鹅开产日龄为160～180d，第一个产蛋年产蛋量为24枚，平均蛋重176g，蛋壳乳白色，蛋型指数为1.48。2岁以上母鹅，平均产蛋量28枚，平均蛋重217.2g。种公鹅配种时间在200日龄，公母鹅配种比例为1∶5～6。鹅群在水中进行自然交配，种蛋受精率为70%～80%，受精蛋孵化率为80%～90%，30日龄雏鹅成活率可达95%以上。母鹅就巢性强，每产完一期蛋就巢1次，全年就巢3～4次。母鹅可连续使用5～6年。

2. 莱茵鹅

（1）产地与分布　原产于德国莱茵州，是欧洲产蛋量最高的鹅种，现广泛分布于欧洲各国。我国江苏省南京市畜牧兽医站种鹅场于1989年从法国引进莱茵鹅，在江苏兴化、高邮、金湖、洪泽、丹徒、建湖、六合、江浦、江宁、金坛、丹阳等县市均有分布。

（2）外貌特征　体型中等偏小。初生雏背面羽毛为灰褐色，从2~6周龄开始逐渐转变为白色，成年时全身羽毛洁白。喙、胫、蹼呈橘黄色。头上无肉瘤，颈粗短（见图2-44）。

图2-44　莱茵鹅

（3）生产性能　成年公鹅体重5.0~6.0kg，母鹅4.5~5.0kg。仔鹅8周龄活重可达4.2~4.3kg，料肉比为2.5~3.0:1，莱茵鹅能适应大群舍饲，是理想的肉用鹅种。但产肝性能较差，平均肝重为276g。母鹅开产日龄为210~240d，年产蛋量为50~60枚，平均蛋重150~190g。公母鹅配种比例1:3~4，种蛋平均受精率为74.9%，受精蛋孵化率为80%~85%。

3. 朗德鹅

（1）产地与分布　又称西南灰鹅，原产于法国西南部靠比斯开湾的朗德省，是世界著名的肥肝专用品种。

（2）外貌特征　毛色灰褐，在颈、背部接近黑色，胸部毛色较浅，呈银灰色，到腹下部则呈白色，也有部分白羽个体或灰白杂色个体。通常情况下，灰羽的羽毛较松，白羽的羽毛紧贴，喙橘黄色，胫、蹼为肉色。灰羽在喙尖部有一浅色部分（见图2-45）。

图2-45　朗德鹅

（3）生产性能　成年公鹅体重7.0~8.0kg，成年母鹅体重6.0~7.0kg。8周龄仔鹅活重可达4.5kg左右。肉用仔鹅经填肥后，活重为10.0~11.0kg，填饲后平均产肝820g，料肝比23.8∶1。除直接用于肥肝生产外，主要是作为父本品种与当地杂交，提高后代生长速度。朗德鹅对人工拔毛耐受性强，羽绒产量在每年拔毛2次的情况下可达350~450g。该品种性成熟期约180d，平均年产蛋30~40枚，蛋重180~200g，公母配种比例为1∶3，种蛋受精率70%~80%，雏鹅成活率在90%以上。母鹅有较强的就巢性。

4. 埃姆登鹅

（1）产地与分布　原产于德国西部的埃姆登城附近。19世纪，经过选育和杂交改良，曾引入英国和荷兰白鹅的血统，体型变大，我国台湾地区已引种。

（2）外貌特征　全身羽毛呈纯白色，着生紧密，头大呈椭圆形，眼睛呈鲜蓝色，喙短粗、橙色有光泽，颈长略呈弓形，颌下有咽袋。体躯宽长，胸部光滑看不到突出龙骨，腿部粗短，呈深橙色。腹部有一双皱褶下垂。尾部较背线稍高，站立时身体姿势与地面呈30°~40°。雏鹅全身绒毛为黄色，但在背部及头部有不等量的灰色绒毛。在换羽前，一般可根据绒羽的颜色来鉴别公母，公雏鹅绒毛上的灰色部分比母雏鹅的浅些（见图2-46）。

图2-46　埃姆登鹅

（3）生产性能　成年公鹅体重9.0~15.0kg，母鹅8.0~10.0kg。60d仔鹅体重3.5kg。育肥性能好，肉质佳，可用于生产优质鹅油和肉。羽绒洁白丰厚，活体拔毛羽绒产量高。母鹅10月龄左右开产，年平均产蛋10~30枚，蛋重160~200g，蛋壳坚厚，呈白色。公母鹅配种比例为1∶3~4。母鹅就巢性强。

一、蛋鸡品种现状

我国鸡蛋生产占世界主导地位，2008 年我国商品代蛋鸡存栏量约 16 亿只，销售父母代雏鸡 2600 万套，鸡蛋产量突破 2700 万 t，占世界鸡蛋产量的 44.9%。我国蛋鸡行业产量强大，先后引进和自繁自养 20 多个蛋鸡配套系，但在品种方面很弱，以进口祖代鸡为主。据统计，2006 年进口祖代蛋种鸡 20.57 万套，2007 年进口和自育自繁祖代蛋种鸡 34.4 万套，2008 年进口和自育自繁祖代蛋种鸡约 55.58 万套，2009 年进口和自育自繁祖代蛋种鸡约 59 万套。全球蛋鸡育种公司主要有三大集团，德国罗曼集团（Lohmann）拥有罗曼（Lohmann）、海兰（Hy－line）及尼克（H&N）3 家公司；法国哈宝德/伊莎集团（Hubbard/ISA）拥有伊莎（ISA）、雪弗（Shaver）、巴布考克（Babcock）及哈宝德（Hubbard）4 家公司；荷兰汉德克斯集团（Hendrix）拥有海赛（Hisex）、宝万斯（Bovans）及迪卡（Dekalb）3 家公司。据统计，2008 年国内饲养的种类比例为：海兰褐 64%、罗曼褐 11%、海兰灰 9%、海兰白 2%、其他 14%。

目前，我国培育的蛋用型鸡种主要有京白 939、农大三号、上海新杨褐、京红 1 号和京粉 1 号，特别是 2009 年强势推出的京红 1 号和京粉 1 号，质量和价格优势可与国外品种竞争。

二、水禽资源保护现状

我国具有长期饲养水禽的历史，水禽业一直作为重要的畜牧产业之一。但是，由于外来品种的引入杂交，且长期以来经费投入少，对地方特色水禽品种资源保护不重视，加之部分地方品种由于生产性能低、环境适应能力差等自身因素，现有 3 个水禽品种（草海鹅、文山鹅、思茅鹅）已经灭绝，6 个品种（文登黑鸭、中山麻鸭、建昌鸭、四川麻鸭、阳江鹅、雁鹅）处于濒危状态，我国地方水禽资源保护工作已刻不容缓。近年来，我国加大了水禽品种保存力度，建有国家级水禽品种资源基因库 2 个（江苏泰州和福建石狮）、国家级水禽保种场 13 个（主要是北京鸭、高邮鸭、绍兴鸭、连成白鸭、攸县麻鸭、豁眼鹅、狮头鹅、乌鬃鹅、四川白鹅、皖西白鹅、兴国灰鹅、鄱县白鹅等保种场），有效地开展了我国地方水禽品种的保护工作，但水禽种质资源的保护覆盖面、保种理论及保护评价体系等方面仍亟待改善。

单元三 | 家禽配种技术

【知识目标】　了解家禽的配种方法，了解配偶比例和使用年限，掌握家禽人工受精的操作技术。

【技能目标】　初步掌握家禽的采精技术要领，学会精液的保存与稀释方法，能合理地进行鸡的输精技术操作。

【案例导入】　假设有一名高中同学想发展饲养2万套肉用种鸡，请你帮助计算一下需采购父母代公鸡和母鸡雏各多少只。

【课前思考题】

1. 自然交配大体有哪几种配种方法？
2. 在生产实践中，公禽和母禽应如何进行选择？
3. 采用禽的人工受精技术有哪些优势？
4. 鸡的人工受精技术的基本环节和技术要点是什么？
5. 提高家禽种蛋受精率的措施有哪些？

一、家禽的生殖生理

（一）家禽的生殖系统

1. 公禽生殖器官

公禽生殖器官由睾丸、附睾、输精管和交媾器组成（见图2－47）。

2. 母禽生殖器官

母禽的生殖器官由一对卵巢、两条输卵管组成（见图2－48）。但仅左侧发育正常。禽类没有发情周期，卵泡排卵后不形成黄体，卵中含有大量卵黄及其他丰富的营养成分，胚胎在体外经孵化发育，没有妊娠期，可每天连续排卵。

（二）种蛋受精过程

无论自然交配或人工受精，精子会很快沿输卵管上行并达到喇叭部的精窝内。如果交配（或人工输精）后输卵管内没有蛋，精子到达喇叭部只需30min左右。当卵子进入喇叭部时，一般经过15min左右即会有3～4个精子进入卵黄表面的胚珠区，但只有1个精子能与卵细胞结合而受精。其实公鸡一次交配能射出的精子数量一般在15亿～80亿，大量的精子牺牲在途中。据大量实验测定，精子数量不低于1亿个就能达到良好的受精率，人工受精正是基于此而提高了种公鸡的利用率。当喇叭部有新老精子共存时，新精子的活力则大于老精子，受精的机会也高于老精子，最高的受精率通常出现在配种后的第3天。故种蛋通常从初配后的第3天开始收集利用。

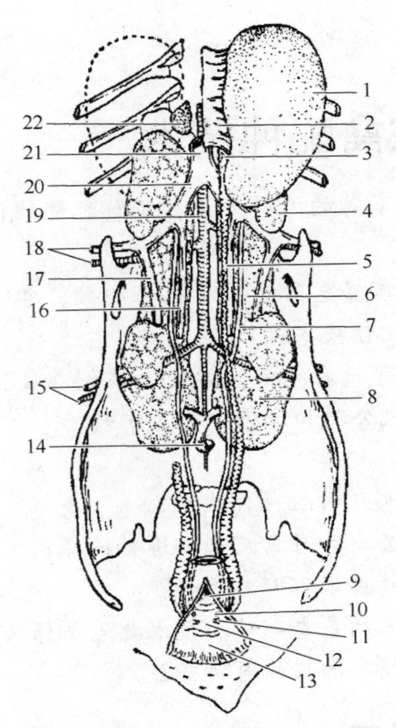

图 2-47　公鸡的泌尿器官和生殖器官
（右侧睾丸及部分输精管除去，泄殖腔剖开）

1—睾丸　2—睾丸系膜　3—附睾　4—肾的前叶　5—输精管　6—肾的中叶　7—输尿管　8—肾的后叶　9—粪道　10—输尿管口　11—射精管及口　12—泄殖道　13—肛道　14—肠系膜后静脉　15—坐骨动脉及静脉　16—肾后静脉　17—肾门后静脉　18—股动脉及静脉　19—主动脉　20—髂总静脉　21—后腔静脉　22—右肾上腺

二、种禽的选择

家禽品种不同代次的选择主要依据现代良种繁育体系有计划地进行科学的选择，这种选择是固定的。除此之外，生产中还要依据家禽外貌与生理特征进行选择与淘汰，尤其是种公禽的选择非常重要。

1. 种公禽的选择

公禽首年利用时共进行 4 次选择。第一次选择：家禽孵出后 1 日龄进行，选留生殖突起发达、结构典型的小公雏。第二次选择：选择时间为育雏期末。选择在体重标准上限的家禽和外貌特征发育良好的公禽。要求公鸡冠发育明显、颜色鲜红的留为种用，公鸭或公鹅叫声洪亮、体躯结构均匀、健康无病的留为种用。第三次选择：在开产前进行，也可结合转群同时进行，选择体重达标、发育良好、胸宽而深向前突出、背宽骨骼结实、羽毛丰满的公禽。要求公鸡冠髯鲜红硕大。第四次选择：在达到产蛋高峰期时进行选择，通过采精训练，选留射精量大、精液品质好的公禽。

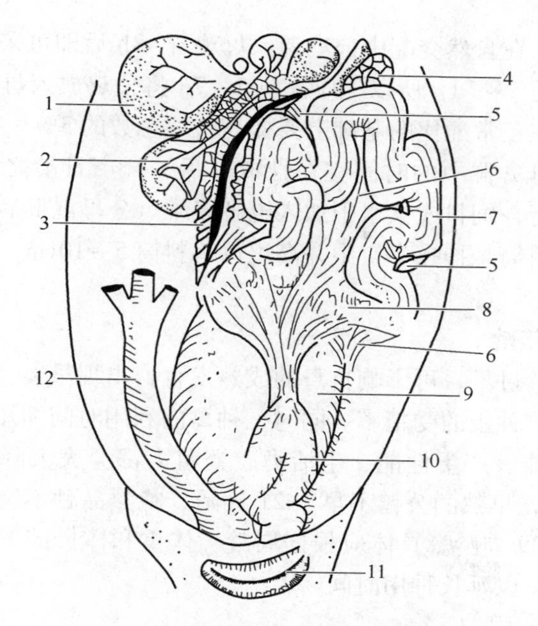

图 2－48　母鸡的生殖器官

1—卵巢中的成熟卵泡　2—排卵后的卵泡膜　3—漏斗部的输卵管伞　4—左肾前叶
5—输卵管背侧韧带　6—输卵管腹侧韧带　7—卵白分泌部　8—峡
9—子宫及其中的卵　10—阴道　11—肛门　12—直肠

2. 种母禽的选择

种母禽也要经过 4 次选择。选择时间与公禽一致，选择时以体重适中、健康无畸形、腹深腿宽为标准。要求母鸡冠髯大而鲜红。

三、家禽配偶比例与配种年龄

1. 家禽配偶比例

家禽的配偶比例适当，既可保证高的种蛋受精率，又不会因为多饲养公禽而浪费饲料提高饲养成本，公禽过多会引起相互间争斗干扰交配，降低受精率。公禽过少，公禽的配种负担太重，导致精液品质下降，也会降低受精率，并可能造成部分母禽漏配。在自然交配时，公母禽适宜配种比例见表 2－1。而采用人工受精公、母鸡比例可达 1∶25～40。

表 2－1　　公、母禽自然交配的比例

品种	公、母配比	品种	公、母配比
轻型鸡	1∶12～15	中型鸭	1∶10～15
中型鸡	1∶10～12	肉用种鸭	1∶8～10
肉用种鸡	1∶8～10	鹅	1∶4～6
轻型鸭	1∶15～20	火鸡	1∶10～12

应注意的是，在自然交配中公鸡混入母鸡群48h后即可采集种蛋，但要获得高受精率种蛋需5～7d，所以，应提前5～7d将公鸡放入母鸡群。为了提高种蛋的受精率，在正常配比的基础上要提高公鸡总数的3%～4%。

将公禽放入母禽群中的时间宜在性成熟后、开产日龄之前，为了降低应激，宜在夜间进行，饲料或饮水中加入电解多维。公母混群后采用分开饲养方法，即将公鸡的料筒悬挂在半空中并高出母鸡料筒5～10cm，使公鸡能采食到饲料而母鸡不能。

2. 家禽配种年龄

公禽配种年龄过早，可影响自身的成熟发育，出现早衰，主要是影响精液的品质，进而影响种蛋的受精率。同时，种禽的利用时间缩短，后代个体的质量偏低，产肉性能、产蛋性能、生活力、繁殖力都会大大降低。通常公鸡在18周龄开始混群，早熟的公鸭不早于21周龄，晚熟品种不晚于23～27周龄；公鹅不晚于24～29周龄。具体应根据周龄、体重和体尺的发育情况而调节管理和饲养，这样可以延长种用时间。

3. 种禽利用年限

种禽的利用年限随家禽的种类与养禽场的性质不同而异。母鸡第一个产蛋年产蛋量和受精率最高，以后逐年下降，每年以15%～20%的水平下降。因此，除育种场的优秀禽群可利用2～4年，一般商品场和繁殖场种禽利用年限为1年。因特殊原因要利用第二个产蛋年，需采用强制换羽技术。

母鸭第一年的产蛋性能最好，2～3年后逐渐下降，所以种母鸭的利用年限一般为2～3年，为了保证种禽群的整体均衡性，由母鸭组成年龄的比例为：1岁母鸭60%，2岁母鸭38%，3岁母鸭2%。

鹅的生长期长，性成熟较晚，产蛋量少，繁殖年龄比较长，第一年的产蛋性能较低，在开产后2～3年内产蛋量逐渐上升，第4年开始逐渐下降。所以，产蛋母鹅一般可利用3～4年，公鹅的利用年限一般也是3～4年。我国南方有些小型早熟鹅种，如太湖鹅，产蛋量以第一个产蛋年为最高，当地习惯采用“年年清”的办法。公、母鹅只利用1年，到产蛋季节接近尾声，少数母鹅开始换羽时，就全部淘汰，全群更换种鹅。

一般鹅群由多个年龄段的鹅群组成，比较科学的构成比例为：1岁母鹅30%，2岁母鹅25%，3岁母鹅20%，4岁母鹅15%，5岁母鹅10%。通常，第二年的母鹅比第一年的多产蛋15%～25%，第三年的比第一年的多产蛋30%～45%。在鹅的配种方面，还应注意克服公、母鹅固定配偶的习惯产生，试验数据显示，各种鹅群中均有40%左右的母鹅和20%左右的公鹅有固定的配偶，有固定的配偶就会使有些鹅的交配次数不够，配种间隔时间延长，种蛋的受精率降低。所以要挑出公鹅偏爱的母鹅，将有固定配偶的公、母鹅分开。

四、家禽配种方法

家禽的配种方法大体分为自然交配和人工受精两种。自然交配又分为大群配种、小群配种、个体控制配种、同雌异雄轮换配种、辅助配种等几种主要方法。在实际生产中，公禽和母禽均应按生产性能、体质、外貌、发育情况、遗传性能、品种特征进行选择。如有条件，对公禽应预先精选，即检查第二性征、性活动功能、精液品质，选留优秀者配种。

（一）自然交配（本交）

将公禽按一定比例放入母禽群中，自然交配，收集种蛋，多见于肉种鸡或水禽。

1. 大群配种

禽群较大，通常为100～1000只，在母禽群中放入一定比例的公禽，使每一只公禽随机与母禽交配，这种方法的受精率较高，但不能准确知道雏禽的亲代，因此，只适于繁殖。

2. 小群配种

小群配种又称单间配种，即将一只公禽和一小群母禽单独作为一个群体进行单间饲养，产生的后代个体都是公禽的后代，母本不同。这种方法适用于育种场。小群配种，要有单独的禽舍和产蛋箱。公禽均需配带脚号。禽群的大小根据品种的差异而定，蛋用型鸡10～15只、肉用型鸡8～10只。小群配种由于公禽存在对某些母禽偏爱的癖性，种蛋受精率低于大群配种。所以许多育种场已不采用，而改为人工受精。

3. 个体控制配种

个体控制配种方法是将一只公禽单独饲养在配种笼内，将一只母禽放入，待与公禽交配后，将母禽取出，再放入另外一只母禽，以此类推。为了保证与配母禽种蛋的受精率，每周必须交配1次。此法可以充分利用优秀的公禽，但是需要人为干预控制，劳动强度大。

4. 同雌异雄轮配

在进行家系育种中，为了充分利用配种间，多获得配种组合或父系家系以及便于进行对配种公禽的后裔测定进程，常常采用同雌异雄配种法。配种开始时，按照公、母禽的自然交配比例，将公禽放到母禽群中，配种2周后，间隔1周不放公禽，于第三周末，用第二只公禽的精液人工输精，间隔2d放入第二只公禽。前3周母禽所产的蛋是第一只公禽的后代，第四周的种蛋不用于孵化，自第五周起即为第二只公禽的后代。这样一只母禽就可以和不同的两只公禽完成后代个体的产生。如果与多只公禽交配，以此类推。

5. 人工辅助配种

由于鹅的年龄大小不同，体重也有差异或悬殊，会影响自然交配的效果。

因此，在孵化繁殖季节，为了使每只母鹅都能与公鹅交配，可以实行人工辅助配种方法。即在放牧水面或地面上，捉住母鹅的双翅或双腿，轻轻摇动其身体，以激起公鹅性欲。公鹅会主动接近配种，当公鹅踏上母鹅背部时，一手托住母鹅，另一手把母鹅尾羽向上侧提，让公鹅交配。其他公鹅见到后也会主动爬跨母鹅进行交配。每隔 3 ~5d 进行 1 次，即可收到良效。

（二）人工受精技术

人工采取公禽的精液，同时再人工输入母禽体内，即完成种蛋的受精过程。

1. 人工受精的优越性

禽的人工受精已在全国各地普遍应用，其优越性具体表现如下。

（1）扩大公母禽配种比例　在自然交配时，公、母鸡的比例为 1∶10 ~15，而采用人工受精公、母鸡比例可达 1∶25 ~40。若采用精液稀释技术，这一比例还会提高。这样就可大幅度减少公禽的饲养量，节约饲料、栏舍，降低成本。

（2）为高效育种工作开辟广阔前景　人工受精可克服公、母禽体重相差悬殊，以及不同品种间杂交的困难，从而提高受精率。水禽繁育比较常见，如在生产骡鸭过程中，采用人工受精技术就可克服亲本体重悬殊引起的交配障碍等问题。目前，鸡的精液可保存 24h，与新鲜精液的受精效果基本相同。这样引种时可只运输精液，可减少种禽运输费和应激现象。使种禽的繁育不受年龄、时间及地域的限制，也使优秀公禽的利用率进一步提高。

（3）充分利用优秀种源　对于优秀的种公禽，采用人工受精可以大大增加与配母禽的数量，提高了优良的遗传基因传给后代的数量。同时，对腿部损伤的优秀公禽，在自然交配无法进行时，人工受精仍可继续发挥该公禽的作用。

（4）便于净化和清洁卫生　人工受精通过定期检查公、母禽的体况，对造成疾病传播的种禽能及时淘汰，控制疾病扩散。种蛋不与地面接触，对白痢杆菌、大肠杆菌的净化工作也便于开展。因此，避免了疾病传播和保持种蛋清洁，可提高孵化率及初生雏的质量。

（5）减少种禽死亡　公禽具有好斗性，在自然交配条件下，公禽常相互啄斗、打架，造成伤亡现象，出现不必要的损失，采用人工受精技术则避免了上述缺点。

（6）方法简单、便于推广　人工受精技术操作简单，不需要精密的仪器和复杂的设备。操作人员有一定的文化知识，经过 1 周左右的培训和实践即可掌握。

（7）受精率高　采用人工受精对母禽没有挑剔性，每只母禽配种的机会是均等的，有科学的输精间隔和输精方法，比自然交配受精率高。以肉种鸡为例，平均在 93% 以上。

2. 采精前的准备

（1）公禽的选择　公禽经育成期多次选择之后，还应在配种前 2 ~3 周内，进行最后一次选择，此时应特别注意选留健康、第二性征明显、体重符合标准、发育良好、按摩有性反射的公禽，并结合采精训练，对精液品质进行检查。特别是水禽中的鹅，有的个体交媾器发育不良，影响种用价值。

（2）隔离与训练　公鸡在使用前3～4周内，转入单笼饲养，便于熟悉环境和管理人员。在配种前1～2周开始训练公鸡采精，每天1次或隔天1次，一旦训练成功，则应坚持隔天采精。经3～4次训练，大部分公鸡都能采到精液，有些发育良好的公鸡，在采精熟练情况下，开始训练当天便可采到精液。多次采精训练无性反射或精液品质不佳的公鸡要淘汰，正常情况下淘汰3%～5%。

（3）预防污染精液　开始公鸡训练之前，应将泄殖腔外周1cm左右的羽毛剪除。采精当天，公鸡须于采精前3～4h绝食，以防止排粪而污染集精杯。所有人工受精用具应清洗、消毒、烘干，或用蒸馏水煮沸消毒，再用生理盐水冲洗2～3次方可使用。

3. 采精方法

采精方法主要有按摩法、隔截法、台禽法和电刺激法。其中以按摩法最适于生产中使用，是目前国内外采精的基本方法。电刺激法和台禽法可用于水禽和特种禽类，或做特殊科学试验；隔截法很少使用。

按摩采精方法简便、安全、可靠，采出的精液干净，技术熟练者只需数秒钟便可采到精液。按摩采精分腹部按摩、背部按摩、腹背结合按摩3种。腹背按摩通常由2人操作，一人保定公鸡，一人按摩与收集精液。具体采精方法和注意事项，见本单元后技能训练。

4. 精液品质检查

（1）外观检查　正常精液为乳白色、不透明液体。混入血液为粉红色；被粪便污染为黄褐色；尿酸盐混入时，呈粉白色棉絮状块；过量的透明液混入，精液稀薄，则见有水渍状。凡受污染的精液，品质均急剧下降，受精率不高，不适合人工受精使用。

（2）精液量的检查　可用具有刻度的吸管、结核菌素注射器或其他度量器将精液吸入，然后读数。由于受年龄、季节、饲养管理、采精频率等因素的影响，其采精量不同。一般情况下，鸡为0.25～0.5mL，鹅为0.1～1.38mL，平均为0.3mL，鸭为0.29～0.38mL。

（3）活力检查　于采精后20～30min内进行，取精液及生理盐水各1滴，置于载玻片一端，混匀，放上盖玻片。精液不宜过多，以布满载玻片、盖玻片的空隙而又不溢出为宜。在37℃条件下，用200～400倍显微镜检查。按下面3种活动方式估计评定：直线前进运动，有受精能力，占其中比例多少评为0.1～0.9级；圆周运动、摆动两种方式均无受精能力。活力高、密度大的精液，在显微镜下可见精子呈旋涡翻滚状态。一般精子活力都可以在0.6以上。

（4）密度检查　单位容积中精子数量的多少即为精子密度。品质好的精液密度大，而品质差的精液密度小。一般在显微镜下用平板压片法进行密度检查，按其稠密程度划分为密、中、稀3级。浓稠的精液中精子数量很多，密密麻麻的几乎没有空间，精子运动互相阻碍；稀薄的精液中，精子数量少，观察直线运动的精子很明显，精子与精子之间距离很大。公鸡一次射精的平均浓度为30亿/mL，变化范围为5亿～100亿/mL。公鹅一次射精的平均浓度为20亿/mL，变化范围为3亿～34亿/mL。鸭子一次射精的平均浓度为28亿/mL，变化范围为19亿～45亿/mL。

（5）pH检查　使用精密试纸或酸度计便可测出。精液的pH呈中性，一般为6.8～7.6，过酸或过于碱性，精液品质都有问题，输精受精率低。

（6）畸形率检查　取精液一滴于玻片上，抹片，自然干燥后，用95%酒精固定1～2min，冲洗，再用0.5%龙胆紫（或红、蓝墨水）染3min，冲洗，干后即在显微镜下检查。数300～500个精子中有多少个畸形精子，然后计算畸形率。

5. 输精前的准备

准备好输精需要的输精器。输精器为带胶头的玻璃吸管或移液管、鸡输精枪等。鸡输精枪在实际生产中的应用，不但保证了受精率，还大大提高了工作效率。

6. 精液的稀释

（1）精液稀释的目的　①鸡精液量少，密度大，稀释后可增加输精母鸡数，提高公鸡的利用率；②精液经稀释可使精子均匀分布，保证每个输精剂量有足够精子数；③便于输精量的把握；④稀释液主要是给精子提供能量，以保障精细胞的渗透平衡和离子平衡，提供缓冲剂，防止pH变化，延长精子寿命，有利于保存。

（2）稀释液的配制　通常用兽用生理盐水作为稀释液，若特殊用途的稀释液应严格按操作规程进行配制。①使用新鲜的pH呈中性的蒸馏水。②一切用具均应彻底洗涤干净、消毒、烘干。③准确称量各种药物，充分溶解后，过滤、密封消毒（隔水煮沸或蒸气消毒30min），加热须缓慢，防止容器破裂及水分丢失。④按要求调整pH和渗透压，扩量用的稀释液pH为6.8～7.4，用于保存的稀释液则应在较低的pH。⑤短期保存的稀释液中所用糖类、乳和鸡蛋，除作为营养剂外，还有防止精子发生“冷休克”的作用。所以应取鲜奶煮沸，去奶皮；取鲜蛋，消毒蛋壳，抽取纯净卵黄。上两种物质应待稀释液冷却后加入。⑥抗生素等生物制剂，也应在稀释液冷却后加入。

（3）稀释方法与稀释比例　采精后应尽快稀释，将精液和稀释液分别装于试管中，并同时放入30℃保温瓶或恒温箱内，使精液和稀释液的温度相等或接近，稀释时稀释液应沿装有精液的试管壁缓慢加入，轻轻转动，均匀混合。做高倍稀释应分次进行，防止突然过激改变精子所处的环境。

精液稀释的比例：如果室温（18～22℃）保存不超过1h，稀释比例以1∶1～2为宜。在0～5℃保存稀释比例以1∶3～4为宜，保存不超过24～48h。冷冻精液，稀释比例常在1∶4～5或更高，冷冻后存放在液氮中（－196℃）。但如果稀释比例太高，难以保证输入精子数，尤其做阴道输精，输精量若超过0.4mL，输入的精液就可能倒流于泄殖腔内。

7. 精液的保存

（1）常温保存　新鲜精液常用隔水降温，在18～20℃范围内，保存不超过1h。用于输精，可使用简单的无缓冲的稀释液。目前，我国常用的是生理盐水（0.9%氯化钠）或复方生理盐水，后者更接近于血浆的电解质成分，稀释效果更好一些。稀释比例为1∶1。

（2）低温保存　新鲜无污染精液经稀释后，在0～5℃条件下保存5～24h，则应使用缓冲溶液来稀释，稀释比例可按1∶1～2，甚至1∶4～6。稀释液的pH最宜为6.8～7.1。低温保存方法是在适宜的稀释液稀释之后，降温的速度要缓慢。可以将30℃的稀释精液先置于30℃水浴锅中，再放入调到2～5℃的电冰箱中。如无电冰箱，可将装有稀释精液的试管包以1cm厚的棉花，再放入塑料袋内或烧杯内，而后直接放入装有冰块的广口保温瓶中。这样便可达到逐渐降温的目的。

8. 输精技术

输精母鸡必须先进行白痢检疫，凡阳性者一律淘汰，同时还须选择无泄殖腔炎症、中等营养体况的母鸡。产蛋率达70%时开始输精，更为理想。输精操作详见本单元后技能训练。

9. 影响受精率的因素

（1）种公禽的精液品质不合格　精液中精子密度低，即使有足够的输精量，也不能保证有足够的精子数量。精子活力不高、死精和畸形精子多，是影响受精率的主要因素。

（2）母禽不孕和有生殖道疾病　在进行家系选育时早已发现，鸡群中有些母鸡产蛋很好，但由于生理原因或疾病，不管怎样输精，种蛋均不能受精。因此，在育种过程中，对于这种母禽应及时淘汰。

（3）输精技术不过硬　在人工受精条件下，如果受精率不高，问题往往出现在输精技术上。包括保证有足够精子的适宜输精量、输精的最佳时间、适当的输精间隔时间、输精的深度、采到的精液输精时间长短、翻肛与输精技术的熟练程度和准确性等以及保定者和输精者配合的默契程度，只有综合解决上述问题，才有可能获得理想的输精效果。

（4）种禽的年龄大及产蛋强度低　任何种禽的繁殖力都和年龄有关。一般来讲，鸡在200～400日龄之间受精率较高，60周龄以后随年龄增加，公鸡精液品质变差，母鸡产蛋率降低，伴随着的是蛋受精率下降。母鸡产蛋率越高，受精率往往也越高。因此，随着年龄增长，输精量要适量增加，输精间隔要适当缩短，这样才能保持理想的受精率。

（5）气候对受精率的影响　在炎热的夏天，家禽的食欲不好、营养不足，造成公禽产生不良精子、密度下降、活力降低，导致受精率下降。

（6）其他因素　长途运输颠簸，卵黄膜破裂，卵黄上的系带断裂，都会人为地降低蛋的受精率，这种损失可达5%～10%，甚至更高。

鸡的人工受精技术

一、技能目标

本项目是畜牧兽医专业学生从事种鸡生产工作必会的专项技能。本次训练使学生能够掌握采精技术要领，学会精液品质的评定方法，能进行精液的保存与稀释，学会鸡的输精技术，为今后从事种鸡生产打下基础。

二、教学资源准备

（一）仪器用具

显微镜1台/组，恒温水浴锅1台/组，保温桶2个，每组采精杯、贮精管、输精管、毛剪、温度计各1个，烘干箱1台，毛巾1条，脸盆1个，试管刷1个。

（二）材料与药品

种公鸡、种母鸡若干只，95%酒精1瓶，0.5%龙胆紫1瓶，0.9%氯化钠溶液（即生理盐水）1瓶，蒸馏水300mL，药棉50g。

（三）教学场所

校内教学基地。

（四）师资配置

实验时1名教师指导20名学生，技能考核时1名教师指导10名学生。

三、原理与知识

采取人工受精技术可以扩大公、母鸡的配种比例，大幅度减少公鸡的饲养量，节约饲料、圈舍，降低成本；人工受精可以克服公、母鸡体重相差悬殊，以及不同品种间杂交造成的困难，为有计划的高效育种工作开辟广阔前景。因此，采取人工受精技术对种鸡生产十分重要。公鸡12周龄就开始生成精子，但要到22周龄才产生受精率较高的精液。母鸡产蛋就可以输精，但种蛋的蛋重要求达50g以上，因此鸡的人工受精开始的时间要据种蛋重来定。

四、操作方法及考核标准

（一）操作方法与步骤

1. 采精技术

（1）采精前的准备　在输精前1周把已选择好的公鸡单笼饲养，剪掉泄殖腔周围的羽毛，以避免采精时污染精液，每天下午2点定时用手按摩公鸡的腰荐部，以建立条件反射。按摩时将鸡头朝后，夹在腋下，左手紧抓双腿，不让其挣扎，右手从腰荐部顺尾部方向按摩数次。有的公鸡按摩一次就有性反射，可以采到精液。大部分鸡需要3~4次方能建立条件反射，对一些经多次训练仍无射精或精液量少的公鸡要及早淘汰。

（2）采精方法（常用按摩采精法） ①双人采精法：需2人协作完成，保定人员双手握住鸡的腿部，并用大拇指压住几根主翼羽，使公鸡头朝后、尾部向前，平放于保定者的左侧腰部。采精者左手小拇指和无名指夹住采精杯，杯口贴于手心，左手的拇指和食指伸开，以虎口部贴于公鸡后腹部柔软处。右手五指自然分开，以掌面自腰背部向尾部按摩数次，公鸡很快出现性反射动作，当看到公鸡尾羽上翘、泄殖腔外翻、露出勃起的生殖器时，集精人员右手顺势将其尾羽拨向背侧，用拇指和食指在泄殖腔上方两侧软部轻轻挤压，乳白色的精液流出，左手将集精杯放在生殖器下缘，就可以收集到精液，反复挤压几次，直到无精液流出为止。②单人采精法：采精人员坐在约35cm高的小凳上，左腿放在右腿上，将公鸡双腿夹于两腿之间，使其头向左、尾向右。右手持采精杯贴于公鸡后腹部柔软处，左手由背向尾部按摩3~5次，即可翻尾、挤肛、承接精液。

2. 精液品质检查

（1）肉眼观测 ①颜色：正常为乳白色，被粪便污染的为黄褐色，尿酸盐污染为白色絮状物，血液污染的为粉红色，透明液过多为水渍状。②气味：稍带有腥味。③采精量：正常为0.2~1.2mL。④浓稠度：浓稠度很大。⑤pH：鸡精液为7.1~7.6。

（2）镜检观测

①活力：采精后取精液或稀释后的精液，用平板压片法在37℃条件下用200~400倍显微镜检查，评定活力的等级，一般根据在显微镜下呈直线前进运动的精子数（有受精能力）所占比例分为1、0.9、0.8、0.7、0.6……级。转圈运动或原地摆动的精子，都没有受精能力。

②密度：密——精子中间几乎无空隙。鸡每毫升精液有精子40亿以上，火鸡80亿以上；中——有空隙。鸡每毫升精液有精子20亿~40亿，火鸡60亿~80亿；稀——稀疏。鸡每毫升有精子20亿以下，火鸡50亿以下。

③畸形率检查：取1滴原精液在载玻片上，抹片自然阴干，干后用95%酒精固定1~2min，水洗，再用0.5%龙胆紫（或红、蓝墨水）染色3min，水洗阴干，在400~600倍镜检。畸形精子有以下几种：尾部盘绕、断尾、无尾、盘绕头、钩状头、小头、破裂头、钝头、膨胀头、气球头、丝状中段等。

3. 精液的稀释与保存

（1）精液的稀释 采精后，应尽快稀释，将稀释液沿装有精液的试管壁缓慢加入，并轻轻转动，混合均匀。在稀释时应注意稀释液和精液温度要相近，以免影响精子活力。高倍稀释应分层进行，稀释比例应以精液品质和稀释液的质量而定。常用稀释液的成分有葡萄糖、果糖、生理盐水、磷酸缓冲液等。

（2）精液的保存　用生理盐水和磷酸缓冲液稀释的精液不能存放，必须立即用于输精，稀释的比例以1∶1为宜。常温保存的精液用含糖稀释液按1∶1.5～2的比例稀释（另外，每毫升稀释液中添加青霉素1500U、链霉素1.5mg），然后置于10～20℃环境条件下密封保存，这种方法可保存3～5h。低温保存时，在常温下稀释后，将外周包有棉花的贮精试管的管口塞严（可达到缓慢降低温度，每分钟下降0.2～0.5℃的要求），置于3～5℃环境中保存，保存时间可达24h。

4. 输精技术

输精操作一般由3人共同完成，其中1人输精、2人翻肛。

（1）输精前的准备　选择健康、无病、开产的母鸡，产蛋率达70%以上开始输精最为理想。

（2）输精时间　以每天下午3点以后，母鸡子宫内无硬壳蛋时最好。

（3）输精方法　阴道输精是在生产中广泛应用的方法。一般3人一组，2人翻肛，1人输精。翻肛者用左手在笼中捉住鸡的两腿紧握腿根部，将鸡腹贴于笼上，鸡呈卧伏状，右手对母鸡腹部的左侧施以一定腹压，输卵管便可翻出，输精者立即将吸有精液的输精管顺鸡的卧式插入输卵管开口中1～2cm。输精时需翻肛者与输精者密切配合，在输入精液时，翻肛者要及时解除鸡腹部的压力，才能有效地将精液全部输入。

（4）输精量和输精次数　取决于精液品质。蛋用型鸡在产蛋高峰期每5～7d输1次，每次量为原液0.025mL或稀释精液0.05mL。产蛋初期和后期则为4～6d输1次，每次量为原液0.025～0.05mL，稀释精液0.05～0.075mL。肉种鸡为4～5d输1次，每次量为原液0.03mL，中后期0.05～0.06mL，4d 1次。要保持高的受精率就要保证每只鸡每次输入的有效精子数不少于8000万～1亿个。

5. 实训注意事项

（1）采精时应注意的事项　①采精前要停食，以防吃的过饱采精时排粪，污染精液；②采精人员应相对固定，因为每一个采精人员的手法轻重是不同的，引起性反射的程度也不一样，造成采精量差异较大，同时有的公鸡反应很快，稍按摩就射精，人员不固定，对每只公鸡的情况不熟悉，容易使精液损失；③每只公鸡最好使用1只集精杯；④每只公鸡1～2d采精1次，且要求1次采精成功；⑤采精期间满足饲料中蛋白质水平；⑥训练时要求学生穿工作服、戴口罩，避免大声喧哗。

（2）输精时应注意的事项　①输精起始时间掌握在母鸡产蛋重量上升到45g时，每天的输精时间要求在下午3点之后。②翻肛人员向腹部方向施压时，一定要着力于腹部左侧，因输卵管开口在泄殖腔左侧上方，而右侧为直肠开口，用力相反，则可能引起母鸡排粪，造成污染。③翻肛人员用力不能太大，以防止输卵管内的蛋被压破，从而引起输卵管炎和腹膜炎；④输精器要垂直插入输卵管口的中央，不能斜插，否则会损伤输卵管壁造成出血引起炎症。⑤翻肛人员要与输精人员密切配合，当输精人员将输精器插入输卵管内时，翻肛人员应立即解除对腹部的压力，使精液全部输入并利用输卵管的回缩力将精液引入输卵管深部。⑥母鸡每隔 5d 输精 1 次，每次输精量为原精 0.025mL，按照 1∶1 比例稀释时以 0.05mL 为准，首次输精应加倍，或连输 2 次，以确保所需的精子数。输精人员应熟练掌握输精量，以免浪费精液或使输入量过少而影响受精率。⑦母鸡输精后待外翻的肛门回收后再放回鸡笼。

（二）技能考核标准

<table>
<tr><th rowspan="2">考核内容及分数分配</th><th rowspan="2">操作环节</th><th colspan="2">评分标准</th><th rowspan="2">考核方法</th><th rowspan="2">熟练程度</th><th rowspan="2">时限</th></tr>
<tr><th>分值</th><th>扣分依据</th></tr>
<tr><td rowspan="7">鸡的人工受精技术
（100 分）</td><td>①保定方法</td><td>10</td><td>抓鸡没有抓双腿扣 3 分；将鸡保定高度与术者操作高度不相同扣 4 分；保定鸡的双腿但未保定好双翼扣 3 分</td><td rowspan="7">单人操作考核</td><td rowspan="2">基本掌握</td><td rowspan="7">20 min</td></tr>
<tr><td>②采精操作</td><td>30</td><td>按摩方法错误扣 5 分；当发现公鸡肛门外翻时采精动作不敏捷扣 5 分；一次采精未成功扣 5 分；采精量在 0.5mL 以下扣 5 分；精液人为地污染扣 5 分</td></tr>
<tr><td>③精液品质检查与稀释</td><td>10</td><td>精液外观检查判定不准确扣 3 分；精液显微镜检查不精确扣 4 分；精液的稀释方法不正确扣 3 分</td><td rowspan="5">熟练掌握</td></tr>
<tr><td>④输精技术</td><td>20</td><td>母鸡翻肛未一次成功扣 4 分；输精的深度不适宜扣 4 分；输精量过多或过少扣 4 分；输精的同时保定者未减轻腹压扣 4 分；没待肛门收回后放回笼内扣 4 分</td></tr>
<tr><td>⑤规范程度</td><td>10</td><td>操作不规范时扣 5 分</td></tr>
<tr><td>⑥熟练程度</td><td>10</td><td>在教师指导下完成时扣 5 分</td></tr>
<tr><td>⑦完成时间</td><td>10</td><td>每超时 1min 扣 1 分，直至 10 分</td></tr>
</table>

单元四 | 禽的人工孵化技术

【知识目标】 熟悉孵化前的准备工作；能说出种蛋的选择、保存、运输与消毒的知识要点；掌握孵化条件，能说明孵化5个条件的卫生标准、作用及其变化规律；充分理解雌雄鉴别和初生雏分级的意义并掌握其常用的方法；能通过死胎剖检、死亡曲线和各阶段胚胎死亡状态对孵化死亡原因进行分析；能根据给定的孵化成绩进行孵化效益分析。

【技能目标】 能在孵化器和出雏器的电脑程控系统上设置胚胎发育的适宜条件；能完成种蛋的选择、码盘、消毒和孵化器管理工作；能通过观察胚胎的发育状况来判断孵化条件是否适宜；能根据照检特征准确地判定出一照和二照的正常发育胚胎、发育过缓过快的胚胎、无精蛋和中死胚；能通过照蛋、蛋重和气室的变化、出壳和初生雏的观察对孵化效果进行检查。

【案例导入】 哈尔滨市某大型孵化厂，现有20台19200卵孵化器、12台56000卵巷道式孵化器和18台19200卵出雏器。以孵化肉用仔鸡为主，主要供应市政府的肉鸡屠宰厂辐射的放养公司，每月孵化量预计100万只，请问扩大经营的首选项目是什么，为什么？若按目前的市场价格，每个月孵化厂的经济效益是多少？

【课前思考题】

1. 采用机械孵化有哪些优缺点？

2. 机器孵化成败的技术要点有哪些？

3. 影响孵化效果的因素有哪些？

4. 你若建一个拥有6台19200卵孵化器、2台19200卵出雏器的孵化厂，请设计一下创业计划书。

一、孵化前的准备

1. 孵化室准备

（1）孵化室面积　每台孵化器占地面积约为40m^2。

（2）孵化室设备　主要设备是孵化器和出雏器。其数量以孵化器∶出雏器=3∶1时利用率最高，其次，室内要安装轴流式风机，备有高压水枪、照蛋器、漏电保护器。安装孵化器和出雏器时要求底部安放在高出地面5cm的水泥平台上。

（3）孵化室环境条件　室温保持在24～26℃，相对湿度60%～65%，天棚距地面3.1～3.5m为宜，其中孵化机的顶部距离天棚的间隔为1.2m以上。

2. 出雏室和雏鸡存放室准备

清除出雏室和存放室天棚、地面、天花板上的灰尘，每立方米用42mL甲醛和21g高锰酸钾熏蒸消毒30min。出雏室（雏鸡存放室）要求温度为22～25℃，相对湿度55%～60%。

3. 孵化器的准备

孵化前要对孵化器进行检修、试温与消毒。

（1）检修　检查电动机，看运转是否正常，检查超温报警装置等是否正常。检查蛋盘、蛋架是否牢固，翻蛋位置间隔是否与设置相同，翻蛋装置要加足润滑油。

（2）试温　提前1周试温，每台孵化器准备15支体温计，经温度校正后分别放在孵化车的上、中、下3层的四角和中央，然后将孵化器电脑显示屏设计成正常孵化条件的参数。经试机运转1d左右，观察温差，当温差大于±0.2℃时，需进行调整，调整时，首选方法是按温差移动加热器的位置，其次是密封孵化器四壁衔接处或门胶条。

（3）消毒　用消毒液喷洒孵化器的内壁之后擦洗，再用高锰酸钾和甲醛熏蒸（可结合种蛋消毒同时进行），蛋盘用高压水枪冲洗、刷拭，洁净后沥干与孵化器一同熏蒸消毒。

4. 制订孵化计划

孵化前应根据设备条件、孵化与出雏能力、种蛋供应、雏鸡销售等具体情况，周密制订孵化计划，列出工作日程表（见表2－2）。若雏鸡销售数量零散，则采用恒温孵化方法，分批次入孵种蛋，即每3～5d为1个上蛋间隔，这种方法孵化效果好、工作效率高。若遇到大客户，一次订雏数量大，则采用变温孵化方法，采用整批入孵种蛋，即全进全出制度，这种方法的优点是每孵一批雏鸡均可以彻底消毒一次，孵化质量好。

表2－2　孵化工作日程计划表

品种	批次	入孵	入孵种蛋数	照蛋	出雏器消毒	移盘	出雏	雌雄鉴别	接种疫苗	接雏

二、种蛋选择、保存、运输及消毒

（一）种蛋选择

种蛋的品质对孵化率和雏禽的品质及禽群的生活力有很大的影响，若种蛋品质好，胚胎的生活力强，孵化率高，雏苗质量好，生活力强；相反，种蛋质量一般，即使孵化条件得到保证，其出雏率低，育雏率也低。因此，必须按照入孵种蛋的要求严格挑选种蛋。

1. 种蛋选择的原则

（1）种蛋应来源于健康的禽群　健康种禽所产的种蛋，可以减少由于疾病中死胚增多所导致的孵化率降低，同时可以提高禽群的种用价值。有些疾病可以通过种蛋垂直传播，如鸡白痢、支原体、马立克病等疾病，危害家禽后代个体的健康。所以种蛋选择时要调查种禽管理、饲料营养全价、禽群健康等情况。

（2）种蛋应来源于高产的禽群　产蛋率高与种蛋受精率、孵化率和雏鸡生活力强呈遗传正相关。因此，要注意母禽的产蛋率，尽量选择产蛋高峰期的，避开产蛋末期的，同时避开炎热的夏季所产的种蛋。

（3）种蛋应来源于免疫投药科学的禽群　种用母禽产蛋前要进行科学免疫，这样不但能保证种禽的健康，还可使雏鸡含有一定数量的母体抗原，从而提高其抵抗力和成活率。同时投药应科学合理，种禽不能用毒副作用较大的兽药、不能乱用兽药，会使后代产生抗药性，从而减弱投药预防疾病的效果。

2. 种蛋选择的方法

（1）外观选择法

①选择清洁度：作为入孵的种蛋，蛋壳上不应粘有粪便、破蛋液、血液等污染物。使用污蛋孵化，会增加臭蛋，并污染正常胚蛋，导致死胎增加，孵化率下降，雏禽质量降低。为了提高清洁度，降低污染，应该增加捡蛋次数，提高产蛋箱的清洁度。对于表面有污染的种蛋，可以用柔软的纸张干擦，不可以水洗，尽量减少窝外蛋。

②选择蛋重：不同的品种其蛋重略有不同，蛋重要符合本品种的要求，一般蛋用型鸡种蛋重为50～65g；肉用型鸡种蛋重为52～68g；鸭种蛋重为80～100g；鹅种蛋为160～200g。另外，同一批次入孵的种蛋大小差异在5g左右为宜，发育一致，孵化条件也趋于一致。

③选择蛋形：种蛋以卵圆形为最好。过长、过圆、腰凸、橄榄形（两头尖）的蛋必须剔除，衡量蛋形好坏常用蛋形指数来表示，即蛋的纵径和横径之间的比率。鸡蛋的蛋形指数为1.33～1.35，鸭蛋的蛋形指数为1.36～1.38，鹅蛋的蛋形指数为1.4～1.5。

④选择蛋壳质地：种蛋的蛋壳厚度影响孵化率和出雏率，要求鸡蛋在0.33～0.35mm、鸭蛋在0.35～0.40mm、鹅蛋在0.45～0.62mm，同时要剔除砂皮蛋、皱纹蛋、薄皮蛋和钢皮蛋。砂皮蛋、皱皮蛋和薄皮蛋孵化期间蛋内水分蒸发较快，胚蛋失重多，雏禽出壳瘦小；易被微生物侵入，造成种蛋疾病水平传播的疾病增多；而蛋壳较厚的钢皮蛋（鸡在0.37mm、鸭在0.42mm以上、鹅在0.64mm以上）孵化时水分蒸发慢，雏禽体内含水量多，出壳困难。

⑤选择蛋壳颜色：应符合本品种要求，如白色单冠来航鸡，蛋壳颜色应为白色。海赛克斯、海兰褐等品种应为褐色。商品代孵化厂对种蛋的蛋壳颜色不

应过于苛求。

（2）摩擦听音选择法　两手各拿3枚蛋，转动五指，使蛋与蛋互相轻轻碰撞（手小者可一手拿2枚蛋），听其声音。完整无损的蛋其声清脆，破损蛋可听到破裂声。另外，蛋壳薄，声音也变小。

（3）照蛋透视选择法　用照蛋灯或专门照蛋器械在灯光下观察蛋壳、气室、蛋黄、血斑、肉斑等内容物。观察蛋壳时，破损蛋可见变白的裂纹，砂皮蛋可见点状的亮点；观察气室要看气室大小，气室越大越不适合孵化；观察蛋黄时，蛋黄颜色为暗红或暗黄的是新鲜蛋，蛋黄呈灰白色可能是营养不良，蛋黄上浮者多因运输过程受震致系带折断或种蛋贮存时间过长所致，蛋黄沉散，多为运输不当或细菌侵入而致，有上述缺陷的种蛋均应剔除；另外，要观察血斑、肉斑，若在蛋黄上有白色点、黑点、暗红点，转蛋时随着移动，孵化前应予剔除。

（4）剖视抽验法　多用于育种或外购的种蛋。将蛋打开倒入衬有黑纸（或黑绒）的玻璃板上或平皿中，观察是否有肉斑、血斑以及新鲜程度。新鲜蛋的蛋白浓厚，蛋黄厚度高；陈蛋的蛋白稀薄，蛋黄扁平以致散黄。一般只用肉眼观察即可。

（二）种蛋保存

种蛋产出至入孵要有一定时间，因此种蛋需要保存一段时间。要求储蛋库保温隔热性能和通风条件良好，杜绝有蚊、蝇和老鼠。大型养鸡场最好有专用的蛋库，蛋库的顶棚和四壁均加隔热层，有条件的鸡场要设空调机，以保持恒温。蛋库至少应隔成两间，一间做种蛋清点、接收、分级、装箱之用，一间专供贮存种蛋。

种蛋保存适宜温度是13～18℃，根据保存的期限调整保存温度，提高保存效果。要求相对湿度在65%～70%。湿度过低，蛋内水分散失大；湿度过高又会致真菌滋生（见表2－3）。

表2－3　种蛋的保存条件对照表

项目	贮存时间						
	1～3d	1周内	2周内		3周内		
			第一周	第二周	第一周	第二周	第三周
温度/℃	15～18	13～15	13	10	13	10	7.5
相对湿度/%	65～75		75				
蛋的位置	钝端向上		锐端向上				
卫生	清洁，防鼠、蝇						

1．种蛋的保存时间

种蛋的保存时间越短，对胚胎生活力的影响越小，孵化率越高。一般种蛋产出后3d内入孵为最好；1周以内能保证较好的孵化率；种蛋产出1～2周的，不能保证其孵化率；产蛋2周以上的，孵化率会下降（见表2－4）。

表2－4　　鸡蛋保存时间对孵化率和孵化时间的影响

保存天数/d	受精蛋孵化率/%	比正常推迟的孵化时间/h
1	88	0
4	87	0.7
7	79	1.8
10	68	3.2
13	56	4.6
16	44	6.3
19	30	8.0
22	26	9.7

2. 种蛋充氮保存

将种蛋放在充满氮气的密封塑料袋（湿度高）中，可以降低水分蒸发，延长种蛋保存时间。具体做法：首先将种蛋消毒，然后降低温度至13～18℃，再将种蛋放入充满氮气的塑料袋中，放在蛋箱中保存。

（三）种蛋运输

阳光直接曝晒于种蛋上，使其温度升高而促使胚胎发育（属不正常发育），更由于受热的程度不一致，胚胎发育的程度也不一样，就会影响孵化效果。种蛋被雨淋过之后，就会使壳上的黏膜脱落破坏，细菌就会侵入蛋内，而使之腐败变质。雨淋过的种蛋，更容易使真菌繁殖，蛋的变质更为迅速，这样的种蛋，只能作为次品，决不能入孵。使用四角加厚的种蛋箱运输，蛋箱上层扣一个纸质蛋托后再密封；装入运输工具后蛋箱间保证既无缝隙又不挤压；运输过程中防止强烈震动而引起气室移动、蛋黄膜破裂、系带断裂等严重情况。如果道路高低不平、颠簸厉害，应绕道行驶或在装箱底下多铺富有弹性的垫料，尽量减轻震动。

（四）种蛋消毒

1. 种蛋消毒的理由

蛋从健康母禽体内产出，在经过泄殖腔时，蛋壳带有少量微生物，随后迅速繁殖，其繁殖速度视蛋的清洁度（粪便污染、破蛋污染程度）、气温高低及湿度大小而异。如蛋刚产出时，表面细菌数100～300个，15min后达到500～600个，1h后达到4000～5000个，虽然蛋外有胶质层、蛋壳、内外壳膜等几道自然屏障，但它们都不具备抗菌性能，所以细菌仍可进入蛋内。这对孵化率、雏禽质量都是不利的，尤其像白痢、支原体、马立克病等，能以蛋为媒介将疾病传给后代，其后果严重。为了防止上述情况，必须对种蛋进行消毒。

2. 种蛋消毒时间

种蛋产出后消毒时间越早越好。时间越长，杀灭蛋壳表面的病原菌的难度越大。因此，需要增加捡蛋次数，每天至少6次，这样可以保证种蛋产出后及时捡蛋、及时消毒。

3. 种蛋消毒方法

最常用的种蛋消毒方法是熏蒸消毒法。消毒剂用福尔马林（含甲醛40%）和高锰酸钾。此法生产中普遍应用。通过熏蒸可以杀灭蛋壳上95% ~98.5%的病原菌。第一次消毒一般在种禽饲养场的消毒室里进行，用药剂量为每立方米42mL福尔马林加21g高锰酸钾，在温度25 ~27℃、相对湿度75% ~80%的条件，烟熏20min，效果很好。第二次在孵化器里消毒种蛋（入孵后马上进行)，消毒剂用量为每立方米28mL福尔马林加14g高锰酸钾，烟熏20min。第三次消毒为移盘后在出雏器中进行，一般采用福尔马林每立方米14mL加高锰酸钾7g，烟熏3min。用福尔马林消毒法时，应注意以下几点：①种蛋在孵化器里熏蒸消毒时，应避开24 ~96h胚龄的胚蛋。因为上述药物对24 ~96h胚龄的胚胎有不利影响。②福尔马林与高锰酸钾的化学反应剧烈，又具有很大腐蚀性，人应该迅速离开。③种蛋从蛋库移出蛋表面有水珠不宜立即消毒，应该自然升温6h后再消毒。④消毒保证密闭环境，保证消毒气体与种蛋充分接触。⑤先放高锰酸钾后再倒入甲醛（用广口瓶装），也可以先放甲醛后再放入高锰酸钾，但高锰酸钾放入时一定要用纸托着让其慢慢下沉。⑥熏蒸器具最好用瓷盆，不要用塑料制品，因反应产热易使塑料中的有害物质挥发。⑦消毒完之后，立即将盛装消毒药的器具移开，加强管理，防止污染环境或对其他胚胎产生影响。

此外还有氯消毒法、新洁尔灭消毒法、过氧乙酸消毒法、紫外线照射消毒法、碘液浸洗法、中药熏蒸法、喷淋浴消毒法等，但生产中应用较少。

三、孵化条件

家禽胚胎在体外发育主要依赖外部环境条件。创造最适宜的孵化条件，能保证胚胎的健康发育，也才能够获得较好的孵化效果和优良的雏禽。

（一）温度

禽胚发育对环境温度有一定的适应能力，胚胎发育的临界温度为23.9℃，在温度35 ~40.5℃环境条件下，都有出雏的可能，但不是最高的出雏率。胚胎在不同的孵化阶段对温度的要求是不一样的，即便是同样的胚蛋在不同的外界温度下要求也不尽相同，所以应该尽量满足胚胎正常发育所需温度的需求。

1. 孵化给温方式

（1）变温孵化　变温孵化法主张根据不同的孵化器、不同的环境温度（主要是孵化室温度）和鸡的不同胚龄，给予不同孵化温度。变温孵化常应用于具有较大的孵化规模，种蛋来源充足，雏禽一次需求集中，实行“全进全出”的孵化模式（见表2-5）。变温孵化的优点是“全进全出”便于孵化器消毒，缺点是要随禽胚日龄的增加而定期调整温度，既麻烦又浪费电。

表2-5　　变温孵化

鸡胚龄/d	室温/℃		鸭胚龄/d	室温/℃		鹅胚龄/d	室温/℃	
	15~22	22~28		15~22	22~28		15~22	22~28
1~6（前期）	38.6	38.1	1~7	38.1	37.8	1~9	38.0	37.8
7~12（前期）	38.3	37.8	8~15	37.8	37.5	10~18	37.8	37.5
12~18（中期）	38.1	37.5	16~24	37.5	37.2	19~26	37.5	37.2
19~21（后期）	37.2	37.2	25~28	37.2	36.8	27~31	36.8	36.5

（2）恒温孵化　将鸡的21d孵化期的孵化温度分为：1~19d，37.8℃；19~21d，37.2℃（肉用种蛋其给温为36.8℃）。在一般情况下，两个阶段均采用恒温孵化，必须通过人工的方法将孵化室温度保持在22~26℃。恒温孵化是对于种蛋来源不充足，雏禽需求不够集中，采取分批入孵和分批出雏的孵化方式。恒温孵化的给温规律是孵化器和出雏器温度分别是恒定的。适用于中小型孵化厂。

2. 胚胎产热与孵化施温

胚胎发育初期，胚胎的代谢强度低，需要外界给温略高一些，随着日龄的增加，特别是胎膜形成后，利用蛋内的蛋白质和脂肪的能力加强，代谢速度加快，胚胎会产生大量的热量，因此，蛋的中心温度要比蛋表温度高，外界给温略低一些。实验数据显示，鸡胚孵化10d（鸭13d、鹅15d）时，蛋内温度比孵化器内温度高出0.4℃；孵化15d（鸭19d、鹅21d）时，蛋内温度比孵化器内温度高出1.3℃；孵化20d（鸭25.5~27d、鹅28.5~30d）时，蛋内温度比孵化器内温度高出1.9℃；接近出雏的时候，蛋的中心温度比蛋表温度要高出3.3℃。因此，孵化给温应掌握“前高，中平，后低”的规律，遵守“看胎施温”和“变中求恒，恒中有变，变中求稳”的孵化原则。

孵化温度过高和过低都会影响胚胎的发育。高温下胚胎发育迅速，孵化期缩短，胚胎死亡率增加；低温下胚胎发育迟缓，孵化期延长，死亡率增加。孵化温度与所需孵化时间的关系见表2-6。

表2-6　　孵化温度与所需孵化时间

温度/℃	孵化时间/d
36	22.5
36.5	21.5
37.8	21.0
38.9	19.5

（二）湿度

湿度对家禽的胚胎发育也有很大影响，是孵化的重要条件之一。

1. 湿度的作用

（1）湿度与蛋内水分蒸发和胚胎的物质代谢有关　孵化过程中，如湿度低，则蛋内水分加速向外蒸发，从而破坏胚胎正常的物质代谢和渗透压，将导致尿囊绒毛膜复合体变干，影响胚胎氧气的吸入和二氧化碳的排出。同时，尿囊和羊膜的液体失水过多，会因渗透压的增高而破坏其正常的电解质平衡。相反，湿度过高会阻碍蛋内水分向外正常蒸发，同样破坏胚胎的物质代谢，妨碍胚胎的气体交换。

（2）湿度具有导热的作用　适当的湿度可使胚胎各个位置受热均匀良好，有利于后期胚胎产生热量的散失，有利于胚胎的发育。

（3）湿度与雏禽破壳有关　出雏时在足够的湿度和空气中二氧化碳的作用下，能使蛋壳的碳酸钙变为碳酸氢钙，蛋壳随之变脆，有助于雏禽啄破，利于出壳，特别是水禽孵化尤为重要。

2. 适宜的孵化湿度

变温孵化时，孵化湿度应掌握“两头高，中间低”的原则。即孵化初期相对湿度为60%～65%，有利于胎膜的形成；中期为50%～55%，有利于蛋内水分的蒸发；后期（出雏期）为65%～75%，有利于胚胎的破壳。恒温孵化时，孵化器内的相对湿度应保持在53%～57%，出雏器内的相对湿度要设置为65%～75%。对于水禽，蛋壳比较厚，喙圆钝，为了有利于破壳，鸭胚的孵化湿度前期为70%、孵化中期60%为宜、孵化后期为65%～75%；鹅胚孵化前期为75%～80%、孵化中期为60%、孵化后期为75%～80%。为了加速蛋壳的变脆，在孵化后期可以用30～32℃的温水喷淋加湿。

（三）通风换气

1. 通风换气的作用

通风是为了带走胚胎周围多余的热量，换气是为了引入孵化器外的新鲜空气，置换孵化器内的污浊空气。因此，通风换气具有帮助胚胎与外界进行气体和热量交换的作用，并有调节室内温度和湿度的作用。胚胎在发育过程中，要求蛋周围空气中二氧化碳含量不得超过0.5%，孵化器内的含氧量在21%～29%为佳。

2. 通风换气器的调整

在孵化过程中，通过调整风门的大小来完成通风换气。开始升温阶段可以暂时关闭风门，前期开启风门1/3，中期开启2/3，后期全部开启。在风门调整阶段，兼顾室温和孵化机内的温度变化来微调孵化机风门开启的大小。

（四）翻蛋

机器孵化期间，定时转动蛋的放置位置称为翻蛋，翻蛋对保证胚胎正常生长发育有重要作用。出雏期因胚胎啄壳和脱壳的需要，出雏盘要保证水平放置，因此不需要翻蛋。

1. 翻蛋的作用

（1）翻蛋可以防止壳膜粘连　由于胚胎的相对密度比较低，位于相对密度本身就小的蛋黄上边，所以整体在蛋内处于上浮状态，长时间处于一个位置不动，容易使壳膜和胎膜粘连在一起，不但影响胚胎的生长发育，严重者还可以导致胚胎死亡。

（2）翻蛋可使胚胎受热均匀　翻蛋位置的变化，使胚蛋的各个部位可以变化地接触热源方向传来的微热空气，使胚蛋受热均匀，同时也改变了孵化机内的通风路径，保证通风没有死角。

（3）翻蛋有助于保证胎位正常　通过翻蛋，胚胎借助外力完成胚胎的转身，翻蛋可使胚胎运动和改善胎膜血液循环，从而使胚胎处于正常胎位，并提高健雏率。

2. 翻蛋的要求

在孵化器的电脑屏上，设置成60min或120min翻蛋1次。对于鸡胚（孵化16d后）、鸭胚（孵化20d后）、鹅胚（孵化23d后）可以不翻蛋，这时禽胚各个器官发育基本完全，调节体温的功能加强，不会存在温度不均和壳膜粘连的现象，降低了一部分能源消耗。但是为了统一管理，在落盘前可一直进行翻蛋。有实验数据显示：孵化期间不翻蛋，孵化率为29%；1~7d翻蛋，孵化率为78%；孵化1~14d翻蛋，以后不翻蛋，孵化率为95%；孵化1~18d翻蛋，孵化率为92%。翻蛋角度，以鸡胚90°、鸭胚100°~110°、鹅胚110°~120°为宜。

（五）凉蛋

现代孵化器的供温系统比较合理，尤其是冷却系统，所以可以不需要凉蛋。但是，在炎热的夏季，孵化后期，尤其鸭胚、鹅胚后期自身产热多，凉蛋措施必不可少。

凉蛋的方法：打开机门，将蛋车拉出2/3，凉蛋时间为30min左右，具体操作时可用眼皮来试温，即以蛋贴眼皮，稍感微凉（为30~33℃）时停止凉蛋。

凉蛋时间：头照后至尿囊绒毛膜合拢前（鸡胚孵化11d、鸭胚13d、鹅胚15d），每天凉蛋1~2次；合拢至封门，每天凉蛋2~3次；封门至大批出雏前，每天凉蛋3~4次。鸡胚至封门（17d）前（鸭20d、鹅23d即合拢前）采用不开门，关闭电源，风扇转动；鸡胚从封门后（鸭、鹅从合拢后）采用开门，关闭热源，风扇转动。如果采用开机门凉蛋必须保证孵化室内的温度在22℃以上，也可以采用蛋面淋30~32℃温水降温。

四、孵化方法

1. 种蛋预热

种蛋预热是指在入孵前6h左右将种蛋放置在温度21～24℃的环境中，自然升温的过程。其目的是使胚胎发育从静止状态中逐渐“苏醒”过来；减少孵化器里温度下降的幅度；除去蛋表凝水，以便入孵后能立刻消毒种蛋。

2. 码盘

将种蛋码在孵化盘上称作码盘。码盘时鸡种蛋的钝端向上放置。水禽种蛋的孵化应该平放，可以利用真空吸蛋器码盘。上蛋的时间最好在下午4点左右，这样可使批量出雏在白天，便于工作。为了防止不同批次入孵种蛋的混淆，要做好入孵标记。

3. 种蛋消毒

种蛋码盘后，推入孵化器中，在升温之前要进行种蛋的消毒，此次消毒为种蛋第二次消毒，具体方法见前面所述。

4. 升温

消毒之后，将孵化机设置好孵化条件，接通电源，通电加热升温至孵化要求的标准，时间为6～8h。在早期升温中，为使温度迅速上升，关闭孵化机进气口。应该时时观察孵化器的加热状态，记录加温时间，如果温度迟迟达不到要求，可能是孵化室温度低或孵化机密封不严。

5. 孵化机管理

立体孵化机由于操作已经机械化、自动化，孵化期间管理比较简单。但要求值班人员要经常巡回观察各控制系统及孵化机工作是否正常，绝对不能离开岗位。

一般每隔1h检查1次电脑屏幕，查看孵化机温度、湿度、通风等条件是否正常。

6. 照蛋

照蛋时种蛋离开孵化机在孵化室中进行，有机器和手工照蛋两种方法，孵化期内照蛋2～3次，以便及时验出无精蛋和死胚蛋，并观察胚胎发育情况。对于受精率和孵化率较高、孵化机具先进的大型孵化厂，为节省工时、减轻劳动强度，可只照检1次或只进行抽样照检。照检后统计无精蛋、死胚蛋，登记记录。

7. 落盘

落盘又称移盘。鸡胚孵化至18～19d（鸭胚24～25d、鹅胚27～28d）后，在胚胎大多数出现闪毛，少部分封门和起嘴时，将胚蛋从孵化器的孵化盘移至出雏器的出雏盘，此后停止翻蛋，提高湿度、降低温度等待出雏。实践中，可以选择胚蛋10%出现起嘴，80%处于闪毛阶段来落盘。具体落盘要求：操作轻、稳、快，机外时间短。

8. 出雏

在成批出雏时，一般每隔4h拣雏1次。为节省劳力，可以在出雏45%～50%时拣第一次雏，70%～80%时拣第二次雏，最后再拣第三次雏。拣雏时要求轻、快。尽量避免碰破胚蛋，为缩短出雏时间，可将绒毛已干的雏速拣出，再将空蛋壳拣出，以防蛋壳套在其他胚蛋上，引起闷死。到后期（第二次拣雏后）应将已破壳的胚蛋并盘，放在上层，以促弱胚出壳。此时仍未破壳的胚蛋绝大部分是死胎蛋。刚出壳的雏禽应清点数量、分级、装箱，存放于专用存雏室。存雏室内应空气新鲜、卫生，保持温度在22～25℃。短时间安静存放4～5h后，便可进行雌雄鉴别和免疫接种（马立克疫苗）等工作。

水禽出雏持续的时间比较长，为了降低死亡，可以人工助产。种用雏禽出雏后，对于公鸡要剪冠和断爪。剪冠时用小弯剪子由前向后剪去冠体；断爪是用剪刀剪去第一和第四趾的第一个趾关节，同时用电烙铁灼烧止血；带翅号是进行谱系孵化管理，出壳后带上翅号。

五、初生雏雌雄鉴别

（一）雌雄鉴定的意义

雏禽的性别鉴定，在生产上有着重要的经济意义。一是可以节省饲料，尤其是蛋鸡和种鸡；二是节省设备和设施，增加母鸡的饲养量，节省劳动力和各种饲养费用；三是可以提高母鸡雏的成活率和均匀度；四是可以对于留作种用的公鸡雏，依据其生理特点及其对营养的需要，进行科学的饲养管理。

（二）雌雄鉴别的方法

1. 伴性遗传鉴别法

（1）羽色自别雌雄法　该方法利用隐性金黄色绒羽公鸡与显性银白色绒羽母鸡杂交，后代中凡金黄色绒羽者为母鸡、银白色绒羽者为公鸡。一般现代蛋鸡雏其父母代银白色绒羽为母鸡、金黄色绒羽为公鸡，商品代蛋鸡其金黄色绒羽为母鸡、银白色绒羽为公鸡；芦花母鸡与非芦花公鸡交配，后代公鸡全部是芦花羽色、母鸡全是非芦花羽色。

（2）羽速鉴别法　利用快生羽（隐性）公鸡与慢生羽（显性）母鸡杂交，后代中凡是快生羽者为母鸡、慢生羽者为公鸡。根据主翼羽和覆主翼羽的相对长度来鉴别：如果覆主翼羽长于主翼羽或者二者等长，或主翼羽较覆主翼羽微长在0.2mm以内，这种雏鸡绒羽更换比幼羽速度慢，称为慢羽，是公鸡；如果出生雏鸡的主翼羽长于覆主翼羽0.2mm以上，绒羽的更换比幼羽速度快，称为快羽，是母鸡。鉴别率要求在95%以上。

2. 翻肛鉴别法

翻肛鉴别法是通过观察雏禽有无生殖突起而区分雌雄的一种方法。禽的生殖突起位于泄殖腔开口部下端中央，公雏的生殖突起比较明显，母雏在胚胎期已基本退化。

初生雏鸡生殖突起的形态分类和组织形态差异：雄雏生殖突起分为正常型、小突起、分裂型、肥厚型、扁平型、纵型；雌雏生殖突起分为正常型、小突起型、大突起型。初生雏鸡生殖突起的形态分类和特征见表2－7。

表2－7　初生雌雏鸡生殖突起的形态分类和特征

性别	类型	生殖突起	八字皱襞
雌雏	正常型	无	退化
	小突起	突起较小，不充血，突起下有凹陷，隐约可见	不发达
	大突起	突起稍大，不充血，突起下有凹陷	不发达
雄雏	正常型	大而圆，形状饱满，充血，轮廓明显	很发达
	小突起	小而圆	比较发达
	分裂型	突起分为两部分	比较发达
	肥厚型	比正常型大	发达
	扁平型	大而圆，突起扁平	发达，不规则
	纵型	尖而小，着生部位较深，突起直立	不发达

3. 器械鉴别法

将鉴别器的玻璃曲管插入雏禽的直肠内，直接观察睾丸或卵巢而鉴别雌雄。操作方法：一只手将雏禽握于手中，雏背贴于掌心，拇指贴于肛门左下方指压排粪，另一只手将鉴别器的曲管插入直肠即可。雄性雏禽左右有对称的比稻米粒略细长的乳白色棒状睾丸，母禽只有左侧有一扁平的卵巢。

六、初生雏的分级

初生雏分级就是将初生雏分为健雏和弱雏两类，健雏用于出售或本场饲养，弱雏进行淘汰。分级的方法有一看、二摸、三听。

一看，就是看雏禽的精神状态。健康雏禽一般站立有力，活泼好动，反应机敏，眼大有神，羽毛覆盖完整、有光泽，腹部柔软，卵黄吸收良好；弱雏则缩头闭眼，羽毛蓬乱残缺，特别是肛门附近的羽毛多被粪便粘污，腹大、松弛，脐口愈合不良、带血等。同时要看是否有畸形，凡是腿、喙畸形或有残疾、折翅等个体均需淘汰。

二摸，就是摸雏鸡的脐部、膘情、体温等。用手抓雏鸡时手指贴于脐部，若感觉平整无异物则为强雏，若手感有钉子帽或丝状物存在则为弱雏。同时手握雏鸡感到温暖、有膘，体态匀称，有弹性，挣扎有力的是强雏；弱雏手感身凉、瘦小、轻飘，挣扎无力。

三听，就是听雏鸡的叫声。强雏叫声洪亮、清脆、短促；弱雏叫声微弱、嘶哑，或鸣叫不停、有气无力。

七、孵化厂的经营与管理

（一）孵化厂建设要求

1. 孵化厂建筑要求

孵化厂要尽量远离交通干线和养禽场。有时受条件所限，需和种禽场建在一起的应尽量隔离并建在上风口。孵化厂的建筑要求为通风、保温，内装修要利于冲洗清洁。高度应据所购孵化器的型号而定，原则是孵化器的高度再加2～2.5m为其净空高度。具体的要求应根据实际情况而定。

2. 孵化厂功能室分布

（1）种蛋接收与码盘室　经消毒处理的种蛋在该室剔除破损和不符合孵化要求的蛋，然后码盘，上蛋架车。因此，该室的面积宜宽大些，以利于蛋盘的码放和蛋架车的运转。室温保持在18～20℃为宜。

（2）熏蒸室　用以熏蒸或喷雾消毒处理入厂待孵的种蛋。该室不宜过大，应按一次熏蒸种蛋数量来计算。门、窗、墙、天花板的结构要严密，并设置排气装置。

（3）种蛋存放室　该室的墙壁和天花板应隔热性能良好，通风缓慢而充分。最好设置空调机，使室温保持在13～18℃。

（4）照检室　应安装可调光线明暗的百叶塑料窗帘。

（5）孵化出雏室　孵化室与出雏室建设要求基本相同。其面积大小以选用的孵化机或出雏机的机型来决定。孵化机顶板至吊顶的高度应大于1.6m，无论双列或单列排放均应留足工作通道，孵化机前约30cm处应设有排水沟，上盖铁栅栏，栅孔1.5cm，并与地面保持平齐。孵化室的水磨地面应平整光滑，地面的承载能力应大于每平方米700kg，室温保持在22～25℃。孵化室的废气通过水浴槽排出，以免雏鸡绒毛被吹至户外后或吸入进风系统而带入孵化厂各房间中。专业孵化厂应设预热间。

（6）洗涤室　孵化室和出雏室旁应单独设置洗涤室，用于洗蛋盘和出雏盘。洗涤室内应设有浸泡池，地面设有漏缝板的排水阴沟和沉淀池。

（7）雏鸡雌雄鉴别和装箱室　室温应保持在29～31℃，室内设鉴别桌、鉴别椅、聚光灯（100W白炽灯上设有锥形灯罩），备排粪缸、口罩、工作服等用具。

（8）雏鸡存放室　装箱后的暂存房间，室外设雨篷，便于雨天装车。室温要求25℃左右。

（二）孵化器的选择

（1）小型孵化器　容卵量在150～4200枚，适用于珍禽和水禽的孵化，也用于科研与教学之需。其规格和参考价格见表2-8。

表2-8 小型孵化器不同容卵量及参考价格

外形 尺寸（长×宽×高）/cm	容卵量（分批孵化量）/枚				电热功率/W	出厂价格/元
	山鸡 鸽子 乌鸡	鸡 野鸭 土鸡	鸭 鸳鸯 火鸡	鹌鹑 鸟蛋		
120×70×90	528（176）	450（150）	378（126）	1326（442）	320	3800
120×70×123	1056（176）	900（150）	756（126）	2652（442）	380	4400
120×70×145	1408（352）	1200（300）	1008（252）	3536（884）	420	4800
120×70×167	1760（352）	1500（300）	1260（252）	4420（884）	460	5500
120×70×189	2112（528）	1800（450）	1512（378）	5304（1326）	500	6100

（2）中型孵化器　容卵量在4800～9600枚，适用于珍禽和水禽，也用于小型孵化厂。

（3）大型孵化器　容卵量在10800～19200枚，适用于大型孵化厂，主要用于鸡的孵化。以上两种孵化器的规格和参考价格见表2-9。

表2-9 大中型孵化器不同容卵量及参考价格

型号	外形 尺寸（长×宽×高）/cm	鸡种蛋容卵量/枚	电热功率/W	出厂价格/元
中型	2010×800×2000	5280	900	7000
中型	2580×880×2100	6300	1200	8000
大型	3000×1820×2200	16800	2500	14000
大型	4000×1800×2200	19200	3000	16000
大型	3800×2020×2600	22500	3200	18000

（4）巷道式孵化器　适用于集种禽场、孵化厂、放养基地和屠宰厂一体化的大型孵化厂。巷道式孵化器的规格是按孵化场的孵化量而设计的，其价格是以孵化器规格作为重要参考的，容卵量在38400～76800枚，与箱体机相比，在同等蛋位下，巷道机总节能达80%以上，占地面积要节省40%左右。

（三）孵化计划的拟定

种鸡场应根据本场的生产任务和外销雏鸡数，结合当年饲养品种的生产水平和孵化设备及技术条件等情况，并参照历年孵化成绩，制订全年孵化计划。

（1）根据鸡场孵化生产成绩和孵化设备条件确定月平均孵化率。

（2）根据种蛋生产计划，计算每月每只母鸡提供雏鸡数和月总出雏数。

每月每只母鸡提供雏鸡数 = 平均每只产种蛋数 × 平均孵化率

每月总出雏数 = 每月每只母鸡提供的雏鸡数 × 月平均饲养母鸡数

一般要求的孵化技术指标：全年平均受精率，蛋用种鸡种蛋85%～90%，肉用种鸡种蛋80%以上；受精蛋孵化率，蛋用种鸡种蛋88%以上，肉用种鸡种蛋85%以上。出壳雏鸡的健雏率96%以上。

（四）孵化厂的经营模式

1. 合作社式经营模式

以“龙头企业 + 基地 + 养殖户”为链条式生产模式，形成孵化、养殖、销售一条龙式服务。一般情况下，合作社应建立理事会和监事会。办理合作社执证、工商执照、种禽生产许可证、孵化经营许可证、卫生防疫合格证等，以上证件均由所辖市政府严格审核办理。

合作社要规定经营范围和经营方式。经营范围主要是指经营的禽种、孵化的雏种和兼营项目。经营方式是以孵化、生产种禽为主，养殖户分散经营为辅，实行农民自愿现金入股的股份制合作社。形成以养殖户经营为主体，集体统一服务为主线的经营管理模式，做到加强技术指导，提供市场信息，拓展销售渠道，确保农民增收。按照“民办、民营、民受益”的原则，通过社员直接参与民主管理、民主决策，实行自主经营、自我发展、自我服务的合作社式经营模式。坚持入社自愿，退社自由，实施统分结合，结算到户，股红分配的管理制度。

2. 一站式服务经营模式

放养公司围绕肉禽屠宰厂生产需求，在放养公司辐射的范围内选择合同制养殖户为放养对象，为合同制养殖户提供雏禽、饲料、兽药与疫苗、技术指导、肉禽回收等一站式服务。放养公司自办种鸡场、孵化厂，为养殖户提供优质雏禽，而养殖户所需的饲料、兽药及部分技术服务均由合作的饲料企业、兽药企业提供。放养公司为养殖户预支雏款、饲料款、兽药款，待一个养殖周期结束时，由放养公司以市场价回收养殖户饲养的肉禽并出售给肉禽屠宰厂，放养公司将肉禽生产成本扣回后将养殖效益转交给养殖户。

放养公司在选择养殖户时要求他们养殖规模大于2000只肉仔禽，同时要求一个村屯要有5家以上养殖户联保并分批次进行养殖，以此来避免放养风险。这种一站式服务的前提是有肉禽屠宰厂作为市场销路，关键是有实力雄厚的放养公司提供一站式服务，主体是养殖户从事肉禽生产。这种经营方式使放养公司、养殖户和屠宰厂的经济效益都得到保证，达到三方共赢的目的。

3. 市场调节式经营模式

孵化计划是依据市场需求和销售情况而定。在孵化开始前，孵化厂与用户签订供种合同，用户需交纳约30%比例的押金。然后，孵化厂向种禽场采购相应数量的种蛋，并根据雏禽供货数量和时间来确定种蛋每批孵化数量和入孵时间。据此安排孵化器的使用，制订详细的孵化计划。同时要与提供种源方签订合同，若本公司有种禽场，则根据孵化计划合理进行种蛋生产。如需要向外引进种蛋，孵化厂应与提供种源方订立采购合同，合同内容应明确受精率等经济指标、要求种蛋保存不能超过规定时间以及损失赔偿等条款。这种依据市场需求来调节的经营模式要依靠雏禽质量和销售渠道来实现良好的经济效益。

（五）孵化厂经营管理之道

1. 一流的产品是赢得客户的法宝

孵化厂的产品就是雏禽，如何生产纯种、优质、健康的雏禽是孵化厂的主要任务，因此孵化厂必须掌控好孵化效益的每个关键点，即种禽管理水平、种蛋品质、孵化条件等各要素，使入孵的种蛋不仅来自于健康高产的种禽群，还应注意种蛋的选择、保存、运输和消毒环节，不断地提高孵化技术，才能生产出一流的雏禽，这是赢得更多客户的法宝。

2. 管理制度是提高生产效益的保证

管理上要采取有效的制度来调动孵化人员的积极性。目前，一般的孵化厂均采取孵化技术指标承包方式，实行孵化成绩与孵化员工资挂钩制度。在制订孵化技术指标时主要参考本孵化厂前 2 年的平均孵化成绩，超则奖，低则扣其抵押金。

3. 对用户实行质量担保是销售的敲门砖

孵化厂应对用户做出质量承诺，签质量担保书，以保证雏禽品质。保证提供给用户的雏禽是健康无病的，同时按用户的要求进行马立克病等疫苗接种。

4. 为用户提供三包服务是拓展销售市场的重要渠道

一包送雏上门并实施买百送三制度；二包技术咨询并实施创业指导和技术培训工作；三包饲料与兽药优质低价供应并对质量负责。实施三包服务能使养殖户的家禽生产经营实现节时、节工、节资金，对孵化厂的依赖性不断提升，从而拓展客户，扩大孵化销售量。

（六）孵化场的成本核算

孵化厂的成本核算方法有两种，一种是按月份进行成本核算，另一种是按批次进行成本核算。两种核算方法各有千秋，大中型孵化厂按月份进行成本核算比较易行，小型孵化厂按批次成本核算比较方便。

1. 月成本核算法

由于一批孵化往往跨月，而又要按月核算孵化的盈亏情况，因此需通过核算“孵化胚日”成本的方法来实现月成本核算。即 1 枚种蛋在孵化器内孵化 1d 为 1 个“孵化胚日”。1 个月出雏总量所带来的效益除去投入成本即为效益。

月投入成本：①工资及附加费：孵化厅工作人员的工资及附加费。②种蛋：含自产种蛋、外购种蛋的价值，以及运输费、包装费、路途损耗等。③消毒疫苗费：孵化厅内外环境、各种孵化设备、用具、种蛋等消毒用药、消毒用具等费用。疫苗费，指出雏后，接种马立克等疫苗的费用。④固定资产折旧：孵化厅及附属用房、各种孵化设备的折旧费用。⑤燃料动力费：孵化厅耗用的电费、采暖用煤、发电用油等费用。⑥其他直接费用：孵化机、出雏机的维修及孵化厂的公共管理费用等。

月收入总额 = 月雏禽销售额 + 毛蛋销售额 + 无精蛋销售额

月利润总额 = 月收入总额 - 月投入成本

2. 批成本核算法

以每一批孵化量为一个核算对象，待一批孵化结束时来计算成本及盈亏额。鸡种蛋孵化每批 21d，鸭种蛋孵化每批 28d，鹅种蛋孵化每批 30～31d。

其成本核算与月成本核算方法基本相同，只是核算的周期不同而已。

实训一　孵化器的管理

一、技能目标

能进行孵化器程控设置，并熟悉其使用方法，参加各项孵化操作，熟悉人工孵化的常规程序和管理过程。

二、教学资源的准备

（一）材料与工具

孵化器、出雏器、孵化室有关设备用具、种蛋、记录表格。

（二）教学场所

校内教学基地或孵化厂。

（三）师资配置

实训时 1 名教师指导 40 名学生，技能考核时 1 名教师指导 20 名学生。

三、原理与知识

孵化器大致分为平面孵化器和立体孵化器两大类。

1. 平面孵化器

小型，一般为孵化出雏同机。多用棒式双金属片或乙醚胀缩饼控温，可自动转蛋和均温。多用于科研、教学和珍禽的孵化。

2. 立体孵化器

（1）箱式孵化器

①下出雏：一机兼孵化、出雏。可利用余热，仅用于分批入孵，不利于防疫。

②旁出雏：一机兼孵化、出雏。分批入孵，因孵化出雏同屋，不利于防疫。

③单出雏：入孵器与出雏器分室放置，并配套使用，可整批孵化、出雏，有利于防疫。

（2）巷道式孵化器　适用于大规模生产。入孵器分批入孵，18 ~ 19d 移至另室在出雏器中出雏。

四、操作方法

1. 认识孵化器的基本构造

（1）主体结构　有箱体（外壳）、蛋架车、种蛋盘、活动转蛋架。

（2）控温控湿系统和降温冷却系统及报警系统　有控温系统、控湿系统、降温冷却系统、报警系统。

（3）机械传动系统　有转蛋系统、均温电机、通风换气系统、安全保护装置、机内照明等。

2. 学会孵化条件设置方法

在孵化器或出雏器的电脑屏幕上设置温度、湿度、风门开启和翻蛋角度等技术指标，并知道变温孵化的调整方法。

3. 孵化的操作技术

根据孵化操作规程进行各项实际操作。

（1）选蛋　用观察法将过大的，过小的，畸形的，壳薄或壳面粗糙的，有裂纹的蛋剔出。同时，码盘时每手握蛋3个，活动手指使其轻度冲撞，撞击时如有破裂声，将破蛋取出。

（2）码盘和消毒　选蛋的同时进行码盘，码盘时使蛋的钝端向上，装后清点蛋数，登记于孵化记录表中。种蛋码盘上架后可放在单独的消毒间内，按每平方米容积福尔马林30mL、高锰酸钾15g的比例熏蒸20～30min，熏蒸时关严门窗，室内温度保持在25～27℃，相对湿度75%～80%，熏蒸后打开门窗，排出气体。

（3）种蛋预热　入孵前6h将码好盘的蛋车推入孵化室内，使蛋初步升温。并按计划于下午4点左右入孵化器，天冷时，入孵后打开入孵机的辅助加热开关，加速升温，待温度接近要求时即关闭补助电热器。

（4）孵化条件设置　打开微电脑液晶显示屏，通过多功能窗口引导操作，设置孵化条件。孵化室条件，温度20～22℃，相对湿度55%～60%，通风换气良好。出雏室温度适当提高些。孵化器条件见表2－10。

表2－10　孵化条件

孵化条件	孵化机	出雏机
温度	37.8℃	37.2℃
湿度	55%左右	65%左右
通气孔	开50%～70%	全开
翻蛋	120min一次	停止

（5）温湿度的检查和调节　实习期间应经常检查孵化机和孵化室的温、湿度情况，观察机器的灵敏程度，遇有超温或降温时，应及时查明原因进行检

修和调节。机内水盘每天加温水1次。湿度计的纱布每出雏1次更换1次。

（6）孵化机的管理　孵化实习过程中应注意机件的运转，特别是电机和风扇的转运情形，注意有无发热和撞击声响的机件，定期检修加油。

（7）移蛋和出雏　孵化19d照检后将蛋移至出雏机中，同时增加水盘，改变孵化条件。孵化满20d后，将出雏机玻璃门用黑布或黑纸遮掩，以免已出雏鸡骚动，每天隔4~8h拣出雏鸡和蛋壳1次。出雏完毕，清理雏盘，消毒。

（8）熟悉孵化规程与记录表格　仔细阅览孵化室内的操作规程、孵化日程表、工作时间表、记温表和孵化记录等。

五、实验报告的书写要求

1. 按实训步骤写实训报告。
2. 根据孵化器的使用方法阐述孵化整个操作过程。
3. 填写孵化过程中相关记录表格。
4. 要表明此次实训的收获和体会。

实训二　家禽胚胎发育观察

一、技能目标

通过实训，学生能借助照蛋器准确判别无精蛋、中死胚、健康胚日龄，并能够在规定的时间内熟练而准确地进行照检操作。

二、教学资源准备

（一）仪器设备

照蛋器4台，蛋盘8个，操作台2个，电源插座4处（大插排）。

（二）材料与工具

5日龄和19日龄发育正常的胚胎，无精蛋、中死蛋、照蛋器及遮黑窗帘1套。

（三）教学场所

校内外教学基地。

（四）师资配置

实训时1名教师指导40名学生，技能考核时1名教师指导20名学生。

三、原理与知识

在黑暗的条件下，利用照蛋灯的光线，透过蛋壳，根据物理学中光的折射原理来透视胚胎的发育情况。

四、操作方法及考核标准

（一）操作方法与步骤

1. 第1次照检

（1）一照时间　一般鸡胚5日龄（鸭胚7日龄、鹅胚8日龄）时进行一照。工作繁忙，可推迟1~2d，但不要提前。

（2）一照目的　及时拣出无精蛋（白蛋）、中死胚、破壳蛋，观察胚胎发育情况，调整孵化条件。

（3）一照特征　①正常发育的胚蛋：血管网鲜红，布满蛋体的4/5。胚胎及分布的血管网酷似蜘蛛网，胚胎的头部可见到黑色的眼点，将蛋微微转动，胚胎也随之转动。②发育缓慢的胚蛋：略小于正常发育胚，胚胎的头部可见到灰色的眼点，将蛋微微转动，胚胎也随之转动。③发育偏快的胚蛋：血管网鲜红，布满蛋体的5/6。胚胎的头部可见到黑色的眼点，胚体较大，眼球内黑色素大量沉着，胚体尾部开始膨大。④中死胚：可见到血环、血线或血团，无血管网。⑤无精蛋：蛋内透明发亮，隐约可见蛋黄的影子，看不到血管网。以上特征见图2-49。

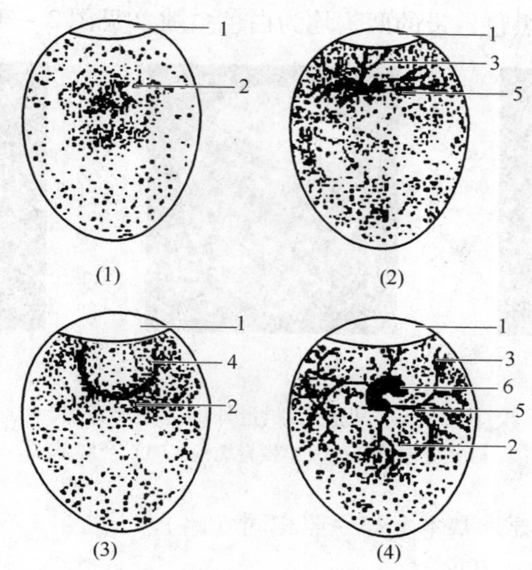

图2-49　各种头照蛋的外部特征示意图

（1）头照无精蛋　（2）头照死胚蛋　（3）头照弱精蛋　（4）头照正常蛋

1—气室　2—卵黄　3—血管　4—血圈　5—胚胎　6—眼睛

（4）一照操作步骤　照检时3人一组同时操作，首先1号操作工将孵化器中的蛋架车拉出，由蛋架车上抽出一盘蛋放在工作台上，2号操作工用照蛋器照蛋，并随时剔出白蛋和血蛋，3号操作工将剔出的白蛋、血蛋分类码放，并清点登记，照完一个蛋架车后由2、3号操作工将蛋架车推回机内继续孵化，1号操作工同时拉出另一蛋架车继续照检，直至全机照完为止。

（5）一照要求　以19200型孵化器为例，一般要求6人操作，平均速度为60～80min/台，每个蛋架车中胚蛋在室温中放置不超过25min，室温在28～30℃为宜；操作过程中不小心打破胚蛋及臭蛋应剔出并放入污物桶中，溅到四周及胚蛋上的的污物应及时用消毒药液擦除。

2. 第2次照检

（1）二照时间　鸡胚19d（鸭胚26d、鹅胚29d）。

（2）二照目的　为移盘时间和出雏环境控制提供参考。

（3）二照特征　①正常发育的胚蛋：用照蛋器观察可见气室大而弯曲，气室的边缘有稀薄的血环分布，多数胚蛋的气室有颈部（或翅或喙）的阴影，胚体其他部位全为黑色，有10%左右的鸡胚已打嘴；②发育缓慢的胚蛋：用照蛋器观察可见气室大且平齐，气室的边缘有血环分布，气室内没有颈部（或翅或喙）的阴影，胚体其他部位全为黑色；③发育偏快的胚蛋：用照蛋器观察可见气室大而弯曲，气室的边缘无血环分布，气室内均可见到颈部（或翅或喙）的阴影，胚体其他部位全为黑色，打嘴率超过10%；④中死胚：前期死亡的胚蛋内多为液体，照蛋时可观察到上清下黄的液体。中期死亡的胚蛋多见到蛋体中部为黑色，蛋的两头均为白色空隙（见图2－50）。

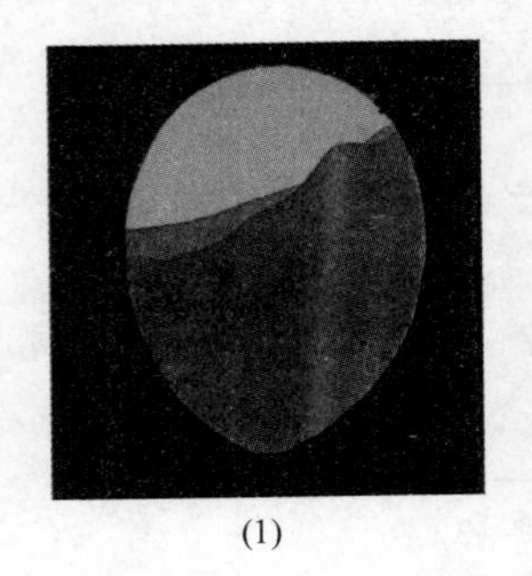
(1)

(2)

(3)

图2－50　鸡胚二照蛋外部特征示意图
（1）正常发育　（2）发育缓慢　（3）死胚蛋

二照的操作和要求基本上与一照相同（略）。

3. 操作中的注意事项

（1）操作者之间密切配合，要求必须在规定的时间内完成。

（2）室温升至28℃时才能进行照检操作。

（3）白天照检要用遮黑窗帘将窗户的光线遮严，门上的玻璃也要用报纸类的东西遮黑。

（4）要求操作者动作迅速而熟练，注意蛋架车左右重量的平衡，避免破损胚蛋。

（5）及时将无精蛋、中死蛋分类并进行处理。

（6）技能考核时要注意频繁出现类同的胚蛋让同一班学生操作。

（二）技能考核标准

考核内容及分数分配	操作环节与要求	评分标准		考核方法	熟练程度	时限
		分值	扣分依据			
照检技术（100分）	①无精蛋判定	15	每判错1枚扣0.5分	单人操作考核	熟练掌握	10min
	②健康胚判定	40	每判错1枚扣1分			
	③中死胚判定	15	每判错1枚扣0.5分			
	④规范程度	10	操作不规范时，每处扣2分			
	⑤熟练程度	10	在教师指导下完成时扣5分			
	⑥完成时间	10	每超时1min扣1分，直至10分			

实训三　初生雏鸡雌雄鉴别技术

一、技能目标

通过实践训练，使学生初步掌握肛门鉴别雌雄的方法，熟练掌握伴性遗传鉴别雌雄的方法。

二、教学资源准备

（一）仪器设备、材料与工具

锥形灯罩与100W白炽灯6个；装雏盘12个；鉴别桌子2个，椅子6个；排粪缸6个。蛋用初生公鸡雏500只，白羽肉用母鸡雏500只。羽色自别鸡雏公、母各50只，羽速自别鸡雏公、母各50只；统计表6份。

（二）教学场所

校内教学基地或实验室。

（三）师资配置

实训时1名教师指导10名学生，技能考核时1名教师考核20名学生。

三、原理与知识

（一）肛门鉴别法

雏鸡出壳后24h内其公雏的生殖突起痕迹明显，人们根据公雏明显的生殖突起及母雏无生殖突起或生殖突起不明显来鉴别雏鸡的雌雄。实践中，公雏与母雏的生殖突起中仅有78%左右是正常型，还有22%左右是异常型，因此要经过反复训练不断地积累经验才能准确地判定雏鸡的雌雄。

（二）自别雌雄鉴别法

1. 羽色自别雌雄

在褐壳蛋鸡生产中常采用羽色自别雌雄，其原理是利用羽色的显隐性基因（银色对金色为显性）伴随性别进行遗传来鉴别雌雄。当初生雏鸡为父母代时，金色羽毛的鸡为公雏、银色羽毛的鸡为母雏。当初生雏鸡为商品代时，金色羽毛的鸡为母雏、银色羽毛的鸡为公雏。其基因重组示意图见图2－51。

亲代基因型	亲本♂	ZsZs	ZSW-	亲本♀
亲代表现型	（金色）	↓	↓	（银色）
子代基因型	F1♂	ZsZS	ZsW-	F1♀
子代表现型		（银色）		（金色）

图2－51　金银羽色伴性遗传基因重组示意图

2. 羽速自别雌雄

原理是利用慢生羽对快生羽呈显性且伴随性别遗传来鉴别雏鸡的雌雄。其基因遗传示意图如图2－52所示。当初生雏鸡为父母代时，快生羽的雏鸡为公雏、慢生羽的雏鸡为母雏。当初生雏鸡为商品代时，慢生羽的雏鸡为公雏、快生羽的雏鸡为母雏。

亲代基因型	亲本♂	ZkZk	ZKW-	亲本♀
亲代表现型	（快羽）	↓	↓	（慢羽）
子代基因型	F1♂	ZkZK	ZkW-	F1♀
子代表现型		（慢羽）		（快羽）

图2－52　快慢羽速的伴性遗传示意图

四、操作方法

1. 肛门鉴别法

（1）抓雏握雏　右手握雏，雏背贴操作者的掌心，肛门向下，雏颈轻夹于食指与中指之间，移至左手后，雏颈夹于中指与无名指之间，肛门向上，无名指与小指弯曲将两腿夹于掌面（见图2－53）。

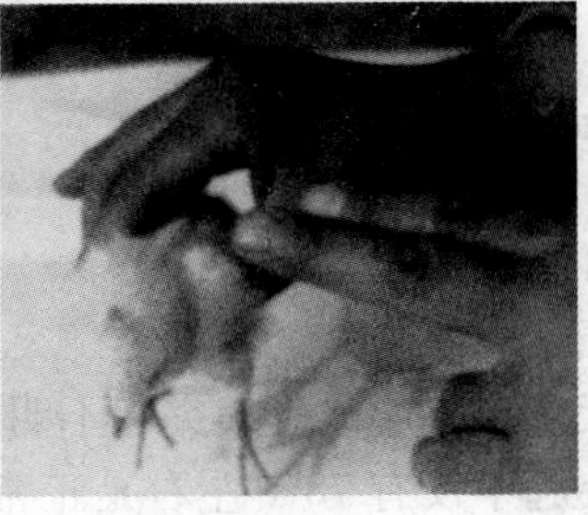

图2－53　抓雏方法

（2）排粪翻肛 右手拇指、食指和中指分别轻压雏鸡两侧腹壁，一次将胎便排净，同时右手配合完成一按、二掐、三掰、四推的翻肛动作，使肛门呈“三角形”外翻。

翻肛的手法较多，常用的有以下3种。

①第一种方法：左手握雏，肛门向上，左手拇指从前述排粪的位置移至肛门左侧，左食指弯曲于雏鸡背侧，与此同时，右食指放在肛门上方，右拇指侧放在雏鸡脐带与肛门之间［见图2－54（1）］，右拇指沿直线往上顶推，右食指往下压，往肛门处收拢，左拇指也往里收拢，3个手指在肛门处形成一个小三角区，3个手指凑拢一挤，肛门即翻开［见图2－54（2）］。

②第二种方法：左手握雏，左拇指置于肛门左侧，左食指自然伸开，同时，右中指置于肛门右侧，右食指置于肛门下端［见图2－55（1）］，然后右食指往上顶推，右中指往下拉，向肛门收拢，左拇指也向肛门处收拢，3个手指在肛门处形成一个小三角区，由于3个手指凑拢，肛门即翻开［见图2－55（2）］。

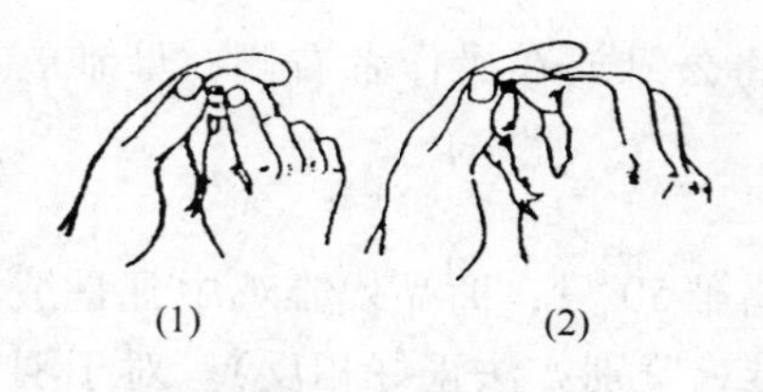

图2－54 翻肛手法一

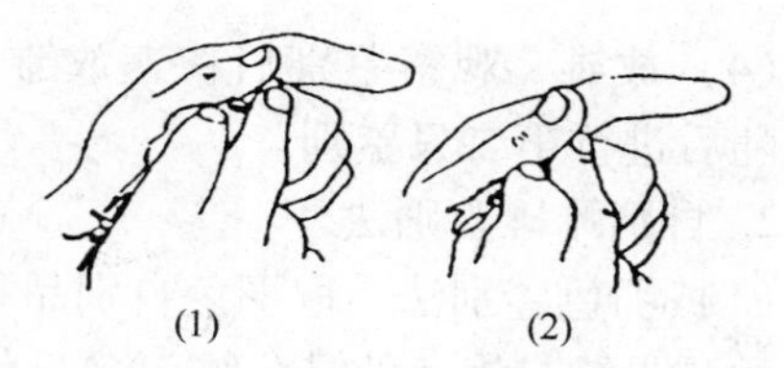

图2－55 翻肛手法二

③第三种方法：此法要求鉴别者右手的大拇指留有指甲。翻肛手法基本与翻肛手法一相同（见图2－56）。

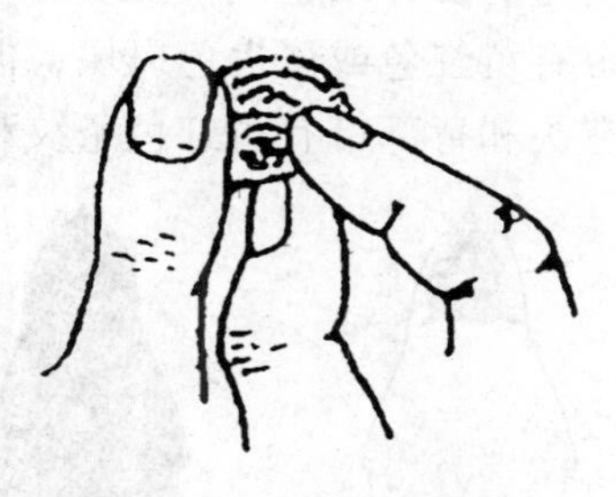

图2－56 翻肛手法三

（3）鉴别 在强光下将肛门完全翻开后，通过观察生殖突起的有无和八字皱襞的形态来判定雌雄性别。

①雄雏生殖隆起类型：a. 正常型：生殖突起发达，达0.5mm以上，形状规则，充实似球形，富有弹性，外表有光泽，位于肛门八字皱襞中央，但少有对称者，占总数的78.4%［见图2－57（1）］。b. 小突起型：生殖突起特别小，长径在0.5mm以下，八字皱襞不明显，且稍不规则，占总数的4.4%。c. 扁平型：生殖突起为扁平横生，很不规则，占总数的5.4%。d. 肥厚型：生殖突起与八字皱襞相连，界限不明显，八字皱襞特别发达，将生殖突起和八字皱襞一起观看即为肥厚型，占总数的6.2%。e. 纵型：生殖突起位置纵长，多呈纺锤形，八字皱襞不发达也不规则，占总数的5.4%。f. 分裂型：在生殖突起中央有一纵沟，将生殖突起分离，极为罕见，只占总数的0.2%。

②雌雏生殖突起类型：初生雌雏的生殖突起几乎完全退化，此类型称为正常型，约占总数的59.8%［见图2－57（2）］。其余的雌雏生殖突起未完全退化，根据其生殖突起的残迹又可分为小突起型和大突起型。其中小突起型约占总数的36.7%，大突起型约占总数的3.5%。

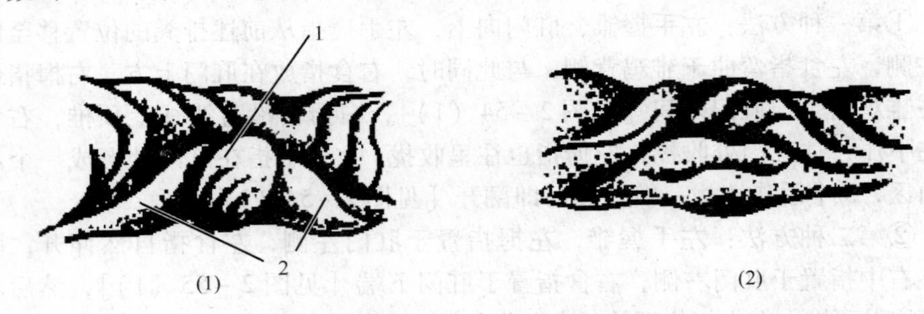

图2－57 初生雏鸡生殖突起的形态特征

1—雄性生殖突起 2—雌性生殖突起

资料来源：养鸡新技术．姚金水．1996

（4）放雏 观察鉴别后快速放雏，将公雏放在操作者右侧，母雏放在左侧，随后进行第二只鉴别。

2. 自别雌雄鉴别法

（1）羽色鉴别法 取羽色自别品系鸡雏50只，商品代雏鸡中凡是绒羽为金色的是母雏，银色的是公雏（父母代雏鸡鉴别方法正好相反）。对于羽色不明显的要详细鉴别（见图2－58、图2－59）。有很少一部分公雏头部和背部带有黄红色或深褐色斑块，但较母雏少而色淡，躯体绒羽仍为白色；而母雏也有头和背部带有黄红色条纹和斑块，但躯体绒羽仍为红色。

图2－58 母雏羽色鉴别

1—白色，眼睛周围为浅褐色并延伸至头顶（约占1%） 2—深红色，头部和背部有黑色条纹（约占4%） 3—浅褐色，头部有白斑（约占5%） 4—全身为浅褐色（约占30%） 5—浅褐色，头部带白色条纹，背部有1条或3条白色条纹（约占60%）

（2）羽速鉴别法 取羽速自别品系雏鸡50只，根据主翼羽和覆主翼羽的相对长度来鉴别。凡是主翼羽长于覆主翼羽的快生羽皆为母雏，凡主翼羽短于覆主翼羽或二者等长的为慢生羽，皆为公雏（见图2－60）。

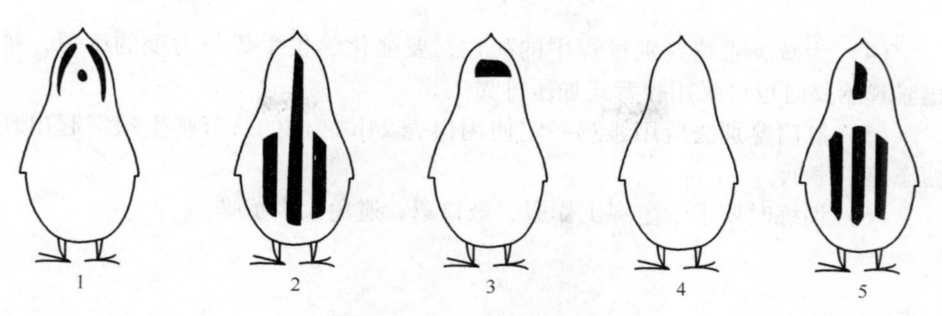

图 2-59　公雏羽色鉴别

1—白色，眼睛周围为红色，头顶隐约可见红斑（约占 1%）　2—白色，头部和背部有黑色条纹（约占 4%）　3—白色，头部有红斑（约占 5%）　4—全身白色或近白色（约占 30%）　5—白色，头顶带红色条纹，背部有 1 条或 3 条红色条纹（约占 60%）

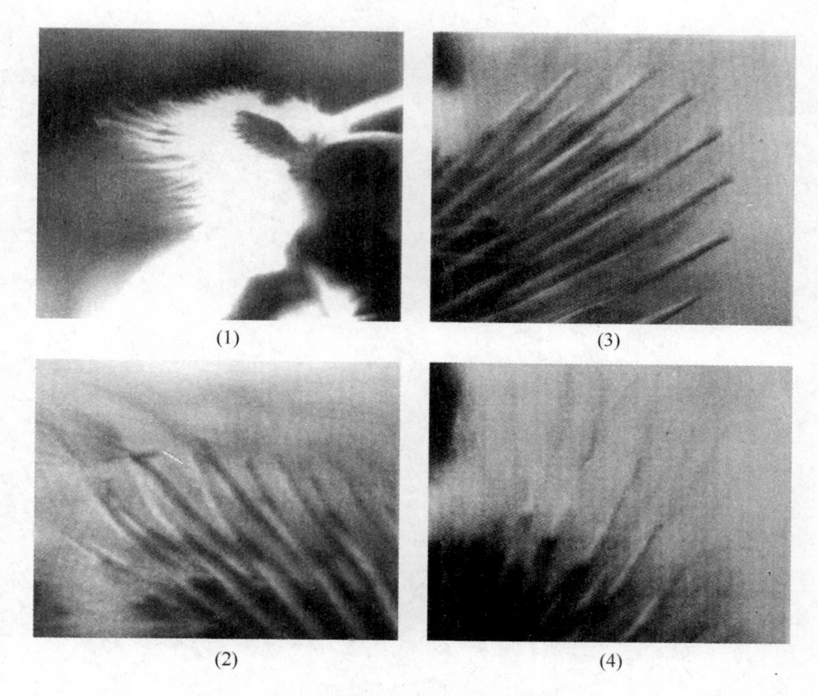

图 2-60　羽速鉴别示意图

（1）快羽（主翼羽长于覆主翼羽）（2）慢羽（主翼羽短于覆主翼羽）
（3）慢羽（主翼羽未长出，仅有覆主翼羽）（4）慢羽（主翼羽与覆主翼羽的羽干等长）
资料来源：鸡的孵化技术及初生雏鸡雌雄鉴别. 郭强，高竹，冠卫红. 1999

3. 操作中的注意事项

（1）实训时要循序渐进，按照学生接受知识的规律进行训练。

（2）为降低实训雏鸡的成本，按照模拟训练、使用蛋用公鸡进行手势训练，然后再用公母混合雏鸡进行鉴别训练。

（3）要求学生一次排净雏鸡的胎粪，一次翻肛成功，一次鉴别成功。

（4）为减少雏鸡鉴别过程中的死亡，要强化学生手势与力度的练习，排出雏鸡胎粪时也可采用腹背式加压排粪法。

（5）肛门鉴别法所用雏鸡一定使用出壳 24h 之内的，否则生殖突起出现变态鉴别率低。

（6）训练时要求学生穿工作服、戴口罩，避免大声喧哗。

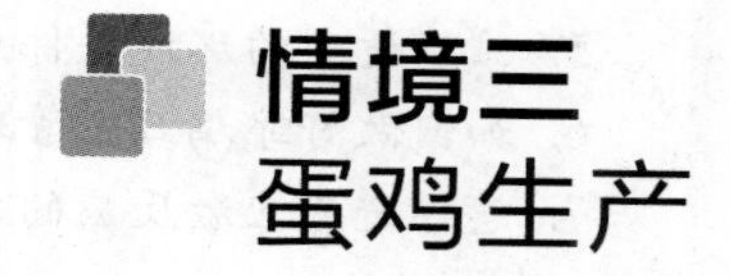

情境三 蛋鸡生产

单元一 | 育雏期的饲养管理

【知识目标】 掌握雏鸡的生理特点，能回答饲养管理应采取的相应措施；了解立体笼式育雏的优点，熟悉四叠层笼具的结构特征；能合理制订育雏计划，科学地做好育雏前的准备工作；熟悉饮水开食要点，掌握雏鸡饲养技术；能说出育雏舍内环境条件的卫生标准，写出其调节方法；能简述日常管理中“八定时、八观察”的要点；能说出育雏期可能产生应激反应的因素。

【技能目标】 能根据育雏舍的使用与发病情况拟定消毒方案并进行消毒操作；通过实训，能在短时间内学会雏鸡断喙技术，操作考核达到良好标准；能设计出育雏期顺季和逆季时的光照方案。

能根据鸡群的分布判断环境条件是否适宜，并根据实际情况进行调节；能判断哪些因素可带来应激反应并能提出相应的预防措施。

【案例导入】 ①饲养员在押运雏鸡的途中发现10%左右的雏鸡有脱水现象，该饲养员应采取哪些技术措施才能使损失减小到最低？②某育雏舍上批育雏过程中发生大肠杆菌和慢性呼吸道病并发症，为使该病不传播给下批雏鸡，请问育雏舍应如何进行消毒，设计出消毒程序与方法？

【课前思考题】

1. 雏鸡有哪些生理特点？
2. 立体笼养育雏有哪些优缺点？
3. 鸡苗如何运输？
4. 雏鸡如何顺利地进行初饮和开食？

5. 雏鸡适宜的环境条件是什么?
6. 如何做好雏鸡日常管理工作?
7. 怎样避免应激反应的发生?

一、雏鸡的生理特点

1. 幼雏体温较低，体温调节功能不完善

初生的幼雏体小娇嫩，绒毛稀短，皮薄，大脑调节体温功能不健全，自体产热能力也较弱，早期自身难以御寒。初生雏鸡的体温较成年鸡低2~3℃，4日龄开始慢慢上升，10日龄时达到成年鸡体温，到3周龄左右，体温调节功能逐渐趋于完善，7~8周龄以后才具有适应外界环境温度变化的能力。因此，育雏期要为雏鸡创造适宜的温暖环境。

2. 雏鸡生长迅速，代谢旺盛

蛋用雏鸡正常出壳体重在40g左右，2周龄体重约为初生时的2倍，6周龄体重增重至10倍可达440g左右，可见雏鸡代谢旺盛，生长发育迅速。雏鸡代谢旺盛，心跳快，每分钟脉搏可达250~350次，安静时单位体重耗氧量比家畜高1倍以上，雏鸡每小时单位体重的热产量为5.5cal/g，为成鸡的2倍，所以既要保证雏鸡的营养需要，又要保证良好的空气质量。

3. 幼雏羽毛生长快、更换勤

雏鸡羽毛生长速度快，3周龄时羽毛为体重的4%，4周龄时为7%，以后大致不变。从出壳到20周龄，需要更换4次羽毛，分别在4~5、7~8、12~13和18~20周龄。羽毛中蛋白质含量高达80%~82%，为肉、蛋4~5倍，特别是含硫氨基酸最高。因此，雏鸡日粮的蛋白质（尤其是含硫氨基酸）水平要高。

4. 消化系统发育不健全

雏鸡胃肠容积小、进食量有限，消化腺也不发达（缺乏某些消化酶），肌胃研磨能力差，消化酶的分泌能力不太健全，消化器官还处于一个发育阶段，因此其消化能力差。故配制雏鸡料时，必须选用质量好、容易消化的原料，并且饲喂时做到少喂勤添。

5. 抗病能力差，发病快，死亡率高

幼雏由于对外界的适应力差，约10日龄才开始产生自身抗体，但产生的抗体较少。出壳后母源抗体也日渐衰减，3周龄左右母源抗体降至最低，故10~21日龄为危险期，对各种疾病的抵抗力均很弱，在饲养管理上稍微疏忽就有可能患病。

6. 敏感性强

雏鸡对环境变化很敏感，各种异常声响以及新奇的颜色都会引起雏鸡骚乱不安，因此，育雏环境要安静，防止老鼠、雀、害兽的入侵，增加防护设备。

由于雏鸡生长迅速对一些营养素的缺乏也很敏感，容易出现某些营养素的缺乏症，对一些药物和霉菌毒素等有毒有害物质反应也十分敏感。所以在控制好环境的同时，选择饲料原料和用药时也要慎重。

7. 初期易脱水

刚出壳的雏鸡肌体含水率在76%以上，如果在干燥的环境中存放时间过长，则很容易在呼吸过程中失去很多水分，造成脱水。育雏初期干燥的环境也会使雏鸡因呼吸道失水过多而增加饮水量，影响消化功能。所以在出雏之后的存放期间、运输途中及育雏初期，要保证适宜的湿度。

二、立体笼式育雏

规模化蛋鸡场的育雏方式均为立体笼养。主要采用叠式育雏笼或育雏育成一体笼。目前叠式笼一般分为3～4层，每层之间有承粪板，笼具外侧挂有料槽和水槽。育雏育成一体笼为三层阶梯式，专用育雏笼一般为四叠层式。立体式笼具有热源集中，容易保温，雏鸡成活率高，管理方便，单位面积饲养量大，便于实行机械化和自动化等优点。供温方式多采用暖气、热风炉或笼内设计电热板等。

三、进雏前的准备工作

1. 制订育雏计划

为提高养殖效益，防止盲目生产，育雏前要制订周密的育雏计划，包括育雏时间、饲养品种、育雏数量、供苗单位等。

（1）育雏时间　决定育雏时间时要考虑两方面因素：一是禽舍密闭程度，是否有窗户。密闭程度高且无窗鸡舍靠人工方法能控制好舍内环境条件，让舍内温度和光照打破季节性变化规律，用人工的方法来满足不同生产阶段鸡群对温度和光照的需要，因此，可实行全年均衡育雏。若鸡舍为开放式，因舍内环境条件受外界影响较大，选择适宜的育雏季节尤为重要。春季育雏气候干燥，阳光充足，温度适宜，雏鸡生长发育好，并可当年开产，产蛋量高，产蛋时间长；秋季育雏，气候适宜，成活率较高，但育成后期因光照时间逐渐延长，会造成母鸡过早开产，影响产蛋总量；冬季育雏舍内、外温差大，难以控制舍内温度和通风条件，只有增加供暖原料，提高舍温，在保温的情况下适当通风，才能保证育雏质量，但育雏成本较高；夏季育雏舍外温度较高、湿度较大，舍内常出现高温高湿现象，影响雏鸡散热，进而影响生长发育，同时因高温高湿环境易导致球虫病发生，因此夏季不易育雏。二是依据蛋鸡盛产期间恰逢销售旺市来决定育雏时间，实际决策时采取逆向推理法计算出最佳的育雏时间。比如，根据某公司需大批蛋品时间来决定育雏时间；再如，中国人在端午节时有吃鸡蛋的风俗，因此节日期间一定保证是蛋鸡盛产期。

(2) 饲养品种　有的地区人们喜欢吃褐壳鸡蛋，认为其喜庆；也有的地区人们喜欢吃白壳鸡蛋，认为其纯色。可据此决定饲养的品种是褐壳蛋鸡还是白壳蛋鸡。同时还可根据采购商经营的蛋品深加工项目而定，若采购商经营是茶叶蛋，则必须饲养产蛋数量多，蛋重略小的海兰褐或海赛克斯褐商品蛋鸡。

(3) 育雏数量　育雏数量受多种因素制约，具体确定时要考虑以下问题：一是分析房舍及设备条件，全年生产计划与经营目标等；二是评估主要负责人的经营能力及饲养管理人员的技术水平，初步确定劳动定额和预算劳动力成本；三是分析饲料成本，计算所需饲料的费用；四是分析水、电、燃料及其他物资是否有保证，初步预算各项支出与采购渠道等。根据以上综合因素确定育雏数量。同时还要制订雏鸡周转计划、饲料及物资供应计划、防疫计划、财务收支计划、育雏阶段应达到的技术经济指标及详细的值班表和各项记录表格。

(4) 供苗单位　供苗单位是指孵化厂和种禽厂。要考虑种蛋的来源、供苗能力、孵化水平和供苗单位的信誉等。

2. 育雏舍的准备

(1) 清舍　雏鸡全部转群后，先将舍内的鸡粪、垫料，顶棚上的蜘蛛网、尘土等清扫出舍。

(2) 检修舍　雏鸡舍要进行检查维修，如修补门窗、封死老鼠洞，检修鸡笼，使笼门不跑鸡，笼底不漏鸡。做到利于防疫、利于保温，利于通风换气，无贼风，不漏雨，不潮湿，无鼠害。

(3) 鸡舍消毒

①冲洗：用高压水枪冲洗舍内所有的表面，包括地面、四壁、屋顶、门窗等，重点冲洗鸡笼和各种用具（如饮水器、盛料器、承粪盘等），边冲洗边刷拭，直到肉眼看不见污物为止。冲洗前要求关掉电源，将不防水灯头用塑料布包严。

②干燥：冲洗后充分干燥可增强消毒效果，细菌数可减少到每平方厘米数千到数万个，同时可避免使消毒药浓度变稀而降低灭菌效果。水槽与料槽中无积水为佳。

③药物消毒：消毒时将所有门窗关闭，便于门窗表面能喷上消毒液。选用广谱、高效、稳定性好的消毒剂，如用4%的热氢氧化钠溶液或0.5%的过氧乙酸等喷撒舍内所有的表面。若用酸性消毒剂与碱性消毒液交替消毒时，中间要用清水冲洗，并停留20min。药物消毒后打开门窗通风，尽量使舍内墙体干燥。

④粉刷消毒：用10%～20%的石灰乳粉刷墙体和天棚，做到粉刷均匀，墙体无孔洞和缝隙。

⑤熏蒸消毒：用福尔马林和高锰酸钾为消毒剂，利用甲醛与高锰酸钾发生氧化还原反应过程中产生的大量的热，使其中的甲醛受热挥发，从而达到杀死病原微生物的目的，此法具有省时、省力和消毒效果好等优点，是目前较为广

泛采用的消毒方法。

消毒前要做好准备工作：一是做好密封工作，把门窗缝隙、墙壁裂缝、天窗等部位用塑料布或纸条封好，避免因留有空隙而致舍内有效浓度降低，影响消毒效果。二是计量畜舍空间，依此计算出所需福尔马林和高锰酸钾的用量。若消毒剂量按每立方米空间用福尔马林溶液14mL，高锰酸钾晶体7g为1倍剂量。一般情况下，未养过鸡的舍用1倍剂量消毒即可；若养过鸡未发病的鸡舍可用2倍剂量消毒；若鸡舍曾发生过烈性传染病则需要用3倍剂量消毒。依计算所得的剂量预备好消毒用的器皿。如果是消毒空间较大、药量较多，则可放置多个容器。三是因福尔马林和高锰酸钾都具有腐蚀性，所以要选用陶瓷或搪瓷等耐腐蚀的器皿，也可用塑料桶。因混合后反应剧烈，有热量产生释放，且持续时间长（10~30min），所以为防止药液外溢，盛放药品的容器应足够大，通常来说容器的容量应为所盛福尔马林容积的4倍以上。四是保证消毒所需的环境条件，采取人工的方法使舍温达到25~27℃，相对湿度增加至70%~80%。生产中有时可通过向福尔马林中加入一定量的清水，以提高消毒环境的相对湿度，保证消毒效果。

消毒操作方法：一是先将高锰酸钾放入容器内，再将福尔马林倒入容器中或者先将甲醛溶液分别倒入不同容器内，然后再将用纸兜好的高锰酸钾晶体放入消毒容器里，当高锰酸钾晶体与福尔马林液接触时消毒人员已迅速撤离，这样也可避免药液飞溅，造成人员灼伤。如果是多个容器，要配备多名消毒人员，每名消毒员各负责1个容器的消毒任务，投药时要注意从鸡舍内部向外部依次倾倒。二是人员撤离舍后要迅速密封舍门。三是消毒时间至少48h，最好7d。打开消毒舍后要提高舍温使甲醛气体尽量挥发掉。

现代科学研究表明，甲醛是一种致癌物质，对人的呼吸道黏膜和皮肤均有很强的刺激性，所以目前许多养鸡场选择了一些替代药物进行熏蒸消毒，效果也很好。

（4）育雏舍试温　在进雏前2~3d，安装好灯泡，整理好供暖设备（如红外线灯泡、煤炉、烟道等），然后，把育雏温度调到需要达到的最高水平（一般近热源处35℃，舍内其他地方最高32℃左右），观察室内温度是否均匀、平稳，加热器的控制元件是否灵敏，温度计的指示是否正确，供水是否可靠。接雏之前还要把水添加好，使水温能达到室温状态。

3. 育雏设备准备

（1）育雏笼　育雏笼一般为四叠层式，每层分两小笼，共8个小笼，至6周龄时可饲养雏鸡200只。可根据饲养雏鸡总数计算出育雏笼需求数量。

（2）料槽

①开食盘：雏鸡1~7日龄在育雏笼内使用，料盘为圆形或方形托盘，常用的直径为30~40cm、高2cm，一个料盘可供40~50只雏鸡使用。

②长形饲料槽：雏鸡5~42日龄使用，多为硬质塑料制成，常平行地挂在

育雏笼外的两侧。槽底有 V 形和 U 形两种，面向鸡一侧的槽口略高 2cm，可作为挡料板防止鸡刨料。

（3）饮水器

①真空饮水器：雏鸡 1 ~ 10 日龄在育雏笼内使用，大多用硬质塑料制成，它由贮水器和饮水盘两部分组成，饮水盘上开一个出水孔，结构简单，使用时将贮水器倒过来装水，再将饮水盘倒盖在上面，扣紧后一起翻转 180°放置。

②V 形或 U 形水槽：雏鸡 7 ~ 42 日龄使用，多为塑料质地，断面呈 V 形或 U 形，槽高 4 ~ 5cm、宽 4 ~ 6cm、长 3 ~ 5m，育雏鸡所需水槽长度为 1.25cm/只。这种饮水器多为人工加水与消毒，工作量大。

③乳头式饮水器：供雏鸡 7 ~ 42 日龄使用，每小笼内 2 ~ 3 个乳头，乳头饮水器上端接水管（一般为软管）横穿在笼内，高度为鸡抬头能饮到水的位置，这种饮水器具有供水新鲜，不易传染疾病，耗水量小等优点。使用乳头饮水器时要保证上下水正常，不能有堵漏现象。

（4）育雏设备

①控温设备：使用热风炉或暖气、烟道等供温设备保证育雏舍内所需的高温，有条件的设置电脑控温设备。

②照明设备：要求舍内灯线分布合理，使用节能灯，灯距地面高度为 2m，灯距为灯高的 1.5 倍。灯具常用节能灯。

③通风设备：在前后墙上设有轴流式风机，南墙风机为北墙风机数的 1 倍。

④育雏用具：每舍中应备有充足的上料用具、清粪用具、消毒用具、防疫用具、清扫用具等。

4. 饲料、疫苗及药品的准备

按雏鸡的营养需要及生理特点，配合好新鲜的全价饲料，在进雏前 1 ~ 2d 备好料，以后要保证持续、稳定的供料。育雏前 6 周内，每只鸡消耗 1.5 ~ 1.8kg 饲料，最好一次性备好育雏期所需全部饲料。采购饲料时可选用 5% 预混料，另购相应的原料，有条件的最好用小颗粒料。

要事先准备好本场常用疫苗，如新城疫苗（冻干苗和油苗），法氏囊中等毒力苗和传支疫苗（H52 和 H120）。药物主要备好抗白痢药，预防球虫病药和抗应激药物（如电解多维）即可，同时，要准备好多种常规环境消毒药。

5. 饲养人员准备

饲养人员的数量应根据机械化设备条件、雏禽饲养数量和配套服务能力而定，一般饲养 6000 只的鸡舍，若配有乳头式饮水器，自动控温设备，有专门的防疫队服务时，每舍只需 2 名饲养员。

6. 鸡苗的选择

只有高品质的鸡苗才能提高育雏率。选购鸡苗时尽可能多了解种鸡场的有关信息，尤其是种鸡的日龄、种鸡的免疫程序及鸡场经常使用过的药品等情况。鸡苗应来自正规配套系，从高产健康有种畜禽生产资质的厂家引进。

7. 接雏的方法

雏鸡到达目的地后要及时卸车，要求押运人员同饲养员用最快的速度御车，并将运雏箱“一字形”摆放到各育雏笼对应的地面上。再由饲养员及时将雏鸡放入育雏笼内。严禁长时间在舍内叠层摆放运雏箱，避免雏鸡在高温舍内造成缺氧窒息死亡。

四、雏鸡的饲养

1. 雏鸡的饮水

（1）初饮　给雏鸡首次饮水习惯上称为初饮，要求雏鸡出壳后24h内进行初饮。为让雏鸡尽快学会饮水，可轻轻抓住雏鸡头部，将喙部按入水中2s左右，连按2~3次即可。每100只雏鸡教5只，则全群能很快学会饮水。

初饮时，需在温开水中添加3%葡萄糖或优质电解多维，可提高雏鸡成活率，尤其是长途运输的雏鸡。同时添加恩诺沙星或氧氟沙星等抗生素，能预防鸡白痢等病的发生，添加时间为1~3日龄。

若雏鸡从出壳到入舍的时间超过了36h，并发现少部分雏鸡有脱水现象，需使用饮水营养液，使用时间为1~5日龄。饮水营养液的配方为：8kg温开水+20g蛋氨酸+10g速补17（或电解多维）+0.4kg葡萄糖（或白糖）+预防白痢的药物（按说明书剂量添加）。该饮水营养液具有增进饮欲，迅速补充体内能量；防止雏鸡脱水；能将弱雏扶壮，抗运输应激，预防白痢病等作用。

（2）日常饮水　一般情况下，育雏1~7日龄饮用温开水，8~14日龄饮用温水（自来水和开水各半），15日龄后换为深井水或自来水。每个育雏笼内安放一个真空式饮水器，要求饮水器边缘的高度与鸡背部相同，保证饮水器每天刷洗消毒1次。5日龄时育雏笼内乳头饮水器开始使用或笼外挂放水槽，并训练雏鸡使用新安放的饮水器，8日龄时将育雏笼内真空式饮水器撤掉，育雏期间饮水器中不断水，也无需计算日饮水量。但是，通过饮水方法投药或上疫苗时需要计算雏鸡的日饮水量，此时上水量仅为正常日饮水量的1/3。雏鸡的正常饮水量见表3-1。

表3-1　每百只不同周龄小母鸡在不同气温下的需水量　单位：L

周龄	饮水量		周龄	饮水量	
	≤21.2℃	≤32.2℃		≤21.2℃	≤32.2℃
1	2.27	3.30	7	8.52	14.69
2	3.97	6.81	8	9.20	15.90
3	5.22	9.01	9	10.22	17.60
4	6.13	12.60	10	10.67	18.62
5	7.04	12.11	11	11.36	19.61
6	7.72	13.22	12	11.12	20.55

2. 雏鸡的喂饲

（1）雏鸡的开食　第一次喂饲雏鸡称为开食，适宜的开食时间为初饮后的2～3h。开食过早则因初生雏鸡消化器官尚未发育完全而使健康受损，过晚开食则因雏鸡不能及时得到营养而虚弱，影响以后的生长发育和成活率。开食最好使用开食盘，每个育雏笼1个，也可以直接将饲料撒于反光性强的已消毒的硬纸或塑料布上。开食比饮水容易训练，当一只鸡开始啄食时，其他鸡也纷纷模仿，全群很快就能学会吃料。人工训练方法是饲养员用手轻轻敲开食盘，雏鸡顺声而来就会很快找到饲料。育雏料应以颗粒破碎料或粉料为宜，开食时应增大光照强度，使雏鸡较易发现饲料。开食盘和饮水器应放入热源近端，便于雏鸡取暖时方便采食和饮水。

（2）日常喂饲　根据雏鸡的消化特点，喂料时要少喂勤添。1周龄时昼夜每隔3h喂一次，以后夜间不喂，白天每4h喂1次。随着雏鸡的生长，5～7d时加设笼外料槽，雏鸡习惯后撤掉开食盘。2～3周使用幼雏料槽，3～6周使用中型料槽，6周以后改用大型料槽。每只雏鸡需4cm的采食槽位，料槽高度与鸡背等高能减少饲料浪费和保持料槽清洁。料槽要充足，喂料时尽可能让雏鸡同时采食，每次喂料时间为45min～1h。雏鸡饲喂量因品种而异，饲喂量也与饲料的营养水平有关，具体喂料量要参考饲养手册中周龄末耗料标准，推荐喂料量及体重标准见表3－2。同时也应根据鸡群的实际体重来调整饲喂量。一般情况下，蛋鸡育雏期可采用自由采食方法。其日粮配合时可选用大型饲料企业生产的蛋用雏鸡5%预混料。

表3－2　　蛋鸡育雏期推荐喂料量和体重标准

周龄	白壳蛋鸡			褐壳蛋鸡		
	日耗料/(g/只)	累计耗料/(g/只)	体重/(g/只)	日耗料/(g/只)	累计耗料/(g/只)	体重/(g/只)
1	10	70	63	8	56	60
2	15	175	115	16	168	120
3	20	315	185	24	336	200
4	25	490	265	32	560	290
5	33	721	350	37	819	380
6	39	994	440	40	1099	470
7	44	1300	535	45	1414	560
8	46	1626	620	50	1764	650
9	48	1960	710	55	2149	730
10	51	2317	800	57	2548	820

五、雏鸡的管理

1. 提供适宜的环境条件

（1）温度　温度是关系雏鸡健康和生长发育的首要条件。温度过高、过低都会降低育雏的质量和经济效益。温度过高时雏鸡食欲减退，代谢受阻，生长缓慢，抵抗力下降，易患感冒、呼吸道疾病以及诱发啄癖等。温度过低时雏鸡采食量增多，饮水减少，易发生消化不良、白痢等疾病；过低的温度还能导致雏鸡不爱活动，易发生拥挤扎堆，严重时造成挤压死亡。

①温度的卫生标准：育雏温度的卫生标准参考，见表3－3。

表3－3　育雏参考温度

周龄	1～3d	4～7d	2	3	4	5	6
育雏器温度/℃	35～33	32	30～28	28～26	26～24	24～21	21～18
育雏舍温度/℃	24	24	22～21	21～18	18	18	18

为方便记忆，在观察育雏温度卫生标准的基础上得出育雏给温规律为：第一周龄给温为32～35℃，然后每周减3℃，一直减至18℃为止；或第一天给温为35℃，然后每天减0.5℃，一直减至18℃为止。

②观察判断舍温是否适宜：温度计上的反映温度值只是一种参考依据，重要的是要会“看鸡施温”，即通过观察雏鸡的行为表现来判断温度是否适宜。当温度适宜时：雏鸡精神活泼，食欲好，饮水适度，雏鸡分布均匀，活动自如，睡眠安静。温度偏高时：雏鸡远离热源，常展翅站立，伸颈张口喘气。食欲不好，大量饮水。温度偏低时：雏鸡靠近热源，拥挤打堆；绒毛耸立，身体蜷缩、颤抖；食欲、饮水都不好；常发出“唧唧”叫声。此外，若育雏器内有隙间风时雏鸡也扎堆，但扎堆的位置与热源无关。雏鸡不同情况下的分布状态见图3－1。

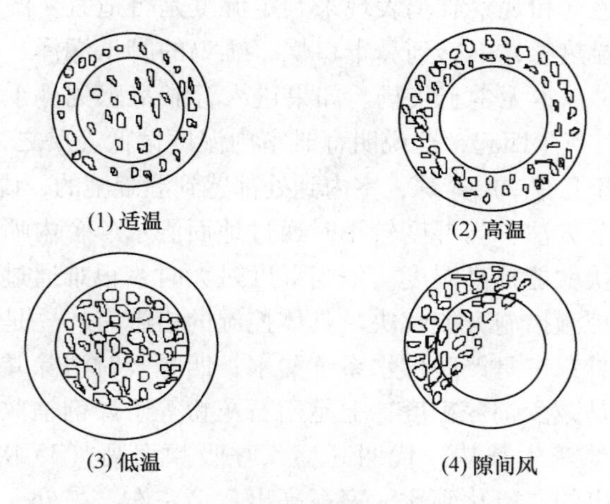

图3－1　雏鸡在不同情况下的分布状态

③温度的调节方法：雏鸡1～7日龄时，若温度偏高，通过增湿降温的方法可使温度下降1～2℃，然后减少热源数或减少供热燃料。若温度偏低及时均匀增加热源或增加供热燃料即可。当雏鸡为8日龄以上时，主要通过通风换

气的方法来降低舍温，同时，辅助减少热源数或减少供热燃料。若温度偏低也用增加热源或增加供热燃料的方法来调节。

（2）湿度 湿度与鸡体内水分蒸发、体热散发和鸡舍环境的清洁卫生密切相关。湿度虽然不像温度要求那样严格，但与其他因素共同发生作用时，对雏鸡也会造成很大危害。

①湿度的卫生标准：育雏前期，容易出现高温低湿的情况，初生雏鸡体内含水量高达76%，若育雏环境干燥时，雏鸡可能发生脱水引起体质下降，并影响卵黄的吸收，轻者影响生长发育，重者可增加死亡率。当雏鸡养育到10日龄后，随着年龄与体重的增加，雏鸡的采食量、饮水量、呼吸量、排泄量等都逐日增加，加上育雏的温度又逐周下降，很容易造成室内潮湿。因此，雏鸡10日龄后，尽可能将育雏室的相对湿度控制在55%～65%。雏舍湿度的卫生标准参考表3－4。

表3－4 育雏舍的参考湿度

雏鸡日龄	1～10	11～30	31～45	46～60
适宜湿度/%	70	65	60	50～55
极限湿度/%				
高	75	75	75	75
低	40	40	40	40

②观察判断湿度是否适宜：判断方法有三个，即一看湿度表，二看雏鸡的羽毛和脚趾颜色和光泽，三看舍内玻璃或瓷器是否挂有水珠。有经验的饲养员还可通过自身的感觉和观察雏鸡表现来判定湿度是否适宜。湿度适宜时，饲养员进入育雏室有湿热感，不感到鼻干口燥，雏鸡的脚爪润泽、细嫩，精神状态良好，鸡群振翅时基本无尘土飞扬。如果进入育雏室感觉鼻干口燥、鸡群大量饮水，鸡群骚动时灰尘四起，这说明育雏室内湿度偏低。反之，雏鸡羽毛黏湿，玻璃、瓷器及墙壁上有一层露珠，室内到处都感到湿漉漉的，说明湿度过高。

③湿度的调节方法：当湿度较小时通过地面洒水、舍内喷温水雾或往墙壁上喷水的办法很快就能提高湿度。但当湿度过大时，很难通过一种措施调节到位，需采取综合控湿措施方能解决。具体控湿的措施有：一是加强通风；二是合理使用饮水器具；三是严防供水系统漏水；四是及时清除粪便；五是减少舍内作业用水；六是减少饲养密度；七是用石灰粉等干燥剂辅散潮湿路面。

（3）通风 雏鸡生长快，代谢旺盛，呼吸频率高（35次/min），需氧量大，单位体重排出的二氧化碳比大家畜高出2倍左右。另外，禽类的消化道较短，雏鸡排出的粪便中有20%～50%的未消化的营养物质，这些营养物质在育雏室的温湿条件下，经微生物分解可产生大量的有害气体，如氨气、硫化氢和二氧化硫等。这些有害气体致使空气污浊，鸡群易患慢性呼吸道疾病。因此，要注意育雏舍的通风换气，保持舍内空气新鲜。一般地，育雏室内二氧化碳的含量要求控制在0.15%左右，不能超过0.5%。大气中二氧化碳的浓度很低（0.03%），只要注意舍内通风，一般不会超标；氨的浓度不应超过10mg/m^3，最多不能超过20mg/m^3。硫化氢的含量要求在6.6mg/m^3以下，最高不能超过15mg/m^3。在无检测仪器的条件下，以不刺鼻和眼，不闷人，无过分臭味为宜。

通风换气的方法有自然通风和机械通风两种。密闭式鸡舍及笼养密度大的鸡舍通常采用机械通风，如安装风机、空气过滤器等装置。开放式鸡舍基本上都是依靠门窗和通风孔进行自然通风。由于有些有害气体相对密度大，地面附近浓度大，故自然通风时还要注意开地窗。通风时，注意不要让气流流向正对鸡群，1周龄内的雏鸡尽量不通风。1周后的雏鸡可逐渐加大通风量，尤其在舍外气温适宜，应每隔2~3h进行通风换气1次。

冬季生产中，最好在通风之前先提高室温1~2℃，待通风完毕后基本上降到了原来的舍温，或通过一些装置处理后给育雏舍吹入热空气等。寒冷天气通风的时间最好选择在晴天中午前后，气流速度不高于0.2m/s。自然通风时门窗的开启可从小到大最后呈半开状态，开窗顺序为：南窗上部→北窗上部→南窗下部→北窗下部→南北窗全开。不可让风对准鸡体直吹，并防止门窗不严出现贼风。

（4）光照　光照对鸡的活动、采食饮水、健康和性的发育有密切关系。光照分自然光照和人工光照。按鸡日龄的大小将给光的强度和时间编出应用程序又称光照方案，不同的鸡舍其光照方案有所不同。

①无窗鸡舍的光照方案：无窗鸡舍的光源基本上是人工光照，其优点是根据鸡龄不同科学设置其光照时间和光照强度。光照方案：1~7日龄：光照时间23h，光照强度为20lx；8~14日龄开始将光照时间从23h过渡到10h，光照强度5lx，并持续至14周龄，15~22周龄光照时间从10h渐增为16h，光照强度渐变到10~15lx，以后一直持续下去至产蛋后期淘汰为止。

②有窗鸡舍的光照方案：有窗鸡舍的光源以自然光照为主，人工光照为辅，其优点节电省能且便于自然通风，但光照方案不尽科学合理。具体执行时其按顺季和逆季分别制定其光照方案。

①每年春季育雏的鸡群（顺季）：由于生长后半期自然光照处于逐渐缩短时期，光照较短的一段时间与鸡群所需光照要求基本相近，因此主要利用自然光照，少量进行人工补充即可。具体方案为：1~7日龄：光照时间23h，光照强度为20lx；8~14日龄开始将光照时间从23h过渡到15.5h（夏至时日照最长时间）并持续至6月22日（夏至），然后按自然光照给光至14周龄，15~22周龄光照时间在自然光照的基础上早晚人工补光达到16h止，以后一直持续下去至产蛋后期淘汰为止。在此光照方案中，控制光照强度的方法是通过窗户遮掩面积来调节的。

②每年秋季育雏鸡群（逆季）：首先要查出本批雏鸡至14周龄时的白天

光照时间，然后再加上7h作为4日龄~1周龄的光照时间，从第2周开始每周减少光照时间30min，到14周龄时正好与自然光照长短一致。15~22周龄光照时间以自然光照为主，渐渐增加人工补光时间22周龄时达到16h，以后保持16h光照时间至产蛋后期淘汰为止。

(5) 适宜的饲养密度　饲养密度是指每平方米地面或笼底面积上饲养鸡的只数。饲养密度过大，育雏室内空气污浊，二氧化碳浓度高，氨味浓，湿度大，易引发疾病，雏鸡吃食和饮水拥挤，饥饱不均，生长发育不整齐，若室温偏高时，容易引起雏鸡互啄癖。饲养密度过小时，房舍及设备的利用率降低，人力增加，育雏成本提高，经济效益下降。因此要给予雏鸡适宜的饲养密度，详见表3-5。

表3-5　立体笼养蛋鸡适宜的饲养密度　　单位：只/m^2

周龄	只/m^2	周龄	只/m^2
0~1	60	4~5	34
2~3	40	6~7	24

饲养密度因鸡的品种、季节和鸡舍结构不同略有差异。轻型鸡种的密度要比中型品种大些，每平方米可多养3~5只；冬天和早春天气寒冷，气候干燥，饲养密度可适当高一些；夏秋季节雨水多，气温高，饲养密度可适当低一些；鸡舍的结构若是通风条件不好，也应减少饲养密度。

2. 做好日常管理

(1) 做到“五观察”　观察看护鸡群是养鸡最经常性的管理工作，只有对鸡群的一切变化情况掌握清楚，才能及时分析起因，采取对应的措施，改善管理，以便提高育雏成活率，减少损失。生产中常从以下几个方面观察鸡群：

①观察鸡群的精神状态：鸡精神不振时，常脱离鸡群，独处一隅或卧地不起，食欲不振，饮水频繁，病雏常表现为离群闭眼呆立、羽毛蓬松不洁、翅膀下垂、夜间呼吸有声等。通过观察，发现异常现象，及时诊治，治疗过程中要求病雏与健康雏分栏饲养，对患有传染病的雏鸡要及时淘汰。

②观察鸡群行为表现：雏鸡若发生恶癖有啄羽、啄肛、啄趾及其他异食现象；还要观察有无瘫鸡、软脚鸡等，这是判断日粮中的营养素缺乏的重要参考；同时还要观察鸡笼下血迹的新鲜程度，若为受伤流血，应及时排出创伤隐患。

③观察鸡的粪便状态：刚出壳、尚未采食的雏鸡排出的胎粪为白色或深绿色稀薄液体，采食后便排圆柱形或条形的表面常有白色尿酸盐沉积的棕绿色粪便。有时早晨单独排出的盲肠内粪便呈黄棕色糊状，这些均属于正常粪便。若出现水便、白便、绿便、血便等异常粪便，一般是鸡群已感染疾病，应及时咨询兽医人员，及早诊断，及早采取措施。

④观察鸡群采食饮水情况：上料时观察料槽是否有余料，鸡群食欲状态，食槽、饮水器是否够用，高度是否需要调节。

⑤观察环境条件是否适宜：观察温度时主要看鸡群分布是否正常，观察湿度和通风时主要根据人的感官器官和经验来判断，观察光照时要看灯具是否污浊或损坏，观察密度时要看鸡爬卧休息时是否留有1/3的空隙。

（2）做好“八定时”

①定时消毒：育雏期要求每天带鸡消毒1次，每天消毒时间均在早晨上料后进行，消毒时喷散的雾滴距鸡头上方50cm高。要求每周轮换1次成分不同的消毒剂，以避免病菌产生耐药性；定期清洗与消毒料槽和饮水器，要搞好饮水和饲料卫生。

②定时清粪：雏鸡1周后要求每天清粪1次，无论是机械清粪还是手工清粪均要求在下午3点左右进行。

③定时上料上水：每天上料、上水的时间基本固定，具体上料上水时间要根据上料次数和工作日程而定。

④定时检查环境条件：1周龄内，每隔2h检查1次，1周龄以上，每天上午和下午交接班时各检查1次。

⑤定期称测体重：为了掌握雏鸡的发育情况，每1~2周须抽测一次雏鸡的体重。一般在周末的下午2点或在空腹时称重，随机抽测鸡群的10%的雏鸡体重。6周龄末时，全群称测体重并计算其均匀度。

雏鸡由于长途运输、环境控制不适宜、各种疫苗的免疫、断喙、营养水平不足等因素的干扰，一般在育雏初期较难达到标准体重。应尽可能地减轻各种因素的干扰，减少雏鸡的应激，必要时可提高雏鸡料的营养水平。

⑥定时断喙：断喙能有效的防止啄癖的发生并减少饲料浪费。蛋鸡建议使用电热电动断喙器，在6~9日龄时断喙，并于10~12周龄时进行修喙。所谓的修喙是对第一次断喙后不整齐者进行修补或将新长出的角质部分烙掉。有条件的孵化场可用红外线断喙器在1日龄断喙。

⑦定时免疫接种并进行分群：严格执行防疫程序并及时检测抗体效价，确保免疫及时有效。为减少抓捕鸡只带来的应激，结合个体免疫接种时进行分群。分群时将体重略大者放在下层笼中，并使其料量保持恒定，待体重达到相应周龄的标准时再同鸡群投料量相同。将体重略小者放在上层笼中，每只鸡增加2~3g日粮，并以湿拌料形式投给，以增加其食欲，提高采食量，尽快达到标准体重。

⑧定时填写日记录表：要求饲养员每天填写育雏记录表，除记录鸡群的基本情况外，主要记载不同日龄鸡群存栏只数、死亡淘汰数及其原因；群体和个体的耗料量；周末平均体重；免疫接种、投药情况等，日记录表能帮助技术人员总结养殖经验与管理不足，常用的日记录表见表3-6。

表 3-6　　育雏记录表

品种					入舍日期				
批次					入舍数量				
转群日期					转群数量				
日龄	存栏	死亡	淘汰	成活率/%	耗料量			平均体重/g	用药免疫
					每只耗料/g	总量/kg	累计总耗料/kg		
1									
2									
3									
…									
42									

3. 防止产生应激反应

所谓应激是指动物在外界和内在环境中，一些具有损伤性的生物、物理、化学，以及特种心理上的强烈刺激作用于机体后，随即产生的一系列非特异性全身性反应或非特异性反应的总和。应激本身不是一种病，但却是一种或多种病的发生诱因。

（1）应激反应的后果

①破坏机体的防御系统，使之丧失对疾病的抵抗力，造成传染病的流行。

②生产性能低下，在应激状态，机体不得不动员大量能量对付应激源的刺激，使机体分解代谢增强，合成代谢降低，糖皮质激素的分泌增加，导致鸡只生长停滞，饲料转化率降低，死亡率增加。

③性功能紊乱，应激可使促卵泡激素（FSH）、促黄体素（LH）等分泌减少，幼雏性腺发育不全，成禽性腺萎缩，性欲减退，精子和卵子发育不良，并可影响受精率和胚胎畸形。

（2）应激的来源　根据应激的来源可将应激分为内在应激和外界环境应激两种。所谓内在应激是指动物遗传种质（品种、类型）固有的生理不协调性，最典型的是高产应激。例如，产蛋鸡的高峰期本身就是一种应激。外界环境应激无处不在，如圈养方式、鸡舍温度、湿度的过高或过低、通风不良、空气污浊；动物管理中的分群、抓捕、断喙、运输；免疫接种；饲养中的日粮类型、营养水平、给水、给料方法的突然变化等都是应激源。要从管理层面上强调避免外界环境带来的应激，了解蛋鸡常见的以下 5 类应激。

①噪声产生应激：舍内机械声、劳动工具撞击声、非饲养人员的喧吵声均可作为一种噪声而对鸡群产生应激反应。

②环境条件突变产生应激：温度的骤变，空气的污浊、饲养密度过大，光照过强，转群等均可使鸡群产生应激反应。因此要遵循“环境渐变”的养殖原则。

③饲养不当产生应激：饲料配方、饲料的形状、给料的时间，投料的顺序、水质、水温等突然改变也可产生应激反应。

④管理不当产生应激：运输时间过长、饲养员频繁更换、断喙过短或切烙时间过长等。

⑤免疫接种产生应激：免疫接种是一种人为的应激反应。鸡只在产生免疫应答的同时，对机体也产生损伤。常见免疫接种造成鸡群应激反应的原因有：疫苗的种类、毒力、接种量、免疫途径、鸡群的健康状况、敏感性以及是否发生细菌性感染等。免疫接种后一旦出现严重的应激反应，将会造成生长率和饲料报酬降低，抵抗力下降，在病原微生物的侵害下极易引起发病，提高死淘率，增加药物费用。

遏制或减缓应激的措施有：①创造良好的环境条件；②科学饲养，加强管理；③饲喂抗应激添加剂；④增饲氨基酸；⑤饲喂药物。

蛋鸡预混料特点和饲料配方

（一）蛋鸡预混料特点

（1）采用国际前沿的净能——回肠可消化氨基酸理想蛋白模型，全面添加高剂量赖、蛋、苏、色四大氨基酸，优化了饲料原料中的氨基酸模式，具有最大效果发挥蛋鸡生产潜能的作用，并保证了淘汰鸡健康状况和体重。

（2）强化多种维生素的添加，有效消除体内自由基，减轻外界对蛋鸡的应激，降低生长速度过快带来的应激，使蛋鸡生产表现更稳定。

（3）酶制剂、微生态制剂和生物绿的应用，大力提高了蛋鸡对饲料的消化力，起到了提高生产力、保证机体健康的作用。

①大剂量植酸酶、木聚糖酶、甘露聚糖酶和酸性蛋白酶，直接提高了饲料的可消化性，从营养上保证了蛋鸡的肠道健康，提高了饲料的有效能值。

②源于德国的纯天然绿色添加剂——生物绿和新一代高活性微生态制剂：枯草—地衣芽孢杆菌—乳酸杆菌的联用，增强体内酶和激素的分泌，提高了蛋鸡自身对饲料的消化能力，增强抗病能力，减少了死淘率；并有效抑制了肠道内大肠杆菌的增殖，增强机体自身免疫力，大力预防了消化道和呼吸道疾病的发生。

③全面抑制了肠道内毒素、尿素和氨的形成，减少有害气体的排放，改善畜舍环境。

（4）优质的原料、精良的设备，在国际先进认证体系下的生产，保证了产品质量的稳定性。

（5）蛋鸡Ⅱ型预混料中，大量使用动物蛋白，保证了蛋鸡生产性能的发挥。

（二）参考配方

蛋鸡预混料参考配方见表3－7，该配方建议在寒冷季节时可加入2%比例的油脂。

表3－7　蛋鸡预混料参考配方

产品编号	使用阶段	玉米	豆粕	麦麸	石粉	预混料
2150	0～6周龄	66	25	4		5
2250	7～16周龄	68	18	9		5
2350	17周龄～5%产蛋率	65	23	5	2	5

续表

产品编号	使用阶段	玉米	豆粕	麦麸	石粉	预混料
2350	5%产蛋率~50周龄	64	23		8	5
	51周龄~淘汰	64	22		9	5
2150Ⅱ	0~6周龄	66	25	4		5
2250Ⅱ	7~16周龄	68	18	9		5
2350Ⅱ	17周龄~5%产蛋率	67.5	20	5	2.5	5
	5%产蛋率~50周龄	62	20	5	8	5
	51周龄~淘汰	66	20		9	5

单元二 | 育成期的饲养管理

【知识目标】 说出育成鸡的生理特点及对应采取的饲养管理措施；说出育成鸡的培育标准及达标措施；说出育成鸡限制性饲养的意义，说出育成鸡的限制性饲养方法，写出其注意事项；说出育成鸡的饲养管理的要求和关键性技术要点。

【技能目标】 能准确测量育成鸡12周龄末的体重，能根据测量结果准确地计算出群体均匀度，并提出调整措施；能根据不同蛋鸡品种特点，拟定育成鸡的限饲方案；学会育成鸡转群与更换饲料的过程。

【案例导入】 某大型蛋鸡场与制作皮蛋加工企业合作，签订了长期供货合同，合同要求按千克重计算价格，要求供应的每枚蛋重略小一点，蛋鸡场在选择蛋鸡品种时应考虑饲养哪个品种能达到双赢？

【课前思考题】

1. 育成鸡有哪些生理特点？
2. 限制饲养的目的意义有哪些？
3. 如何做好育成鸡的日常管理工作？
4. 如何做好预产期的管理工作？

育成鸡一般是指7~20周龄的鸡。实际生产中根据营养需求不同与生理特点细分为育成前期（7~14周龄）、育成后期（15~18周龄）和预产期（18~20周龄）。

一、育成鸡的生理特点

（一）各个器官的发育趋于完成、功能日益完善

1. 体温调节功能

雏鸡4~5周龄时，全身绒毛脱换为羽毛，几经脱换长出成年羽毛，体温调节功能逐步健全。

2. 消化功能健全，沉积钙的能力增强

随着鸡龄的增大，鸡的胃肠容积增大，各种消化酶的分泌增多，对饲料的利用能力增强，育成期末，小母鸡对钙的利用和存留能力显著增强。在18~20周龄期间骨的重量增加15~20g，其中有4~5g为髓质钙。髓质钙是接近性成熟的雌性家禽所特有的，存在于长骨的骨腔内，在蛋壳形成的过程中，可将分解的钙离子释放到血液中用于形成蛋壳，白天在非蛋壳形成期采食饲料后又可以合成。髓质钙沉积不足，则在产蛋高峰期常诱发笼养蛋鸡疲劳综合征等问题。

3. 生殖功能

鸡在12周龄后性腺开始快速发育，蛋鸡进入14周龄后卵巢和输卵管的体

积、重量开始出现较快的增加，17 周龄后其增长速度加快，19 周龄时大部分鸡的生殖系统发育接近成熟。发育正常的母鸡 14 周龄时的卵巢重量约为 4g，18 周龄时达到 25g 以上，22 周龄能够达到 50g 以上。

4. 抗病能力

除了鸡体质和生理防御功能的增强外，免疫器官也逐渐发育成熟，产生大量免疫抗体，可以抵抗病原微生物的入侵。

（二）体重增长快、脂肪沉积能力增强

育成前期是骨骼、肌肉、内脏生长的关键时期，一定要抓住营养和其他各方面的管理，使鸡群的体重和骨骼都能按标准增长。前期的体重决定鸡成年后骨骼和体形的大小，鸡在 11～12 周时就完成了骨骼生长的 95%，鸡的跖骨在 18 周龄时即发育完成。育成期是鸡一生中绝对增重最快的时期，而鸡的体重到 40 周龄才完全成熟，以后的体重增加则是由于脂肪沉积的原因。鸡在 13 周龄后，脂肪沉积能力显著增强，可引起肥胖。

（三）群序等级的建立

鸡群群序等级从 10 周龄前后开始出现，到临近性成熟时基本形成。群序等级的建立是通过啄斗而实现的，位于末等的鸡常受欺凌而影响采食、饮水、运动和休息，出现生长发育不达标现象，应保证适宜的饲养密度，提供充足的料槽和水槽。

二、育成鸡的培育标准和要求

（一）体重达标、骨骼结实、体形匀称

体重是充分发挥鸡遗传潜力，提高生产性能的先决条件。育成期的体重和体况与产蛋阶段的生产性能具有较大的相关性。育成期体重可直接影响开产日龄、产蛋量、蛋重、蛋料比及高峰持续期。试验表明，当鸡群体重较标准体重低 110g 时，开产日龄较正常鸡群推迟 5d；低体重鸡群较标准体重鸡群 22 周龄平均蛋重低 3.35%；低体重鸡群 72 周平均存活率比标准体重鸡群低 8.59%；低体重鸡群比标准体重鸡群产蛋高峰期持续时间短 77d；低体重鸡群较标准体重鸡群 72 周入舍鸡产蛋量低 1.24kg/只，蛋料比高 0.24。鸡的体重超过标准体重时，鸡群开产过早，影响鸡的身体发育，全期产蛋蛋重下降、产蛋率降低。

在现代化蛋鸡生产中会遇到体重合格的母鸡中包含着骨骼小的肥鸡和骨架大的瘦鸡，过肥的鸡死亡率较高，体型过大而体重较轻的鸡易脱肛，这两种鸡都不可能成为高产鸡。因此，通过采取措施调控骨骼发育和体重大小，建立良好的体形结构可提高育成鸡的培育质量。育成鸡的骨骼系统在 13 周龄或 14 周龄发育基本结束，如果到 12 周龄胫长与体重同步，说明此阶段鸡群培育工作成功，预示此鸡群以后产蛋潜力较高。

（二）鸡群整齐，均匀度好

均匀度（整齐度）是指鸡群内个体间体重的一致程度。鸡群内个体体重差异小，说明鸡群发育整齐，性成熟能同期化，开产时间较一致，产蛋高峰高，高峰期维持时间长，全期产蛋量高。

均匀度一般是用平均体重 ±10% 范围内的个体数占全群总数的百分比来表示。以百分比越大越好，一般要求鸡群的均匀度百分比大于 80%。蛋鸡从 8 周龄开始每周进行一次随机抽样称重，抽测鸡数一般为全群的 5%，但是最少不低于 50 只。当发现均匀度较差时应全群逐只称重，分为大、中、小 3 栏，体重超过标准的维持上一周的喂料量；若体重低于标准的提前饲喂下一周的喂料量，必要时调整饲料营养水平，例如添加 1% 的豆油等，直到体重达标为止。

（三）健康无病、成活率高

具有较强的抗病能力，产前确实做好各种免疫，保证鸡群能安全渡过产蛋期。育成期成活率应达到 96% 以上。

（四）适时开产

不同类型和不同鸡种都有标准的开产日龄。白壳蛋鸡比褐壳蛋鸡性成熟早，开产日龄分别在 20 ~ 21 周龄和 21 ~ 22 周龄。

三、育成鸡的饲养

（一）育成鸡的营养

由于各阶段生理特点及营养需求不同，应实行三阶段三个营养标准，根据鸡群实际体重，结合季节和饲料原料行情调整饲料配方或喂料量。育成鸡营养需要建议参考表 3 - 8。推荐喂料量及体重标准参考表 3 - 9。

表 3 - 8　　蛋鸡育成期营养需要建议

养　分	育成期（7 ~ 18 周龄）	
	白壳蛋鸡	褐壳蛋鸡
代谢能/（MJ/kg）	11.70	11.50
粗蛋白/%	16.0	15.5
钙/%	1.0	1.0
有效磷/%	0.35	0.4
蛋氨酸/%	0.27	0.30
蛋 + 胱氨酸/%	0.53	0.54
赖氨酸/%	0.54	0.68
维生素 A/（IU/kg）	1500	10000
维生素 D_3/（IU/kg）	200	2000
维生素 E/（mg/kg）	5	20
维生素 K_3/（mg/kg）	0.5	2
维生素 B_1/（mg/kg）	1.3	1.5

续表

养　分	育成期（7～18 周龄）	
	白壳蛋鸡	褐壳蛋鸡
维生素 B_2/（mg/kg）	1.8	5
维生素 B_6/（mg/kg）	3	3
维生素 B_{12}/（mg/kg）	0.003	0.01
泛酸/（mg/kg）	10	5
烟酸/（mg/kg）	11	30
叶酸/（mg/kg）	0.25	0.5
生物素/（mg/kg）	0.10	—
氯化胆碱/（mg/kg）	500	500
锰/（mg/kg）	30	60
锌/（mg/kg）	35	50
铁/（mg/kg）	60	50
铜/（mg/kg）	6	5
碘/（mg/kg）	0.35	1
硒/（mg/kg）	0.10	0.20

表 3－9　　蛋鸡育成期推荐喂料量和体重标准

周　龄	白壳蛋鸡			褐壳蛋鸡		
	日耗料/（g/只）	累计耗料/（g/只）	体重/（g/只）	日耗料/（g/只）	累计耗料/（g/只）	体重/（g/只）
7	44	1300	535	45	1414	560
8	46	1626	620	50	1764	650
9	48	1960	710	55	2149	730
10	51	2317	800	57	2548	820
11	54	2695	880	60	2968	910
12	57	3094	960	64	3416	1000
13	59	3507	1030	69	3899	1085
14	61	3934	1095	72	4403	1160
15	63	4375	1160	75	4928	1240
16	65	4830	1225	78	5474	1320
17	67	5300	1285	80	6034	1400
18	68	5775	1355	83	6615	1475

（二）育成鸡的限制饲养

限制饲养简称限饲，就是人为地控制鸡的采食量或者降低饲料营养水平，以达到控制体重的目的。白壳蛋鸡采食量少，一般不限制喂料量，只根据季节和鸡群体重调整饲料配方。

1. 限饲的目的

（1）控制鸡的体重　鸡在自由采食状态下，常常会过量采食，不仅会造成饲料浪费，而且还会因脂肪过度沉积而超重，影响成年后的产蛋性能。

（2）控制性腺发育，使鸡群适时开产　育成鸡正处于卵巢、输卵管发育快速的时期，如果不进行限制，会导致小母鸡过早性成熟，开产早，蛋小，产蛋持久性差。

（3）节省饲料　限饲的鸡采食量比自由采食量少，可节省10%～15%的饲料。此外，限饲控制了母鸡的体重，可以提高母鸡在产蛋期的饲料报酬。

2. 限饲方法

限饲方法有限量法和限质法。

（1）限量法　这是限制饲喂量的方法，主要适用于中型蛋用育成鸡。可分为定量限饲、停喂结合、限制采食时间等。定量限饲就是不限制采食时间，把配合好的日粮按限制饲喂量喂给，喂完为止，限制饲喂量为正常采食量的80%～90%。采取这种办法，必须先掌握鸡的正常采食量，每天的喂料量应正确称量，而且所喂日粮质量必须符合要求。

（2）限质法　就是限制日粮中的某些营养水平，适当降低能量、粗蛋白质或赖氨酸水平。限质法应结合实际体重增长情况，不能盲目使用，在有些地区蛋鸡饲料能量偏低，采用限制饲养技术，将会适得其反，母鸡的体重无法达到标准要求。

3. 限饲注意问题

限饲前应断喙，淘汰病、残、弱鸡，并根据鸡的营养标准、饲喂量、体重要求制定好限饲方案；限饲期间，必须要有足够的食槽，保证每只鸡都有一定的采食槽位，防止因采食不均造成发育不整齐；定期称重，掌握好喂料量。一般每周称重1次，抽样比例为全群只数的5%，并与标准体重比较，以差异不超过10%为正常，如果差异太大，要调整喂料量；当气温突然变化、鸡群发病、接种疫苗或转群时，应暂停限饲，等消除影响后再恢复限饲；掌握好限饲的起始周龄，蛋鸡一般从9周龄开始进行限饲，16周龄后根据该品种标准给予饲喂量；限饲必须与光照控制相结合，才能取得良好的效果。

四、育成鸡的管理

（一）育成前期的管理

1. 做好转群工作

若育雏和育成在不同鸡舍饲养，到7周龄初则需把雏鸡转到育成舍。如果育雏和育成是在同一鸡舍完成，只需疏散鸡群减少密度，调整料槽水槽高度等。转群时淘汰病弱个体，发现体重不均匀时最好逐只称重，分为大、中、小三栏，给予不同喂料量。转群第 1 天应 24h 光照，检查每笼的鸡数是否相同，饲养密度是否符合要求。

2. 适时脱温

当鸡舍昼夜温度达到 18℃以上，就可脱温。降温要求缓慢，脱温要求稳妥。脱温后遇降温仍需适当给温，并要加强对鸡群的夜间观察，以减少意外事故的发生。

3. 按时更换饲料

依据饲料各料型饲养日要求按时更换饲料，更换饲料易产生应激现象，因此需逐步进行，最好用 1 周时间完成新料和旧料的更换。

（二）日常管理

为了保证育成鸡健康发育，必须保持舍内空气新鲜，环境清洁干燥；维持鸡舍适宜的温湿度；做好饲槽和饮水器的卫生、消毒等常规工作。

1. 保持环境安静稳定，减少应激

按一定顺序上料、上水，按一定顺序清粪消毒，按一定顺序消毒清扫，尽力保证环境条件的稳定。避免外界的各种干扰，捉鸡、注射疫苗等动作要轻，不能粗暴，转群最好在夜间进行。另外，不要随意变动饲料配方和作息时间，饲养人员也应相对固定。

2. 调整饲养密度

饲养密度是决定鸡群整齐度的一个很重要的方面。饲养密度大则鸡群混乱，竞争激烈，鸡舍内空气污浊，环境恶化，特别是采食、饮水位置不足会使部分鸡体重下降，还会引起啄肛、啄羽。密度过小，造成饲养成本增加。一般笼养蛋鸡为 15 ~ 16 只/m^2。

3. 及时调群

勤观察鸡群状况，结合称重结果，对体重不符合标准的鸡以及病、弱、残鸡应尽早淘汰，以免浪费饲料和人力。一般在 6 ~ 8 周龄即育雏结束转入育成时进行初选，第二次在 18 ~ 20 周龄时结合转群或接种疫苗时进行。由于免疫等应激因素鸡群中总会出现一些体弱及生长发育不良的鸡，应及时挑出。大、中、小三栏及时调整。

4. 搞好卫生防疫

育成鸡容易发生球虫病、黑头病、霉形体病和一些体外寄生虫病等，所以，除定期驱虫和接种疫苗外，还要加强日常卫生管理，定期清扫鸡舍，更换垫料，注意通风换气，执行严格的消毒制度。

5. 做好日常工作记录

记录表格参见表 3 - 10。

表 3-10 育成期记录表

品种		入舍日期									
批次		入舍数量									
转群日期		转群数量									
周龄	日龄	存栏	死亡	淘汰	成活率 /%	耗料量			平均体重 /g	均匀度 /%	用药 免疫
						每只耗料 /g	总量 /kg	累计总耗料 /kg			
1	42										
	43										
	44										
	…										
	140										

（三）开产前后的管理

1. 加强光照管理

育成鸡光照的原则是每天的光照时间应保持恒定或逐渐减少，切勿延长。所以应该根据这一原则，结合鸡舍类型、出雏日期和地理位置等制订出正确的光照方案，并认真执行。0～3 日龄每昼夜 23～24h 光照，4～18 周龄要根据当地自然光照时间和出雏日期灵活掌握。如果育成期是处在自然光照逐渐减少时期，可按自然光照，无需补充灯光。如果育成期是处在自然光照逐渐延长时期，则应控制光照，可采用渐减法，即查出该批鸡到达 18 周龄时的白昼时间，然后再加上 7h 作为 4～7 日龄的光照时间，以后每周减少光照 20～30min，到 18 周龄时变为当地白昼时间，从 18～20 周龄起，每周延长光照 0.5～1h，直至达到 16h 后恒定不变，但不能超过 17h。

2. 预产期管理

（1）转群　转群应在开产前完成，在 17～18 周龄时进行，具体要求同上。

（2）调整营养和注意补钙　预产期的小母鸡体重继续增加，18～22 周龄体重可增加 350g 左右，该阶段应加强营养，如果营养不良，则体重增加不足，小母鸡开产前 10d 开始沉积髓骨，它约占性成熟后母鸡全部骨骼重的 12%，蛋壳形成约有 25% 的钙来自骨髓，75% 来自饲料。当饲料中钙不足时，母鸡会利用骨骼及肌肉中的钙，这样易造成笼养蛋鸡疲劳综合征。所以在开产前 10d 或当鸡群见第一枚蛋时，将育成鸡料过渡为预产料，钙的水平调整为 2%～2.25%，其中至少有 1/2 的钙以颗粒状石粉或贝壳粒供给。

（3）检查蛋槽坡度和笼具破损情况　笼底向外倾斜，伸到笼外形成蛋槽，要求其坡度为10%，同时要检查笼具底网和蛋槽的光滑程度和破损情况，及时补修。防止产蛋过程中蛋的破损率高。

（4）自由采食　一只新母鸡在第一个产蛋年中所产蛋的总重量为其自身重的8~10倍，而其自身体重还要增长25%。为此，它必须采食约为其体重20倍的饲料。所以鸡群在开始产蛋时应自由采食，并一直维持到产蛋高峰及高峰后两周。此外，由生长饲粮改换为产蛋饲料要与开产前增加光照相配合，一般在增加光照后改换饲料。

断喙技术

一、技能目标

本项目是畜牧兽医专业学生从事养鸡生产工作必会的一项专业技能。通过断喙技术的学习，使学生能够在规定的时间内熟练而准确地进行断喙操作。

二、教学资源准备

（一）仪器设备

电热切嘴机 8 台。

（二）材料与工具

初生雏鸡（蛋用公鸡）1000 只；装雏盘 16 个；矮凳 8 个；电源插座 8 处；线手套 8 副；统计表 8 份。

（三）教学场所

校内外教学基地或实验室。

（四）师资配置

实验时 1 名教师指导 40 名学生，技能考核时 1 名教师可考核 20 名学生。

三、原理与知识

断喙是指断去鸡的喙尖。鸡有刨料、甩料等习性，也常发生啄癖现象，对鸡只进行断喙，不仅能控制刨料或甩料引起的饲料浪费，而且能降低因啄癖而死亡的鸡只数。鸡全程饲养中要进行两次断喙，首次断喙的日龄为 7～9d，其目的是断去原有的喙尖，称为断喙。此时，雏鸡生活力强，有抵御断喙造成应激的能力，同时，喙的角质化程度比较弱，容易切烙断掉，因此首次断喙最佳时机为 7～9 日龄。雏鸡断喙后，喙的再生能力很强，当发育到 84 日龄时，其喙尖再生出具有啄伤其他鸡只和刨料的能力，因此要进行第二次断喙，第二次断喙的日龄为 84 日龄左右，其目的是断去再生喙尖，称为修喙。

四、操作方法及考核标准

（一）操作方法与步骤

将断喙器刀片加热至 600～700℃，当看到刀片中间部位发出樱桃红色时为适宜温度，此时，断喙操作者，左手抓雏鸡 A 和 B 两只（修喙鸡 1 只），A 鸡雏置于拇指与食指之间，B 鸡雏置于左手的无名指和小指之间备用。右手拇指压住 A 鸡的头顶，食指放在咽下并稍向上顶可使雏鸡舌头后缩以防止断去舌尖。然后，选择雏鸡适宜的断喙孔径，将喙尖插入，用刀片切断上喙的 1/2（自喙尖至两鼻孔连线间的长度）、下喙的 1/3。切后在刀片上灼烙 1.5～2s 进行止血。断喙结束后，对刚断喙的鸡进行检查，理想的断喙为上喙切断的位置应在距喙尖约 2mm 处颜色为暗、淡相连处的稍后方，这样可破坏局部组织，防止喙尖再生。断后的雏鸡下喙略长于上喙为好。若发现有出血或断面偏斜的鸡只，应抓回再灼烙止血或修整喙面，接着 B 鸡雏开始断喙。两只雏鸡断喙后一同放到装雏盒内。

操作注意事项：

（1）每只鸡的断喙时间控制在 2～3s。

（2）断喙前后 3d 在饲料中投给抗应激药物和维生素 K；同时，控制其他的人为应激因素发生。

（3）断喙后要保持饮水的清洁，增加饲槽中投料的高度。

（4）职业技能鉴定急需雏鸡时，若没有适龄的雏鸡也可以选购 1 日龄蛋用公雏代替。

（5）在养鸡场断喙训练时要注意防疫消毒，要注意操作时的安全。

（二）技能考核标准

考核内容及分数分配	操作环节与要求	评分标准		考核方法	熟练程度	时限
		分值	扣分依据			
断喙技术（100 分）	握鸡手势	10	握鸡手势不正确每只扣 1 分；握鸡动作不熟练扣 2 分；不能 2 只鸡同时抓握扣 2 分；扣至 10 分止	单人操作考核	熟练掌握	2min
	断喙位置	30	断喙出现过长、过短或斜喙，每只扣 3 分，直至 30 分			
	断喙伤亡	20	出现伤舌、鼻脸肿胀现象，每只扣 3 分；断喙期间每死亡 1 只扣 5 分，直至 20 分			
	规范程度	10	断喙孔选择不正确扣 2 分；断喙角度不适宜扣 2 分；每只鸡断喙的时间超过 3s 扣 2 分；扣至 10 分止			
	熟练程度	10	断喙期间人手烫伤扣 5 分，坐姿不正扣 5 分			
	完成时间	20	要求断喙 10 只/分，每少 1 只扣 2 分；直至 20 分			

如何做好育成鸡的体重管理

育成鸡处于生长发育阶段，体重在不断变化，若育成鸡群的体重发育符合标准，则将来产蛋数量多，蛋重适中，残次率低。若体重过大或者过轻鸡群，则产蛋成绩就不好。因此，体重是育成鸡发育好坏的最重要标志。控制好鸡群体重需做好如下管理工作。

（1）每周末称测体重一次，称重鸡只的数量是全群鸡数的5%，一般不应少于100只，小群也不应少于50只。每次称重的时间要一致，一般在15～16时称重为宜。

（2）称测鸡的体重时，不可人为挑选其大小或胖瘦，要随机抓鸡。立体笼养的鸡，可将鸡舍均匀地划分为若干小区，分别称不同小区的上、中、下3层鸡笼的鸡。对被选为称重的小笼，过秤时一定要一只一只地称重，并分别做好记录。

（3）每周称重后与该品种鸡标准体重进行对照，如果有80%的鸡在标准体重线上下各10%的范围内即认为是发育适度。如果超过标准体重则使用局部限饲方法，控制其体重。具体方法是将体重过大的鸡只等量地放在下层小笼中并维持现有的投料量，待其下一个周龄末的体重标准达标时再投给相应周龄的料量。将体重过小的鸡只放在鸡舍门口附近的上层小笼中饲养，并采用湿拌料的方法让其自由采食。待下一个周龄末的体重标准达标时再投给相应周龄的料量。

（4）要求每笼鸡只数一定要相等，水料槽位一定要充足。切忌不可将大小悬殊的鸡放在一个小笼内，以免小鸡受欺负。

（5）饲料营养水平要稳定，料质均匀。拌料时要求操作人员将核心料与部分饲料原料提前预混1次，然后将预混料与全部饲料原料再次混均。通常每次预混搅拌时间要超过15min。

单元三 | 产蛋期的饲养管理

【知识目标】 熟悉产蛋鸡的生理特点，说出产蛋规律；叙述产蛋期所需的环境条件，指出控制舍内湿度的措施；说出节省饲料的具体方法；掌握影响蛋鸡产蛋的相关因素以及消除措施。

【技能目标】 根据育成鸡12周龄末的体重结果，能准确地计算出群体均匀度，并提出调整措施；能根据不同蛋鸡品种特点，设置育成鸡的限饲方案；能顺利地进行转群与更换饲料。

【案例导入】 鸡群啄癖较严重时，要有针对性的采取措施，如：啄羽严重时，可在饲料中添加1%～2%的石膏粉或在日粮中提高蛋氨酸的水平；脱肛、啄肛严重时，可在饮水中添加1%～2%的食盐，使用1～2d；啄趾严重时，可在日粮中增加玉米蛋白粉的用量等。请问啄癖产生的原因是什么？

【课前思考题】

1. 产蛋鸡有哪些生理特点？
2. 产蛋规律包括哪些内容？
3. 产蛋期关键性的饲养技术是什么？
4. 啄癖产生的原因是什么？
5. 产蛋率突然下降的原因有哪些？

鸡群从开始产蛋到淘汰的期间称为产蛋期，一般是指21～72周龄。产蛋阶段的主要任务是最大限度地减少或消除各种不利于产蛋的因素，创造一个有益于蛋鸡健康和产蛋的最佳环境，使鸡群充分发挥生产潜能。

一、产蛋鸡的生理特点和产蛋规律

（一）产蛋鸡的生理特点

1. 冠、髯等第二性征变化明显

单冠来航血统的品种，10～17周龄冠高由1.34cm长为2.06cm，7周增长0.76cm；18～20周龄时冠高达2.65cm，3周增长0.59cm，至22周冠高可达4.45cm，2周增长1.8cm。冠、髯颜色由黄变粉红，再变至鲜亮的红色。据研究，冠、髯的长度、颜色的变化，不仅与生殖系统发育密切相关，与体重的增长也存在着高度的相关性。相关系数为0.518。

2. 体重的变化

体重是鸡各功能系统重量的总和，所以可将体重视为生长发育状况的综合性指标。各品种都有各自不同阶段的体重标准。轻型蛋用品种，18～20周龄体重多在1.3～1.5kg，重型蛋用品种18～20周龄体重多在1.5～1.7kg，达到

72 周龄体重的 75% ~80%，在管理产蛋鸡时要定期（4 周左右）抽样测体重，一般 40 周龄时，生长发育基本停止。

3. 生殖功能的变化

生殖功能不断成熟与完善，这是产蛋期与育成期鸡只生理功能最显著的不同之处。生理功能的成熟与完善主要发生在产蛋前期，发育正常的母鸡 14 周龄时的卵巢重量约为 4g，18 周龄时达到 25g 以上，发育成熟的卵泡开始排卵；在卵巢快速生长发育的同时，输卵管、子宫也在快速生长发育，具有了接纳卵子，分泌蛋白的功能。高产鸡产蛋间隔 23 ~25h，低产鸡则需 30h 以上。到 24 周龄时，鸡卵巢重达 60g 左右，与生殖有关的激素分泌功能进入最为活跃的时期，其外在表现是产蛋率已近于直线的速度上升，整个鸡群进入产蛋高峰期。

4. 鸣叫声的变化

快要开产和开产日期不太长的鸡，经常发出“咯咯”悦耳的长音叫声，鸡舍里若叫声不绝，说明鸡群的产蛋率会很快上升，此时，饲养管理要更精心细致，防止突然应激现象的发生。

5. 皮肤色素的变化

产蛋开始后，鸡皮肤上的黄色素呈现逐渐有序的消退现象，其消退顺序是眼周围→耳周围→喙尖至喙根→胫爪，高产鸡黄色素消退的快，寡产鸡黄色素消退的慢，停产鸡黄色素会逐渐再次沉积。所以根据黄色素的消退情况，可以判断产蛋性能的高低。

6. 产蛋鸡富于神经质

对于环境变化非常敏感，母鸡产蛋期间对于饲料配方变化，饲喂设备改换、环境条件改变，饲养人员和日常管理程序的变换以及其他应激因素等都会产生不良影响。

（二）产蛋规律

1. 年产蛋规律

第一年产蛋量最高，以后每年以 15% ~20% 比例递减，这也是商品蛋鸡一般只饲养一个生产周期的原因之一。

2. 周期产蛋规律

从产蛋周期看，产蛋率随着周龄的增长呈现低→高→低的变化，通常是从 18 周龄产蛋率达 5%，142d 产蛋率达 50%，当鸡群的产蛋率上升到 90% 时，即可进入了产蛋高峰期。产蛋高峰期来临的周龄约为 23 周龄，高峰期内平均产蛋率为 94%，产蛋高峰持续期为 20 ~28 周，然后缓慢下降。从平均产蛋率 90% 以下至鸡群淘汰下笼这段时间称为产蛋后期。通常是指 51 ~72 周龄的时间。产蛋后期中，周平均产蛋率下降幅度要比高峰期下降幅度大一些。

3. 蛋重的变化规律

蛋重一般随着鸡周龄增加而增大，到第一产蛋年末达到最大，以后趋于稳定，一直保持至第二产蛋年；第二产蛋年后，随年龄增加，蛋重逐渐减少。21～72周龄的鸡在第一个产蛋周期内，无论是褐壳、粉壳还是白壳品种其平均产蛋数多在280～312枚，总蛋重在17.5～19kg。全程平均蛋重：褐壳、粉壳和白壳品种分别为62g/枚、61g/枚和60g/枚左右。

4. 产蛋曲线

在第一产蛋年，产蛋率呈现低→高→低的产蛋曲线。实际生产中可将育种公司发布的产蛋性能绘制的标准曲线与实际产蛋情况绘制产蛋曲线进行比较分析。以产蛋周龄为横坐标，以该周龄每日对应的产蛋率为纵坐标，使用坐标纸或使用电脑Excel程序绘制。图3－2为海兰褐壳商品蛋鸡的标准产蛋曲线。由图可见，现代商品蛋鸡的产蛋曲线具有3个特点：

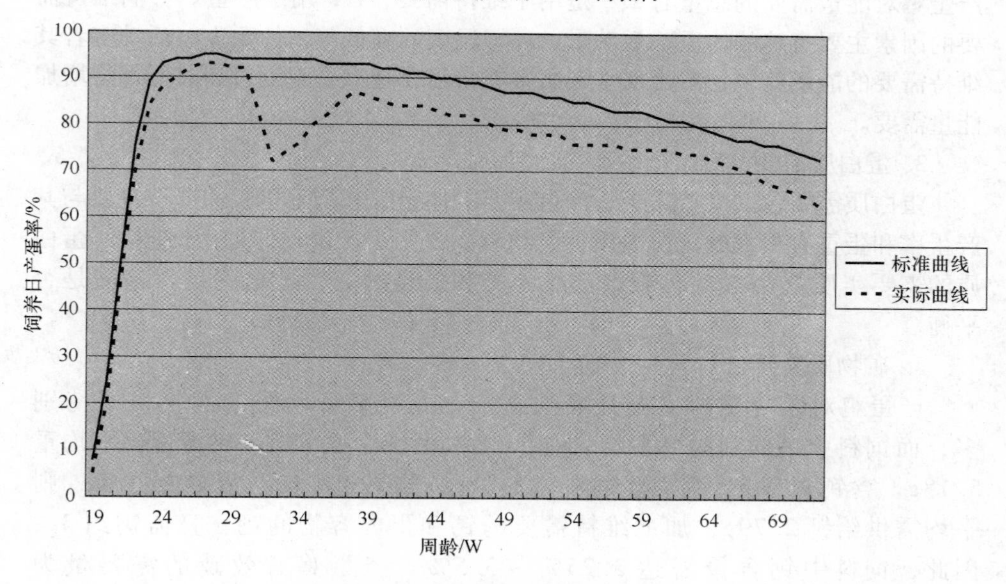

图3－2 海兰褐壳商品蛋鸡产蛋曲线

①正常饲养管理条件下，从见蛋到开产，产蛋率上升较快。产蛋率的上升速率平均为每天1%～2%，从开产142d开始，到产蛋高峰时，产蛋率上升可达3%～4%。23周龄左右即可达到产蛋最高峰（产蛋率达到90%以上）。

②产蛋率达到高峰后，产蛋率的下降速度很缓慢，而且平稳。产蛋率下降的正常速率为每周0.5%～0.7%，高产鸡群72周龄淘汰时，产蛋率仍可达70%左右。

③产蛋率下降具有不可完全补偿性。由于营养、管理、疾病等方面的不利因素，导致母鸡产蛋率较大幅度下降时，在改善饲养条件和鸡群恢复健康后，产蛋率虽有一定上升，但不可能再达到应有的产蛋率。产蛋率下降部分得不到完全补偿。越接近产蛋后期，下降的时间越长，越难回升。如发现鸡群产蛋量

异常下降，要尽快找出原因，采取相应措施加以纠正。

二、产蛋鸡的饲养

（一）产蛋鸡的营养需要

生产性能卓越的蛋鸡群，每只母鸡全程产蛋量可达20kg，约为鸡体重的10倍。同时，在产蛋期间鸡自身体重将增加30%～40%。因此，在整个产蛋期应加强营养，满足其维持需要、生长需要和产蛋需要，使鸡群健康，充分发挥其产蛋潜力。

1. 能量需要

产蛋鸡对能量的需要包括维持需要、体重增长需要和产蛋需要。据研究，产蛋鸡对能量需要的总量有2/3是用于维持需要，1/3用于产蛋。影响维持需要的因素主要有鸡的体重、活动量、环境温度的高低等。体重大、活动多者其维持需要的能量就多；产蛋水平越高则能量需要越大；温度过高过低都将增加能量需要。

2. 蛋白质需要

蛋白质需要包括维持需要、产蛋需要、体组织和羽毛生长需要，主要与其产蛋率和蛋重有很大的正比关系，大约有2/3用于产蛋，1/3用于维持。蛋白质的需要实质上是指对必需氨基酸种类和数量的需要，也就是氨基酸是否平衡。

3. 矿物质需要

产蛋鸡对矿物质的需要最易缺乏的是钙和磷。产蛋鸡对钙需要特别多，而饲料中钙的利用率平均只有50.8%，一枚重57.6g鸡蛋蛋壳平均重5.18g，含钙2.02g，则需要饲料钙3.98g，如果年平均产蛋率为70%，则平均需供给钙2.79g，加上维持需要的钙和蛋内容物的钙，日需钙约3g，因此，饲料中钙含量需达3.25%～3.5%。产蛋鸡有效磷的需要量为0.3%～0.33%，以总磷计则为0.6%，且总磷的30%必须来自无机磷，以保证磷的有效性。据研究，0.3%的有效磷和3.5%的钙可使鸡获得最大产蛋量和最佳蛋壳质量。

磷和钠的水平也有关系，喂高磷饲粮的鸡血磷升高，但补饲碳酸氢钠后血磷含量则明显下降，使骨钙动员量增多。其次，饲料中应保证适宜的钠、氯水平，常添加约0.36%的食盐来满足其营养需要。此外，产蛋鸡还需要补充适量的微量元素和多种维生素。

实际配置鸡的饲料时应考虑季节、周龄、产蛋水平、饲料原料价格等因素，原则是使用配方软件程序筛选最低成本配方。产蛋鸡营养需要建议参照表3－11。

表3－11　　产蛋鸡营养需要建议表

养分	产蛋高峰期		产蛋后期	
	轻型白壳蛋鸡	中型褐壳蛋鸡	轻型白壳蛋鸡	中型褐壳蛋鸡
代谢能/(MJ/kg)	11.50	11.70	11.50	11.50
粗蛋白/%	16.5	16.5	15.0	16.0
钙/%	3.5	3.5	3.4	3.6
有效磷/%	0.37	0.36	0.37	0.35
蛋氨酸/%	0.36	0.35	0.33	0.34
蛋＋胱氨酸/%	0.63	0.64	0.57	0.62
赖氨酸/%	0.73	0.75	0.66	0.72
维生素A/(IU/kg)	4000	10000	4000	10000
维生素D_3/(IU/kg)	500	2000	500	2000
维生素E/(mg/kg)	5	20	5	20
维生素K_3/(mg/kg)	0.5	2	0.5	2
维生素B_1/(mg/kg)	0.8	2	0.8	2
维生素B_2/(mg/kg)	2.2	5	2.2	5
维生素B_6/(mg/kg)	3	3	3	3
维生素B_{12}/(mg/kg)	0.003	0.01	0.003	0.01
泛酸/(mg/kg)	2.2	10	2.2	10
烟酸/(mg/kg)	10	25	10	25
叶酸/(mg/kg)	0.25	0.5	0.25	0.5
生物素/(mg/kg)	0.10	–	0.10	–
氯化胆碱/(mg/kg)	500	500	500	500
锰/(mg/kg)	30	60	30	60
锌/(mg/kg)	50	50	50	50
铁/(mg/kg)	50	50	50	50
铜/(mg/kg)	8	5	8	5
碘/(mg/kg)	0.3	1.0	0.3	1.0
硒/(mg/kg)	0.1	0.2	0.1	0.2

(二）采用科学的饲养方法

1. 阶段饲养法

根据鸡的周龄和产蛋水平，可以把产蛋期划分为几个阶段，不同阶段采取不同的营养水平进行饲喂，尤其是蛋白质和钙的水平，称为阶段饲养法。比较合理的划分法为三段法。

第一阶段为21～40周龄：该阶段产蛋率急剧上升到高峰并在高峰期维持，蛋重持续增加，同时鸡的体重仍在增加。为满足鸡的生长和产蛋需要，饲料营养水平要高。

第二阶段为41～60周龄：该阶段鸡的产蛋率缓慢下降，蛋重仍在增加，鸡的生长发育已停止，脂肪沉积增多。所以在饲料营养物质供应上，要在抑制产蛋率下降的同时防止机体过多的积累脂肪。可以在不控制采食量的条件下适当降低饲料能量水平。

第三阶段为61～72周龄：该阶段产蛋率下降速度加快，体内脂肪沉积增多，饲养上在降低饲料能量的同时对鸡进行限制饲喂，以免鸡过肥而影响产蛋。母鸡淘汰前1个月可适当增加玉米用量，提高淘汰体重。

采用三段饲养法，产蛋高峰出现早，上升快，高峰期持续时间长，产蛋量多。

2. 调整饲养法

根据环境条件和鸡群状况的变化，及时调整日粮中主要营养成分的含量，以适应鸡的生理和产蛋需要的饲养方法称调整饲养法。调整饲养的方法有以下几种：

（1）按体重调整饲养　当育成鸡体重达不到标准时，在转群后（18～20周龄）提高饲料蛋白质和能量水平，额外添加多种维生素。粗蛋白质控制在18%左右，使体重尽快达标。

（2）按产蛋规律调整饲养　当产蛋率达到5%时，饲喂产蛋高峰期饲料配方，促使产蛋高峰早日到来。达到产蛋高峰后，维持喂料量的稳定，保证每只鸡每天食入蛋白质量，要求轻型鸡不少于18g，中型鸡不少于20g。在高峰期维持最高营养2～4周，以维持高峰期持续的时间。到产蛋后期，当产蛋率下降时，应逐渐降低营养水平或减少饲喂量。

（3）按季节气温变化调整饲养　鸡舍气温在10～26℃条件下，鸡按照自己需要的采食量采食，冬季由于采食量大，日粮中应适当降低粗蛋白质水平；夏季由于采食量下降，日粮中应适当提高能量和粗蛋白质水平，必要时添加1%的动植物油，以保证产蛋的需要。

（4）采取管理措施时调整饲养　接种疫苗后的7～10d内，日粮中粗蛋白质水平应增加1%。

（5）出现异常情况时调整饲养　当鸡群发生啄癖时，除消除引起啄癖的原因外，饲料中可适当增加粗纤维、食盐的含量，也可短时间喂些石膏。开产初期脱肛、啄肛严重时，可加喂1%～2%的食盐1～2d。鸡群发病时，适当提高日粮中营养成分，如粗蛋白质增加1%～2%，多种维生素提高0.02%，还应考虑饲料品质对鸡适口性和病情发展的影响等。

3. 限制饲养法

在产蛋后期实行限制饲养，限饲与自由采食相比，蛋重略轻，但每只鸡的平均利润要高于自由采食。进行限饲时，可根据母鸡的体重和产蛋率来进行，因为高产鸡对饲料营养的反应极为敏感。限饲的具体方法：在产蛋高峰后第3

周开始，将每100只鸡的每天饲料摄取量共减少220g，连续3~4d。如果产蛋率没有异常下降，则继续维持此喂料量，该方法也称为试探性减料法。产蛋率每下降4%~5%试探一次，只要产蛋率下降正常，这一方法可以持续使用下去，如果产蛋量下降较快，赶紧恢复之前饲喂量。当鸡群受应激或气候异常寒冷时，应恢复原来的喂料量。一般情况下，此期的饲料减量不超过8%~9%。

（三）做好喂饲与饮水工作

1. 喂饲工作

由于蛋鸡产蛋量高，需较多的钙质饲料，一般在下午5点补喂大颗粒（颗粒直径3~5mm）的贝壳粉，通常每1000只鸡喂3~5kg，同时，将微量元素添加量增加1倍。这对增强蛋壳强度、降低蛋的破损率效果较好。实践证明，蛋鸡日粮中钙源饲料采用1/3贝壳粉、2/3石粉混合应用的方式，对蛋壳质量有较好效果。

褐壳蛋鸡产蛋高峰期喂料一般在120~130g，白壳蛋鸡一般在110~120g。通常日喂2~3次，要求夜间熄灯之前无剩余饲料。喂料时间是一般在早晨5~7时上料一次，料量要使每只鸡吃饱之外还有余料，中午13时第二次给料，晚间熄灯前需补喂1~1.5h料。

2. 饮水工作

鸡的饮水量一般是采食量的2~2.5倍，一般情况下每只鸡每天饮水量为200~300mL。饮水不足会造成产蛋率急剧下降。在产蛋及熄灯之前各有一饮水高峰，尤其是熄灯之前的饮水与喂料往往被忽视。

三、产蛋鸡的管理

（一）提供适宜的环境条件

1. 温度

温度对鸡的生长、产蛋、蛋重、蛋壳品质及饲料转化率都有明显影响。产蛋鸡的适宜温度范围是13~25℃，最佳温度范围是18~23℃。冬季不宜低于8℃，夏季不应超过30℃。生产中应尽量使环境温度控制在8~24℃。舍温要保持平稳，不应忽高忽低，更不应该有贼风侵入。要求冬季做好保温防寒工作，夏季做到防暑降温工作。

2. 湿度

湿度通常与温度共同作用才会对蛋鸡产生影响。温度适宜时，湿度对鸡体的健康和产蛋性能影响不大，只有在高温或低温时，湿度的变化才有较大的影响。一般认为，蛋鸡适宜的相对湿度为60%~65%。如温度适宜，其范围可适当放宽至50%~70%。如果舍内相对湿度低于40%时，鸡羽毛零乱，皮肤干燥，空气中尘埃飞扬，会诱发呼吸道疾病。若高于72%，鸡羽毛粘连，关节炎病也会增多。

3. 通风换气

通风换气是调控鸡舍空气质量最主要、最常用的手段。蛋鸡舍空气卫生标准中要求：氨气的浓度应低于 0.02mL/L，CO_2 的允许浓度为 0.15%。规模化鸡场一般采用纵向负压通风系统，结合横向通风可取得良好通风换气效果。

4. 光照

一般产蛋鸡的适宜光照强度是鸡头部感受到的照度为 10 ~ 15lx，光照时间以每天 16h 为宜。通常，每 $15m^2$ 的鸡舍面积，悬挂一个高度为 1.8 ~ 2.0m 的 40W 加罩的白炽灯泡，其照度大约相当于 10lx。若达以上光照时间，需早晚进行人工补光。

5. 饲养密度

产蛋期的饲养密度因品种、饲养方式而异。笼养时一般要求每平方米饲养 15 ~ 16 只较为适宜。也可按每只鸡占笼底面积计算，即白壳蛋鸡 $380cm^2$，褐壳蛋鸡 $465cm^2$。

（二）加强季节管理

开放式鸡舍由于不能最有效的控制环境，受季节气候变化的影响较大，应根据不同季节的气候特点对鸡舍环境采取必要的管理措施，以将不利影响降到最低程度。

1. 春季

气温逐渐变暖，光照时间延长，是产蛋的大好季节，但也是微生物大量繁殖的季节。春季的管理要点是：提高日粮的营养水平，满足产蛋的需要；逐渐增加通风量；经常清粪，搞好卫生防疫和免疫接种工作；积极做好鸡场的绿化工作。

2. 夏季

舍外气温高、光照时间长，会影响舍内气温过高。管理要点是：防暑降温，促进食欲。主要措施有：①减少鸡舍所受到的辐射热和发射热：其方法是在鸡舍的周围种植高大树木、增加鸡舍屋顶厚度、屋顶外部涂上白色涂料等方法。②增加通风量：主要通过自然通风与机械通风相结合的方法。③湿帘降温法。在采取负压通风的鸡舍，在进风处安装湿帘，降低进入鸡舍的空气温度，可使舍温下降 5 ~ 7℃。④喷雾降温法：在鸡舍或鸡笼顶部安装喷雾器械，直接对鸡体进行喷雾。⑤降低饲养密度、供给清凉的饮水，要求鸡饮水温度为 10 ~ 25℃为宜。⑥调整饲料配方：在高温环境下，用 3% 的油脂代替部分能量饲料，使鸡的净能摄入量增加，为了更好地防暑降温，可在饲料或饮水中添加 0.02% 维生素 C。

3. 秋季

秋季管理时要加强通风，降低湿度；饲料中投放预防性药物；对产蛋高峰已过，已经进入产蛋后期的鸡群，可延长光照时间 1 ~ 2h，促进产蛋。

4. 冬季

冬季管理的要点是：防寒保温，舍温要求不低于 13℃。为了使鸡舍保温且对鸡群无应激反应，应在入冬前维修鸡舍，在保证适当通风的情况下封好门窗，以增加鸡舍的保暖性能。

（三）及时淘汰低产或停产鸡

为提高经济效益，要对产蛋过程中的低产鸡和停产鸡进行及时淘汰。低产鸡和停产鸡主要根据外貌特征和生理特征来鉴别。高产鸡与低产蛋的外貌区别见表3－12，产蛋鸡与停产鸡的生理特征区别见表3－13。

表3－12 高产鸡与低产鸡的外貌特征区别

观察部位	高产鸡特征	低产鸡特征
头	较细致，皮薄毛少无皱褶	较粗糙，乌鸦头
喙	短粗，稍弯曲	细长而直
胸	宽深，胸肌发达，胸骨直而长	窄浅，胸骨弯或短
背	宽平	窄短或驼背
脚	结实稍短，两脚间距宽，爪短而钝	细长，两脚间距窄，爪长而锐
羽毛	产蛋后期干污，残缺不全	产蛋后期仍光亮整齐
肥度	适中	过肥或过瘦

表3－13 产蛋鸡与停产鸡的生理特征区别

观察部位	产蛋鸡特征	休产鸡特征
鸡冠和肉髯	颜色鲜红，硕大而有弹力	暗红无光，萎缩干皱
肛门	椭圆形，湿润松弛，颜色粉红	圆形，干燥紧缩，颜色发黄
耻骨	直而薄，有弹性，间距二至三指以上	弯而厚，弹性差，间距一指左右
腹	宽大柔软，耻骨与胸骨末端间距三至四指以上	小而硬，耻骨与胸骨的间距二至三指
色素消褪	肛门、眼圈、耳叶、喙、脚均呈白色	肛门、眼圈、耳叶、喙、脚恢复黄色
换羽	尚未换羽	已经换羽
性情	活泼温顺，觅食力强，接受交配	呆板胆小，觅食力差，拒绝交配

（四）加强日常管理

1．“八定时”管理

定时开灯、关灯，严格执行光照计划；定时喂料供水；定时调整鸡舍环境条件，尽量减少应激；定时拣蛋，每天至少进行两次拣蛋，第一次上午11：00左右，第二次下午4：30左右。每次拣蛋时要轻拿轻放，破蛋、脏蛋要单独放，并及时做好记录。正常情况下，鸡蛋的破损率应在2%～3%范围内；定时清粪消毒；定时免疫接种；定时做生产记录；定期抽查母鸡体重，随时掌握生产情况，找出存在的问题，提高饲养管理水平。

2．“八观察”管理

细心观察鸡群是蛋鸡生产中不可忽视的重要环节。一般在早饲、晚饲及夜间都应注意观察，主要观察以下内容：①精神状态：观察鸡群是否有活力，动作是否敏捷，鸣叫是否正常等；②采食情况：采食量是否正常，饲料的质量是否符合要求，喂料是否均匀，料槽是否充足，有无剩料等；③饮水情况：饮水是否新鲜、充足，饮水量是否正常，水槽是否卫生，有无漏水、溢水、冻结等现象；④鸡舍环境：鸡舍温度是否适宜，有无防暑、保温等措施；⑤鸡粪情况：主要观察鸡粪颜色、形状及稀稠情况；⑥产蛋情况：注意每天产蛋率和破蛋率的变化是否符合产蛋规律，有无软壳蛋、畸形蛋，比例占多少；⑦及时发现低产鸡并及时淘汰；⑧观察有无啄癖鸡只，如发现有啄癖鸡，立即采取相应措施。

(五) 做好“六预防”工作

1. 预防鸡群应激产生

鸡群应激是导致鸡群发病的诱因。产生应激的因素很多，如噪声、饲养管理程序的变化、动物惊扰、抓捕、换料、环境条件突然变化等。要避免鸡舍内外突如其来的噪声，饲养人员及工作服颜色尽可能稳定不变，上料给水顺序要固定，杜绝老鼠、猫、狗等小动物和野鸟进入鸡舍。尽量减少各种应激因素。

2. 预防鸡群发病

养鸡生产的最大原则是“防重于治”。预防鸡病主要措施是消毒、投药、免疫接种、鸡群净化及搞好环境卫生等。

3. 预防破蛋和脏蛋的产生

蛋的破损和脏蛋的产生是影响经济效益的重要因素之一，因此要防患于未然。

①破损蛋产生的原因：某些鸡种的蛋壳质量差，如白壳蛋鸡所产的蛋蛋壳薄，易破损；饲料营养不足或钙磷比例不当，均会造成蛋壳质量变劣；高温、疾病等原因使鸡的采食量降低，钙质摄入量也减少，蛋壳质量降低；笼具设备结构不良，特别是鸡笼底的坡度过大等；饲养人员操作不当，拣蛋不及时；运输过程机械性碰撞。

减少破蛋的有效措施有：选养优良鸡种；饲喂全价日粮，保证钙质供应和钙磷平衡；严格，减少疾病。加强管理，避免应激；及时拣蛋，防止啄蛋；改进饲养设备，减少窝外蛋。

②脏蛋产生的原因：某些鸡的生殖疾病、消化道疾病和笼底部分裂蛋落入粪池等。减少脏蛋的措施：预防鸡病，定期检查笼具破损情况，及时补修。

4. 预防啄癖发生

啄癖在大群养鸡生产中较为常见，啄癖主要表现为啄羽、啄肛、啄趾和啄蛋。一般啄癖从少数鸡开始，如不及时采取措施，就会迅速扩大到全群。白壳蛋鸡啄癖的发生率相对较高。

（1）发生啄癖的主要原因有　鸡舍的光照强度过大，往往是窗户的面积相对较大的原因；日粮中缺乏某些营养素（如维生素和矿物质不足、粗纤维不足等）或营养素比例不平衡或日粮中使用玉米过多等；饲养密度过大或槽位不足停喂时间过长等；舍内温度过高湿度偏大；个别鸡的脱肛、受伤出血也是重要诱因。

在诊断啄癖的原因时，使用排他法来缩小范围。首先查看舍内温度湿度是否适宜，当排除温湿度因素时；计算窗户面积是否过大，用照度计测量舍内照度是否适宜，当排除光照因素之后，再查看并计算饲养密度和槽位是否适宜。最后检测日粮中是否缺乏某种营养成分。

（2）防止啄癖发生的措施　①选养优良鸡种，最好是喙短而钝，无啄癖嗜好的鸡种。②饲喂全价日粮，满足维生素和矿物质及粗纤维的营养需要；③保持适宜的光照强度（10lx），若窗户面积过大，可减少舍内窗户的采光面积来调整，若通过窗户而进入舍内的光照强度过大，可通过报纸、饲料袋遮光来减少光照强度；④保持适宜的饲养密度和充足的槽位，及时饲喂；⑤及时捉出脱肛、受伤出血的鸡单笼饲养，淘汰啄癖严重的鸡只；⑥大群啄癖较严重时，应根据啄癖类型有针对性的采取措施，如：啄羽严重时，可在饲料中添加1%～2%的石膏粉或在日粮中提高蛋氨酸的水平；脱肛、啄肛严重时，可在饮水中添加1%～2%的食盐，用1～2d；啄趾严重时，可在日粮中增加玉米蛋白粉的用量等。

5. 防止产蛋突然下降

鸡群产蛋突然下降的原因很多，综合起来可归纳为以下因素：

（1）饲料营养的原因　①日粮中缺乏某些营养素；②营养素配比不平衡；③更换饲料方法不当；④饲料霉败变质。

（2）环境不良的原因　①突如其来的过强噪声；②光照程序或光照强度的变化；③通风严重不足；④连续几天高温高湿；⑤自然恶劣天气的袭击，如热浪、台风或寒流的袭击。

（3）管理不善的原因　①饲养人员不负责任，连续几天喂料不足；②长时间断水或供水不足；③工作程序发生巨大变动，如上料顺序、上料时间、上料方法同时发生变化；④产蛋期采用注射法接种疫苗、临时封闭门窗等引起应激反应。

（4）疾病的原因　急慢性传染病会使鸡群的产蛋量突然下降。如鸡群受新城疫侵袭，常使产蛋量下降50%以上；禽流感可使鸡群产蛋率从70%～90%急剧下降到20%～30%，甚至几乎接近绝产；感染产蛋下降综合征能使产蛋率下降20%～40%。

6. 预防饲料浪费

饲料成本占鸡蛋总成本的70%左右，减少饲料浪费是提高饲养效益的主要措施之一。据统计，养鸡场饲料浪费量占全年消耗量的3%～8%，有时可达10%以上。为了减少浪费，应采取以下饲养管理措施：

（1）合理选用饲喂设备　选用坡度适中、高度适合的料槽能减少饲料的浪费。

（2）喂料量　一次加料过多，是饲料浪费的主要原因。料槽的加料量应不多于1/3，料桶应不超过1/2。

（3）饲料质量　选用性价比好的饲料并在饲料中添加酶制剂、枯草芽孢杆菌及使用微生物发酵饲料可提高饲料利用率。

（4）断喙　断喙不仅可以避免啄癖发生，而且能有效地防止浪费饲料。据调查，断喙的鸡比未断喙的鸡饲料浪费减少约3%。

（5）灭鼠及防止其他野鸟的危害　据统计，一只老鼠每年可吃掉9～11kg饲料。必须定期捕杀老鼠。同时，鸡舍窗户安装防雀网，减少舍外麻雀等野鸟进入食用饲料。

（6）注意饲料发霉　饲料保存应避光防潮，防止因吸潮而发霉变质，防止维生素失效，最好不要一次购入大量饲料。

（7）有饲料收集设施　在蛋鸡料槽下设置饲料承接网或带，回收撒落的饲料。

（8）注意环境温度　冬季室温低时鸡耗料增多，所以应加强防寒保暖工作。冬季供给温水，也能降低饲料消耗。

一、现代商品蛋鸡的生产性能

现代商品蛋鸡的生产性能见表 3 - 14。

表 3 - 14 现代商品蛋鸡生产性能

周龄	成活率/%	存栏鸡产蛋率/%	入舍鸡产蛋数/枚	指标体重/g	平均蛋重/g	总蛋量		饲料消耗			
						只/(日·g)	累计/kg	只/(日·g)	累计/kg	周料蛋比	累计料蛋比
19	100	0.0	0.0	1600	0.0	–	–	83	0.57	–	–
20	99.9	7.0	0.5	1690	46.5	0.9	0.006	86	1.15	–	–
21	99.8	20.0	1.9	1780	49.0	5.2	0.043	89	1.76	16.65	41.17
22	99.7	40.0	4.7	1860	51.0	12.4	0.129	92	2.39	7.27	18.50
23	99.6	70.0	9.6	1920	52.5	23.1	0.290	96	3.05	4.07	10.50
24	99.5	85.0	15.5	1980	54.0	34.4	0.530	99	3.73	2.85	7.04
25	99.4	90.0	21.8	2000	55.5	45.0	0.843	102	4.43	2.25	5.26
26	99.3	92.0	28.2	2025	56.5	49.8	1.190	104	5.15	2.07	4.33
27	99.3	92.5	34.6	2035	57.5	52.1	1.552	106	5.88	2.02	3.79
28	99.2	93.0	41.1	2045	58.5	53.3	1.922	107	6.62	1.99	3.44
29	99.1	93.0	47.5	2055	59.2	54.2	2.299	108	7.36	1.98	3.20
30	99.0	93.0	54.0	2063	60.0	55.1	2.681	108	8.11	1.96	3.03
31	98.9	92.6	60.4	2070	60.6	55.6	3.066	108	8.86	1.94	2.89
32	98.9	92.2	66.8	2075	61.1	56.0	3.454	109	9.62	1.94	2.78
33	98.8	91.8	73.1	2080	61.6	56.3	3.843	109	10.37	1.94	2.70
34	98.7	91.4	79.4	2085	62.0	56.5	4.234	109	11.12	1.93	2.63
35	98.6	91.0	85.7	2087	62.3	56.7	4.626	109	11.88	1.93	2.57
36	98.5	90.5	92.0	2089	62.7	56.8	5.018	109	12.63	1.93	2.52
37	98.4	90.1	98.2	2091	63.0	57.0	5.411	110	13.39	1.92	2.47
38	98.4	89.7	104.4	2093	63.3	57.1	5.805	110	14.14	1.92	2.44
39	98.3	89.3	110.5	2094	63.5	57.2	6.198	110	14.90	1.92	2.40
40	98.2	88.9	116.6	2096	63.8	57.2	6.591	110	15.65	1.92	2.37
41	98.1	88.5	122.7	2098	64.0	57.1	6.984	110	16.41	1.92	2.35
42	98.0	88.1	128.8	2100	64.1	57.0	7.376	110	17.16	1.93	2.33
43	98.0	87.7	134.8	2100	64.3	56.8	7.765	110	17.92	1.94	2.31
44	97.9	87.3	140.8	2100	64.4	56.6	8.154	110	18.67	1.94	2.29

续表

周龄	成活率/%	存栏鸡产蛋率/%	入舍鸡产蛋数/枚	指标体重/g	平均蛋重/g	总蛋量		饲料消耗			
						只/(日·g)	累计/kg	只/(日·g)	累计/kg	周料蛋比	累计料蛋比
45	97.8	86.9	146.7	2100	64.5	56.4	8.540	110	19.43	1.95	2.28
46	97.7	86.4	152.6	2100	64.6	56.2	8.925	110	20.18	1.95	2.26
47	97.6	86.0	158.5	2100	64.7	56.0	9.308	110	20.94	1.96	2.25
48	97.5	85.6	164.4	2100	64.8	55.9	9.690	110	21.69	1.97	2.24
49	97.5	85.2	170.2	2100	64.9	55.7	10.070	110	22.45	1.98	2.23
50	97.4	84.8	176.0	2100	65.0	55.4	10.448	110	23.20	1.98	2.22
51	97.3	84.4	181.7	2100	65.1	55.2	10.825	110	23.95	1.99	2.21
52	97.2	84.0	187.4	2100	65.2	55.0	11.199	111	24.71	2.00	2.21
53	97.1	83.6	193.1	2100	65.3	54.8	11.572	111	25.46	2.01	2.20
54	97.0	83.2	198.8	2100	65.4	54.5	11.943	111	26.21	2.02	2.19
55	97.0	82.8	204.4	2100	65.5	54.3	12.312	111	26.96	2.03	2.19
56	96.9	82.3	210.0	2100	65.6	54.1	12.679	111	27.71	2.04	2.19
57	96.8	81.9	215.5	2100	65.7	53.9	13.045	111	28.47	2.05	2.18
58	96.7	81.5	221.1	2100	65.8	53.6	13.408	111	29.22	2.07	2.18
59	96.7	81.1	226.6	2100	65.9	53.4	13.770	111	29.97	2.07	2.18
60	96.6	80.7	232.0	2100	66.0	53.2	14.130	111	30.72	2.08	2.17
61	96.6	80.3	237.4	2100	66.0	52.9	14.487	111	31.46	2.10	2.17
62	96.5	79.9	242.8	2100	66.1	52.6	14.882	111	32.21	2.11	2.17
63	96.4	79.5	248.2	2100	66.1	52.4	15.196	111	32.96	2.12	2.17
64	96.3	79.1	253.5	2100	66.2	52.1	15.547	111	33.71	2.13	2.17
65	96.2	78.7	258.8	2100	66.2	51.8	15.896	111	34.46	2.15	2.17
66	96.1	78.2	264.1	2100	66.3	51.6	16.243	111	35.21	2.16	2.17
67	96.1	77.8	269.3	2100	66.3	51.2	16.587	112	35.96	2.18	2.17
68	96.0	77.4	274.5	2100	66.4	51.0	16.930	112	36.71	2.19	2.17
69	95.9	77.0	279.7	2100	66.4	50.7	17.271	112	37.46	2.20	2.17
70	95.8	76.6	284.8	2100	66.5	50.5	17.609	112	38.21	2.22	2.17
71	95.7	76.2	289.9	2100	66.5	50.1	17.945	112	38.96	2.23	2.17
72	95.7	75.8	295.0	2100	66.6	49.9	18.279	112	39.71	2.25	2.17

二、10 万只海兰褐商品蛋鸡场养殖成本核算

（一）投入成本

1. 饲料费用分析

在生产成本总投入费用中，有 60% ~70% 的支出是饲料费。其中，玉米和豆粕是鸡饲料中能量和蛋白质营养的主要构成原料，分别占全价料（蛋鸡料）的 60% ~65% 和 20% ~25%。因此，玉米价格和豆粕价格的变化将直接影响饲料成本的变化，进而影响鸡蛋价格的波动。而国家农业政策的改变、农业收成情况，饲料行业状况等因素的变化又将直接影响到饲料价格的变动趋势。因此，饲料成本是影响鸡蛋价格的主要成本。

饲料成本 = 饲料消耗量 × 饲料价格。

（1）饲料消耗量

① 生长期（0 ~17 周龄）：平均每只鸡生长期消耗饲料总量约 6kg。

② 产蛋期（18 ~72 周龄）：平均每只鸡消耗饲料总量约 42kg。

（2）饲料费用　通过调查，2012 年黑龙江省上半年饲料价格生长期的一般在 2.5 元/kg 左右，由此推算生长期每只鸡大约所用饲料费用：6kg ×2.5 元/kg = 15 元。

产蛋期的饲料价格为 2.6 元/kg 左右，由此推算产蛋期每只鸡大约所用饲料费用：42kg ×2.6 元/kg = 109.2 元。

综上所述，每只鸡大约消耗饲料费用 = 15 + 109.2 = 124.2 元，则 10 万只鸡所需饲料费用约为 1242 万元。

2. 鸡雏费用分析

鸡雏费用占生产成本总投入的 15% ~20%。例如，褐壳蛋鸡雏，按 2.3 元/只购入，95% 的鉴别率，92% 的育成率，折合每只雏鸡 2.63 元；在品种繁多的优良鸡种中，每个品种在生产性能上，都有各自的特点。能够选择到适应自身饲养条件的鸡种，在不增加任何投资的条件下，就可增加经济收入。10 万只鸡购雏款约需 26.3 万元。

3. 防疫费用分析

生长期（0 ~17 周龄或 4 个月），在没有大的疫情发生的情况下，生长期每只鸡的防疫费用为 2 元左右。产蛋期（18 ~72 周龄或 12.5 个月），在没有大的疫情的情况下，产蛋期每只鸡的防疫费用一般为 1 元左右。因此，一只鸡一个养殖周期防疫费用合计约 3 元/只。10 万只商品蛋鸡场则防疫费用约为 30 万元。

4. 水暖、电及人工费分析

水暖电费通常按 0.5 元/只进行计算。10 万只商品蛋鸡场则水电费用约为 5 万元。

10万只鸡场需要的饲养员数要根据机械化程度而定，按自动饮水、机械清粪，手工上料、人工集蛋的条件设置，每人能饲养1万只鸡，需饲养员10名，技术员2名，管理人员2名，共计14名人员，如果平均每人每月工资为3000元，则一个生产周期（1.5年）所需人工总费用约为14人×3000元/(月·人)×18个月=75.6万。

5. 总成本合计

蛋鸡养殖总成本=饲料+鸡苗+防疫费+水电费=1242+26.3+30+5+75.6=1378.9万元。

（二）产出收益

1. 鸡蛋收入（蛋价×产蛋量）

平均每只鸡在一个产蛋周期内产蛋18.3kg，2012年上半年鸡蛋价格7.5元/kg，鸡蛋收入=7.5元/kg×18.3kg=137.25元，10万只商品蛋鸡（忽略死淘率）鸡蛋总收入为1372.5万元。

2. 淘汰鸡收入

蛋鸡在经历一个产蛋周期后，2012年上半年的淘汰鸡均价约为11元/kg，淘汰鸡毛鸡均重2kg，淘汰鸡收入约为22元，10万只淘汰毛鸡约收入220万元。

3. 鸡粪收入

每只鸡一个生产周期鸡粪收入约为2元，10万只鸡约收入20万元。

综上所述，10万只商品蛋鸡场经济收入（毛利润）=鸡蛋收入+淘汰鸡收入+鸡粪收入=1372.5+220+20=1612.5万元。

（三）养殖利润

养殖利润=产出收益-总成本=1612.5-1378.9=233.6万元。

单元四 | 蛋种鸡的饲养管理

饲养蛋用种母鸡和饲养商品蛋鸡的要求基本一致，饲养方法也基本相似。不同的是，饲养商品蛋鸡只是为了得到商品食用蛋，而饲养种鸡则是为了得到高质量的能孵化后代的种蛋，所以饲养种鸡要求更高。在某些饲养管理环节上也有所不同。

一、饲养技术

（一）营养需要

1. 种母鸡的营养需要

种母鸡的营养需要比商品蛋鸡略高一些。要求一枚种蛋内所含的营养必须满足一个胚胎发育全过程的需要。所以，种鸡日粮中各种营养必须全价。要求种母鸡日粮中的核黄素、吡哆醇和叶酸需要量要比商品蛋鸡高50%，泛酸的需要量是商品蛋鸡的5倍。提高日粮中的维生素水平，能增加种蛋中维生素的含量，满足胚胎发育的需要。高水平的核黄素、泛酸和维生素B_{12}对提高孵化率、雏鸡成活率有明显的效果。同时，要求种母鸡的微量元素需要量也要比商品蛋鸡高一些。

2. 种公鸡的营养需要

种公鸡的营养水平要比母鸡低。代谢能为10.80～12.13MJ/kg、粗蛋白质12%～14%的日粮最为适宜，氨基酸必须平衡，最好不要使用动物性蛋白质饲料。

同时，使用高品质及足量添加维生素对提高种公鸡精液品质非常重要。建议繁殖期种公鸡的部分维生素含量为：每千克日粮中含维生素A 10000～20000IU，维生素D 3220～3850IU，维生素E 22～60mg。具体运用时，可参照各育种公司提供的标准。

（二）限制性饲养

限制性饲养简称限饲。限饲鸡群达40周龄以后，鸡体重不再增长，蛋重接近年平均蛋重，鸡群已不能维持高产，产蛋开始缓慢下降。从这时起，要根据所饲养鸡种，决定是否进行轻度限饲，主要采取限量法，具体操作与商品蛋鸡基本相同。

二、管理要点

（一）控制好舍内环境条件

1. 饲养方式

目前我国以种鸡笼养为主，多采用二阶梯式笼养，母鸡饲养在产蛋笼中，公鸡实行单笼个体饲养，少数地区采用地面平养或网上平养。

2. 温度要求

育雏、育成期的温度标准与商品蛋鸡的相同，只有成年公鸡对温度要求略高一些，要求舍内温度为20～25℃环境条件，此温度可产生理想的精液品质。

3. 光照要求

种母鸡的光照时间要求在每日16～17h，种公鸡的光照时间要求在12～14h，公鸡可产生优质精液，少于9h光照，则精液品质明显下降。种用公母鸡光照强度均为10lx。

4. 饲养密度

种公鸡比种母鸡应当有较大的生活空间及喂饲设备，饲养密度一般为3～5只/m^2，饲槽长度20cm/只。人工受精的种公鸡须单笼饲养。国内目前生产的多数公鸡笼，规格均为187.2cm×40cm×50cm，每条笼分为8格，每格1只公鸡，饲养轻型公鸡效果很好。

（二）公母分群饲养

自然交配的鸡群，在0～6周龄期间公母分群饲养，6周龄后经选择，挑选发育良好、体重达标的公鸡和母鸡混合饲养。褐壳蛋父母代种公鸡一般为红羽毛，容易受到白母鸡的攻击，混群周龄应提前到4周龄或有一个过渡期。蛋种鸡笼养时，主要采用人工受精的方式，其公母鸡始终分开饲养。

（三）公母比例要适宜

在大群自由交配的情况下，公母比例应为：轻型蛋种鸡1∶12～15，中型蛋种鸡1∶10～12。种母鸡笼养时一般两层笼养，以便进行人工受精，公母鸡分笼饲养，留养比例为1∶20～30，实际使用比例为1∶35～40。

（四）种公鸡要剪冠和断趾

1. 剪冠

种公鸡剪冠应在初生雏公母鉴别后进行。给种公鸡剪冠主要是避免父本与母本混群，也防止啄斗、啄伤。其次采用笼养方式时，常因冠大被笼丝磨刮受损伤。剪冠时使用弯头手术剪沿头皮将雏鸡的冠齿剪除，公鸡成年后长成无冠齿的秃冠，体积变小。

2. 断趾

公鸡在配种时两脚第一、二趾的爪易刺伤母鸡背部，公鸡日龄越大，爪甲越长，危害也越大，母鸡一经刺痛即不愿接受交配。一般自然交配的公鸡于孵出时或2～3日龄时，用断趾器将脚上第一、二趾的两爪靠趾甲根部的关节切去并灼烙以防流血。

（五）种蛋的收集与消毒

一般在25～27周龄开始留作种蛋，平均蛋重应在50g以上。种蛋收集阶段一般在28～56周龄期间，此阶段种蛋的合格率、受精率、孵化率及健雏率最高。种蛋要求定时收集，每天至少集蛋6次。最好每2h拣蛋一次。拣蛋后对种蛋进行消毒处理后再交给种蛋库。一般鸡场主要采用熏蒸消毒法，即每

2.83m^3 的空间使用37%的福尔马林溶液120mL和60g高锰酸钾熏蒸20min。也可用专用消毒水喷洒所有种蛋。消毒水的配制方法为：50%的双氧水20mL加上20%的醋酸2.5mL再加上12.2%的季铵盐1.6mL，混合后加上洁净的清水调制成1000mL的消毒水。

（六）检疫与疾病净化

种鸡群要对一些可以通过种蛋垂直感染的疾病进行检疫和净化工作。如鸡白痢、大肠杆菌、白血病、支原体、脑脊髓炎等，都可以通过种蛋把病传递给后代。通过检疫淘汰阳性个体，留阴性的鸡作种用。

三、种鸡强制换羽技术

换羽是禽类的一种自然生理现象。自然换羽历时3~4个月，而且换羽后产蛋恢复缓慢。一般来说，鸡群中的低产鸡换羽早、停产早。高产蛋鸡换羽晚，而且边换羽边产蛋，无明显停产期。所谓人工强制换羽就是施行停水、停料、停光等人为的强制性方法，给鸡以突然应激，造成鸡新陈代谢紊乱，营养供给不足，促使鸡迅速换羽并迅速恢复产蛋的措施。人工强制换羽从开始到恢复产蛋一般只需30~40d。目前，祖代蛋用种鸡实行强制换羽较多，父母蛋用种鸡只有鸡苗缺乏时或市场行情上扬时作为补救措施。

1. 人工强制换羽的方法

（1）化学法　在饲料中添加氧化锌或硫酸锌，使锌的用量占饲料的2%~2.5%。400日龄以上的鸡群连续供鸡自由采食7d，第8天开始喂正常产蛋鸡饲料，第10天即能全部停产，3周以后即开始重新产蛋。对于160~280日龄的开产时间不长的鸡群，喂给高锌饲料5d即可，第6天为正常育成期饲料，见蛋后逐渐换成高峰饲料。饲喂高锌日粮强制换羽，鸡群一般在采取措施后5~7d停产，1个月左右恢复产蛋，第5周产蛋率又可恢复到50%。换羽结束后鸡的体重减轻25%以上，基本无死亡或死亡率很低。

（2）饥饿法　400日龄以上的鸡群，停料时间以鸡体重下降25%~30%为宜，一般经过9~16d。对于160~280日龄的开产时间不长的鸡群，停料时间适当缩短。以连续绝食法（快速换羽）应用较多，能使鸡群迅速停产，体重减轻快，脱羽快而安全，恢复产蛋快，产蛋性能较高，但应激性强，死亡率偏高。具体程序见表3-15。

表3-15　蛋鸡连续绝食强制换羽程序

时间（第×天）	主要措施		
	饲料	饮水	光照
1~2	绝食	停水	停光
3	绝食	停水或供水	8h

续表

时间（第×天）	主要措施		
	饲料	饮水	光照
4～12	绝食	供水	8h
13	喂给育成鸡料30g/（只·d）	供水	8h
14～19	隔2d增加20g育成鸡料，19d时达到90g/（只·d）	供水	8h
20～26	自由采食育成鸡料	供水	8h
27～42	自由采食蛋鸡料	供水	每天增加0.5h
43d以上	自由采食蛋鸡料	供水	16h

注：高温季节停水要慎重，绝食时间为大致范围，以达到确定的失重率为准。

2. 强制换羽的主要技术指标

（1）绝食天数　取决于体重减轻程度，蛋鸡一般为8～12d。

（2）停产时间　尽早停产可使鸡有一个较长的体力和功能恢复过程，一般要求实施措施1周内，使鸡群产蛋率下降到1%以下。

（3）失重率　这是决定强制换羽效果的一个核心指标，要求失重率达到27%～32%，低于25%效果不佳。超过32%则死亡率增大。

（4）死亡率　从强制换羽开始到产蛋率重新上升到50%，这一期间死亡率一般为3%～4%，最高不超过5%。绝食期间死亡率在3%以内是强制换羽成功的标准之一。

（5）重新开产的时间　当恢复供料后应18d左右鸡群见第一枚蛋，40～45d产蛋率达到50%。

3. 强制换羽期间的饲养管理

（1）强制换羽期间的饲养　体重下降25%～30%时开始喂料。喂料必须遵照循序渐进的原则，先喂育成料，逐渐增加喂料量至90g后自由采食。至产蛋率达1%～5%时改为自由采食产蛋鸡料。饲料中额外添加多种维生素，提高鸡群体质。

（2）强制换羽期间的管理

①严格挑选：强制换羽，首先把病、残、弱及低产鸡淘汰，而有病看不出来的鸡，往往耐受不住换羽的应激，也会死掉。因此，一些育种公司往往把种鸡的强制换羽，作为鸡群的白血病、白痢、霉形体等病净化的措施。

②选择换羽时间：要兼顾经济因素、鸡群状况和气候条件。炎热和严寒季节强制换羽，会影响换羽效果。一般选在春季、秋季鸡开始自然换羽时进行强制换羽，效果最好。强制换羽开始初期，鸡不会立即停产，往往有软壳或破壳蛋，应在食槽添加贝壳粉，每周每100只鸡添加2kg；平养的鸡饥饿要防止啄食垫草、沙土、羽毛等物；要有足够的采食面，保证所有的鸡能同时吃到

饲料。

③定期称重：固定称“准备期”测体重的鸡只，经常了解失重率，决定实施期的结束时间。一般在强制换羽开始后，1 周称一次体重，以后可每两天称重一次，在预定的实施期结束前几天，最好每天称重一次，以确定最佳的实施期结束日期。

④密切观察鸡群：换羽期注意鸡群的死亡，一般来讲，第 1 周死亡率不能超过 1%，前 10d 不能超过 1.5%，前 5 周不能超过 2.5%，8 周死亡率不能超过 3%。必要时调整方案，甚至中止方案。

⑤不能连续换羽和给公鸡换羽：在强制换羽前挑出已换或正在换羽的鸡，单独饲养，避免造成死亡。换羽不适合公鸡，因为公鸡的换羽会影响精液品质，建议更换年轻种公鸡，提高受精率。

⑥提前做好免疫和驱虫：换羽前 1 个月，应对鸡群加强一次新城疫、传染性支气管炎和禽流感免疫，集中投 1 ~ 2 个疗程驱虫药，全部做好后再停料换羽。

⑦合理光照：开始实施强制换羽时，必须同时减少光照时间，把光照时间控制在 8h/d。恢复期光照时间也应采用逐渐增加的方法。一般是在强制换羽第 30 天后，每周光照增加 1 ~ 2h 直至每天 16h 后恒定。密闭鸡舍可每周增加 2h，直至每天 16h 后恒定。

情境四 肉鸡生产

【知识目标】 熟悉肉鸡、优质肉鸡、肉种鸡不同生长阶段的生产性能；掌握肉鸡、优质肉鸡、肉种鸡生产过程中的各个生产环节和技术要点；充分理解科学的卫生防疫制度是养禽场获得最大经济效益的重要保证。

【技能目标】 根据养殖场条件，能设计相应的养殖密度、养殖设备及生产设施；根据不同阶段生产性能，能科学地控制温度、湿度、光照与通风；通过观察掌握鸡群的健康状况、生长情况，以便及时用药或补饲。

【案例导入】 齐齐哈尔市昂昂西区某养殖户，网上双层养殖，养殖条件一般。2011 年 5 月中旬，进了 2000 只爱拔益加（AA）肉用仔鸡鸡雏，成活率高达 97.58%，56d 出栏，平均体重 3.25kg，毛鸡每千克 2.63 元，净利润 2 万元，获得了非常好的经济效益。

【课前思考题】

1. 养鸡一定会赚钱吗？

2. 养殖效益水平的高低是一个综合性的因素，你认为哪些因素会影响养殖场的生产水平？

3. 良好的经济效益与市场经济的大环境密切相关，市场的不可调控性决定着经济效益的高低，如果你将来准备自主创业，做肉用仔鸡、优质肉鸡、肉种鸡饲养，你会考虑哪些方面的因素？

单元一 | 肉用仔鸡的饲养管理

一、肉用仔鸡的生产特点

1. 生长速度快，饲料转化率高

肉用仔鸡出壳重只有40g左右，在正常饲养管理条件下，饲养6周龄时体重平均可达2500g以上，约为出生重的62倍。肉仔鸡6周龄，体重达到2.5kg时料重比为1.72～1.8:1。其快速生长的特点明显高于肉牛、肉猪，已成为畜牧业中饲料报酬最高的一个畜禽品种。

2. 生长周期短、周转快

肉用仔鸡6周即可出售，第一批肉鸡出栏后鸡舍经清扫、冲刷、消毒等，空闲2周时间左右，即可饲养下一批肉用仔鸡，一年可养6批鸡，设备和房舍利用率较高，投入资金周转快，是畜牧生产中的“短、平、快”项目。

3. 饲养密度大，劳动效率高

肉用仔鸡性情安静，体质强健，适于大群高密度饲养。在机动化自动化程度较高的养禽场，每个劳动力一个饲养周期内可饲养2万～4万只，年平均可达20万只，大大提高了劳动效率。

4. 屠宰率高，肉质细嫩

肉用仔鸡由于生长周期短，肉质较嫩，易于加工和烹制。鸡肉中含有较高的蛋白质，脂肪含量适中，是人们比较喜欢的肉食品之一。

5. 肉用仔鸡腿部疾病较多，胸囊肿发病率较高

肉用仔鸡早期肌肉生长较快，而骨骼组织发育相对较慢，加之体重大，活动量少，易出现腿部和胸部疾病。影响肉用仔鸡的商品等级。在生产过程中，应加强预防这类疾病的发生。

二、肉用仔鸡生产前的准备

（一）饲养方式选择

1. 厚垫料地面平养

这是国内外普遍采用的一种饲养方式，雏鸡从入舍到出栏一直生活在厚垫料上面。垫料具有吸水性强、清洁不霉变的特点。常用垫料有刨花、锯末、稻草、麦秸、玉米芯或稻壳。刨花、锯末要求是非松木的，稻草和麦秸应铡成3～5cm长，垫料厚度为30cm左右，并按垫料的脏污和潮湿程度逐层减去垫料至出栏时达5cm左右。

优点：简便易行，投资少，可以就地取材，雏鸡可以自由活动，雏鸡体质健壮，胸囊肿发生率低，适合肉用仔鸡生长发育特点；缺点：饲养密度小，鸡和粪便直接接触，容易感染疾病，特别是球虫病。同时需要大量垫料，饲养人员劳动强度大。

2. 网上平养

北方肉鸡生产常用的一种饲养方式，将鸡群饲养在舍内高出地面50～80cm高度的网上，网面质地有金属、塑料、木条或竹竿，一般制成长2cm、宽1cm的框架结构，用坚固的支架撑起并能承受饲养人员在上面操作。网面

要铺平，防止饲槽或饮水器倾斜而导致饲料浪费或舍内湿度过大。

优点：鸡粪通过网孔落到地面上，鸡与粪便接触的机会减少，有利于防止雏鸡白痢和球虫病；鸡生活在网上，较厚垫料地面平养温度均衡且略高1～2℃；节省垫料，不需要更换垫料；减少肉用仔鸡活动量，降低维持消耗可节省饲料；缺点：较厚垫料地面平养投资多，对饲养管理要求高，要注意通风，防止维生素及微量元素等营养物质的缺乏。

3. 笼养

在大型现代化肉用仔鸡场已开始使用，具有舍高、笼高、机械给水，给料和笼间电动传粪的特点。一般情况下使用3～4层的叠层式笼。优点是具有增加饲养密度、减少球虫病发生率、提高劳动生产率、便于公母分群饲养，节省饲料等优点。缺点是投资高，生产运行费用多，对热源要求严格，对舍内通风换气条件要求高。

4. 笼养与散养相结合

前3周采用笼养，3周龄后改为地面平养。这种方式不易发生胸囊肿，有利于雏鸡安全渡过疾病高发期，饲养效果较好。缺点是需要转群，增加工作量，对生长速度有一定影响。

（二）肉用仔鸡舍的准备

肉用仔鸡生长速度快，对环境适应能力弱，轻微的疏忽，即可能造成严重的后果。所以，养禽场要为鸡雏提供清洁卫生的环境，最大限度的发挥其快速生长的优势，严格控制死亡率。

肉用仔鸡舍的准备与蛋用雏鸡舍的准备基本相同，只是肉用仔鸡的饲养方式和饲养密度不同，因此准备饲养设备和鸡舍面积时有所不同。

（三）设备和用具准备

保温设备的正常运转是育雏成功的关键，出生雏鸡体温调节能力差，对环境温度的变化非常敏感，因此，有条件情况下将热风炉等现代化的供温设备作为首选。同时要查看通风设备、照明设备、清粪设备、采食饮水设备是否正常，清扫用具、消毒用具等是否准备就绪。

（四）饲料和药品准备

根据肉料比计算好一批鸡的全程耗料量，最好是一次性完成采购。肉用仔鸡的饲料多用颗粒料，少数用粉料。颗粒料有3个型号。这3个型号的饲料用量大约比例为1号料∶2号料∶3号料＝1∶3∶7。使用的时间分别是1～15d喂饲1号料，16～30d喂饲2号料，31d～出栏喂饲3号料。

进鸡雏之前还应备好常用药物及保健性药品，保健性药品主要是预防用药（含消毒用药）和营养添加剂，主要用于可预见的疾病发生前使用和可能出现应激反映前预防；同时要备好鸡发病时用于快速治疗的药物，但要防止药物残留，确保禽产品质量安全。

三、肉用仔鸡的饲养原则

（一）饮水技术

雏鸡进入调试好温度的育雏室后，应让其休息半小时左右，熟悉周围的环境，等到一部分雏鸡开始自由活动时即可饮水。但若长途运输，到舍后应立即饮水。

雏鸡出壳后24h内就给予饮水，即初饮。科学的初饮有利于采食、消化及剩余卵黄的吸收和利用，又防止雏鸡脱水，维持水的平衡，促进胎粪排出和加强新陈代谢。

1. 水质要求

1~7日龄最好饮用与室温大致相同的温开水，8~10日龄饮用温开水，11日龄后改饮凉水，饲养过程中要始终保持供水充足。

2. 饮水营养液的使用

最好在饮水中添加3%~5%的葡萄糖（蔗糖也可）、适宜的抗生素、复合维生素和电解质营养液等，连用3~5d，可以增强雏鸡的体质，缓解运输途中引起的应激，保证雏鸡健康和促进生长，降低第1周的死亡率。

3. 保证饮水器充足

平养时，每1000只鸡应有15个雏鸡饮水器，位置与喂料处不宜相距太远，饮水器应放置于喂料器与热源之间。10日龄后饮水器应调整高度（一般与鸡背高度一致），以防弄湿垫料。笼养时，7日龄前使用小型真空式饮水器，每小笼1个。在4日龄左右开通乳头式饮水器，每个乳头可供10~15只鸡使用。

4. 保持饮水器和饮用水的卫生

鸡的饮用水必须清洁新鲜，饮水器每天应清洗、消毒一次，确保饮用水的洁净。采用乳头式自动供水系统，进雏前先将水压调整好，将整个供水系统清洗消毒干净，并逐个检查每个乳头，防止堵塞和漏水。饲养期应经常检查饮水设备，对于漏水、堵塞或损坏的应及时维修更换，确保使用效果。

（二）喂饲技术

1. 抓好开食工作

（1）把握好开食时间　雏鸡在饮水2h后有30%雏鸡随意活动，并用喙啄食地面有采食行为时，就应开食。

（2）选用开食料型　开食用的饲料应该使用品质优良的肉仔鸡1号料，前3d喂饲的料型应为湿拌料，若采购的是颗粒料要将其粉碎。投料前将干粉料用饮水营养液拌成湿拌料。不提倡用适口性好的小米或其他饲料。

（3）配备开食用具　开食使用的饲料设备最好是雏鸡开食盘，一般每100只用一个；也可选用塑料布，一般是将塑料布铺于垫料上，将饲料撒在塑料布上开食。由于粪便容易污染饲料而造成饲料浪费，且易诱发球虫及其他疾病，所以要少喂勤添，每次喂料应更换塑料布，用过的塑料布洗净晒干后可重复使用。

（4）检查开食效果　及时检查开食效果，做到心中有数。每次喂料后，饲养员应轻轻随机捉十多只小鸡用拇指和食指触摸一下嗉囊部，检查雏鸡开食的比例和吃料情况。开食效果的好坏，直接影响后期的增重。

2. 日常喂饲

根据雏鸡的消化特点，应坚持勤添少喂的饲养原则。要求不可一次添料过多，避免雏鸡因采食过多而引起消化不良现象。随着雏鸡日龄的增加，按饲养标准增加喂料量，并且不间断地供料，料型以颗粒状为佳。

（三）提高均匀度措施

均匀度是指鸡群生长发育的整齐度，是衡量鸡群生长状况的重要指标。均匀度的高低，直接影响着生产成绩和养殖户的经济效益。计算均匀度的方法与蛋鸡相同。肉用仔鸡群正常的均匀度要求是：公鸡75%、母鸡78%。控制肉用仔鸡均匀度措施如下：

1. 采食饮水要均衡

在保证饲料和饮水器充足的情况下，上料要均匀，给水要及时。若为平养方式，要求采取各种快速上料法，让鸡群在短时间内同时采食。

2. 饲养密度要合适

饲养密度过大，鸡只正常的活动受到限制，导致采食和饮水不均现象，也会导致肉仔鸡发育不整齐、体重大小不均。但密度过小，饲养成本高。

3. 弱雏小群扶壮

将弱雏设小群单独管理。弱雏扶壮的方法是延长弱雏群使用饮水营养液的时间，采取湿拌料的方式给料，将其放在热源较近、空气较好的地方饲养管理。

四、肉用仔鸡的日常管理

肉用仔鸡生长速度快，对环境要求高，要想获得较高的生产水平，就需要为不同阶段的肉用仔鸡生长提供适宜的环境条件，减少应激性疾病的发生。

（一）温度

保持适宜温度是养好肉用仔鸡的关键。所需的环境温度比蛋用雏鸡高1℃。在生产中要注意按标准供温与看鸡施温相结合，效果才会更好。

1. 肉用仔鸡适宜的环境温度

如果采用全舍供热方式，则测温位置应在距离墙壁1m与距离床面5～10cm交叉处测得；如果采用综合供热方式，则应在距保温伞或热源25cm与距床面5～10cm交叉处测得。

饲养肉用仔鸡施温标准为：1 日龄 34 ~ 36℃，以后每天降低 0.5℃，直到 5 周龄时，温度降至 18 ~ 21℃，以后维持此温度不变。当鸡群遇有应激如接种疫苗、转群时，温度可适当提高 1 ~ 2℃，夜间温度比白天高 0. 5℃；雏鸡体质弱或有疫病发生时，温度可适当提高 1 ~ 2℃。

2. 热源的选择与供热方式

热源可采用电、煤气、煤炭或其他燃料；供热方式可选择热风炉、烟道、火炉等单独供热，也可选择暖气综合供热，另加电子育雏笼或电热伞等局部供热相结合的方式。

采用全舍供暖或综合供暖平养时，育雏初期要在鸡舍的一端用塑料膜围起一个育雏空间，里面放有足够数量的雏鸡，既保温又节约能源，然后再逐渐放开。

（二）湿度

由于饲养方式不同、季节不同、鸡龄不同，舍内湿度差异较大。为了满足肉用仔鸡的生理需要，对舍内湿度的要求标准也不相同。最适宜的湿度标准为：0 ~ 7 日龄 70% ~ 75%，8 ~ 21 日龄 60% ~ 70%，以后降至 50% ~ 60%。湿度不佳对肉用仔鸡的生长发育都有不良影响。

增加舍内湿度的方法：一般在育雏前期，需要增加舍内湿度。如果是笼养或网上平养育雏，则可以在水泥地面上洒水以增加湿度；若厚垫料平养育雏，则可以向墙壁上面喷水或在火炉上放一个水盆蒸发水汽，以达到补湿的目的。增加舍内湿度的方法比较容易做到。

降低舍内湿度的办法：降低舍内湿度的办法主要有升高舍内温度，增加通风量；加强平养的垫料管理，保持垫料干燥；加强饮水器的管理，减少饮水器内的水外溢；适当限制饮水。生产中综合使用降低舍内湿度的方法会起到良好的效果。

（三）光照

光照是鸡舍内小气候的因素之一，对肉用仔鸡生产力的发挥有一定影响。光照的目的是延长雏鸡的采食时间，促进生长，但光线不能过强。合理的光照有利于肉用仔鸡增重，还可节省照明费用，便于饲养管理人员的工作。光照分自然光照和人工光照两种。

1. 光照时间

按光照的时间分为连续、间歇和混合光照几种方法。

（1）连续光照　目前饲养肉用仔鸡大多施行 24h 全天连续光照，或施行 23h 连续光照、1h 黑暗。黑暗 1h 的目的是为了防止停电，使肉用仔鸡能够适应和习惯黑暗的环境，不会因停电而造成鸡群拥挤窒息。有窗鸡舍，可以白天利用自然光照，夜间施行人工补光。

（2）间歇光照　是指光照和黑暗交替进行，即第 1 天给光 24h，第 1 周光照时间渐减变为 1h 光照、3h 黑暗或 2h 光照、2h 黑暗，交替进行至出栏。大量的实验研究表明，施行间歇光照的饲养效果好于连续光照。但要求鸡群必须备足采食和饮水槽位。

（3）混合光照　将连续光照和间歇光照混合应用，如白天依靠自然光连续光照，夜间施行间歇光照。要注意白天光照过强时需对门窗进行遮挡，避免啄癖发生。

为了防止肉用仔鸡猝死症、腹水症和腿部疾病的发生，有的鸡场也采用如下的光照程序：一般在3日龄前24h光照，4~15日龄12h光照，以后每周增加4h光照，从第五周开始给予23h光照，1h黑暗至出栏。

2. 光照强度

在整个饲养期，光照强度原则是由强到弱。一般在1~7日龄，光照强度为20~40lx，以便让雏鸡熟悉环境。以后光照强度应逐渐变弱，8~21日龄为10~15lx，22日龄以后为3~5lx。在生产中，若灯头高度2m左右，1~7日龄为4~5w/m^2；8~21日龄为2~3w/m^2；22日龄以后为1w/m^{2}左右，灯泡安装要均匀，以灯距不超过3m，灯高2m为宜。有试验表明，能达到高成活率的光照程序，见表4－1。

表4－1　肉用仔鸡获高成活率的光照程序

日龄/d	光照强度/lx	光照时数/h	非光照时数/h
1~3	30~40	23~24	0~1
4~15	5~10	12	12
16~22	5~10	16	8
22~上市	5~10	18~23	1~6

3. 光源选择

选用适宜的光源既有利于节省电费开支，又能促进肉用仔鸡生长。一盏11W节能灯的照明强度相当于40W的白炽灯，而且使用寿命比白炽灯长4~5倍。同时，红光灯比荧光灯有利于提高其增重速度。因此，最佳的灯具为红光节能灯，其次是普通的节能灯。

（四）通风换气

通风能加大鸡舍内空气流动速度，不仅舍内温度均匀而且鸡体感受到的温度比实际测得的温度要低2~3℃。换气能排除舍内污浊气体，换进外界的新鲜空气，并借此调节舍内的温度和湿度。肉用仔鸡生长快，代谢旺盛，饲养密度大，二氧化碳的呼出量是其他家畜的3倍。同时，雏鸡排出的粪便和舍内潮湿环境，会使舍内产生大量的氨气和硫化氢等有害气体，极易造成舍内空气污浊，将会影响鸡雏的健康和生长发育。其中，氨气浓度对鸡雏的影响见表4－2。

表4-2　　氨气对肉用仔鸡生产的影响

氨气/(mg/kg)	8周龄体重比/%	料肉比	胸部囊肿发生率/%	气囊炎发生率/%
0	100	2.1	3.4	0
25	98.1	2.15	14	3.5
50	94.5	2.19	11.9	4.1

通风换气要注意保持舍内的温度，尤其在北方地区的冬季，通风换气和温度是相互矛盾的，如何既保证温度不发生剧烈的变化，又能使舍内空气达标是养殖人员在饲养过程中需要认真衡量的问题。

（五）适宜的饲养密度

饲养雏鸡的数量应根据育雏舍的面积来确定，饲养的密度要适宜，否则对生产都会有影响。如果饲养密度过大，鸡的活动受限，空气污浊，舍内的氨气、二氧化碳、硫化氢等有害气体增加，相对湿度也增大，肉用仔鸡生长发育受阻，鸡群生长不齐，残次品增多，增重受到影响，发病率和死亡率偏高。若饲养密度过小，虽然肉用仔鸡的增重效果较好，但房舍利用率降低，增加鸡的维持消耗，饲养成本增加。

影响肉用仔鸡饲养密度的因素主要有品种、周龄与体重、饲养方式、房舍结构及舍外气候条件等。一般来说，房舍的结构合理，通风良好，饲养密度可适当大些，笼养密度大于网上平养，而网上平养又大于地面厚垫料平养。不同条件下，肉用仔鸡适宜的饲养密度有所不同，不同饲养方式和周龄其饲养密度可参见表4-3。

表4-3　　不同饲养方式肉用仔鸡的饲养密度参考表

饲养方式	周龄				
	1~2	3~4	5~6	7~8	9~10
笼养/(只/m^2)					
夏季	55	30	20	13	11
冬季	55	30	22	15	13
网上平养/(只/m^2)					
夏季	40	25	15	11	10
冬季	40	25	17	13	12
地面垫料平养/(只/m^2)					
夏季	30	20	14	10	8
冬季	30	20	16	13	12

（六）加强管理减少胸囊肿的发生

胸囊肿是肉仔鸡的常见病，由于肉用仔鸡早期生长快、体重大，长期卧伏在地，鸡的龙骨承受全身的压力，使胸部表面与结块或潮湿的垫草（塑料网面）接触摩擦引起，继而发生皮质硬化，形成囊状组织，其里面产生一些黏稠渗出液，呈水泡状，颜色由浅变深，造成屠体品质降低，从而影响经济效益。

预防胸囊肿的措施：保持垫料的干燥松软，有足够的厚度，对潮湿的垫料要及时更换，对板结的垫料要用耙齿抖松；网上平养方式，要注意网面和网底支架的弹性；适当赶鸡运动，特别是前期，以减少仔鸡卧伏时间，后期应减少分群的次数。

（七）加强卫生管理，建立完善的防疫制度

鸡舍在进雏前要彻底清扫和消毒，在进鸡雏后定期消毒，以保证安全生产。一般夏季每周两次，冬季每周一次；对鸡舍的周围也必须每隔一定时间消毒一次，一般每个季度消毒一次；可以定期在饮用水中添加适量的漂白精片或饮水消毒剂（如百毒杀），以杀死饮用水中的病原菌和胃肠道中的有害菌类。消毒时，避开鸡的防疫。一般在防疫前后 2d 不能进行消毒，否则影响免疫效果。

另外，要根据其种鸡的免疫状况和当地传染病的流行特点，再结合各种疫苗的使用时间，编制防疫制度表并严格执行。为了更加有效的加强卫生防疫管理，鸡场还要严格执行隔离制度，以确保鸡场不受污染，要求鸡场内除了饲养员外，其他人员不得随意进出鸡场；要谢绝外来人员参观；鸡场内饲养员之间严禁互相走动；对病死鸡要及时有效处理或深埋、焚烧。

（八）防止应激

肉用仔鸡在生产过程中，尤其是集约化、工厂化过程中会对鸡产生很多应激，例如免疫、分群、更换饲料等，最终将导致鸡的采食量下降，生长速度减慢，严重的可引起鸡只批量死亡，造成严重的经济损失。因此，在生产中要严防各种应激发生，对于有预见性的应激可在应激前后使用抗应激药物，对于突发性应激要采取相应的补救措施。

（九）密切观察鸡群

要注意观察鸡群状况，对鸡群的饮水、采食、呼吸、行走及粪便颜色的观察，可直接反应鸡群的健康情况，以便及时的发现问题并采取有效的应对措施。

1. 对精神行为状况的观察

早晨进鸡舍时应先观察鸡群的神态，注意鸡群的活动、叫声、休息是否正常，对刺激的反应是否敏捷，分布是否均匀，有无扎堆、呆立、闭目无神、羽毛蓬乱、翅膀下垂、采食及饮水不积极的雏鸡。健康的鸡群活动自如，眼睛有神，对外界刺激比较敏感，无论是采食、饮水或睡觉表现都很正常。

2. 对粪便状况的观察

早晨喂料时在垫料上铺几张报纸，就可以清楚地检查粪便状况。正常粪便为成形的青灰色，表面有少量白色尿酸盐。绿色粪便多见于新城疫、马立克病、急性霍乱等，血便多为球虫病、出血性肠炎等，感染法氏囊病时为白色水样下痢。粪便能很清楚的说明鸡群中潜在的疾病情况。

3. 对呼吸系统状况的观察

呼吸系统状况的观察应在夜间进行，观察期间关闭舍内灯光，倾听鸡群内有无异常呼吸声，不论是支原体还是传染性支气管炎或传染性喉气管炎，在个别鸡只出现呼吸啰音时，应立即投药，及时改善环境条件，就可能避免过大的损失。

4. 对舍内环境条件的检查

每天4～6次检查鸡舍内环境条件，不管是喂料或是添水，只要进舍，就要随时检查舍内环境条件是否适宜。关注不同日龄和季节交替时昼夜环境的变化，若舍内环境条件不适宜，需采取措施控制舍温、舍湿、调节光照或通风量，使舍内环境适合于鸡群生长条件。

（十）做好日常记录

正确详实地做好记录，可以比较清楚地把握鸡群的生长状况，也便于日后总结经验改进工作，尽快掌握正确的肉用仔鸡饲养与管理技术。

①每日晚上记录实际存栏数、死淘数、耗料量及死淘鸡的症状和剖检所见病理变化。

②每日早晨5：00、下午3：00记录鸡舍的温度和湿度等环境条件。

③每周末记录体重及饲料更换情况。

④每次认真填写消毒、免疫及用药情况。

⑤记录特殊事故发生、汇报及解决的情况。

重点记录控温失误造成的意外事故；鸡群的大批死亡或异常状况；误用药物；环境突变造成的事故等。以上情况还要及时汇报。常用的记录表格见表4－4、表4－5、表4－6。

表4－4　　肉鸡饲养记录

进雏时间：　　数量：　　购雏种鸡场：

周龄	日期	日龄	实存	死淘	温度（上午/下午）	料号/日平均耗料	备注

表4－5　　免疫记录

日龄	日期	疫苗名	生产厂家	批号、有效期	免疫方法	剂量	备注

表 4－6 用药记录

日龄	日期	药名	生产厂家	剂量	用途	用法	备注

五、提高肉用仔鸡生产效率的措施

（一）采取“全进全出”饲养制度

“全进全出”饲养制度是指同一鸡舍或同一鸡场只饲养同一日龄的鸡只，即一起进场，饲养相同日龄后再一起出场的管理制度。这种饲养制度便于生产管理，可以实行统一的饲养标准、技术方案和防疫措施，其最大特点是每批鸡出栏后有一个停养期，利用停养期进行鸡舍消毒，具有切断传染源的作用，避免上批鸡的传染性疾病循环感染给下一批鸡。

停养期对鸡舍进行彻底的清扫、冲刷、消毒，同时要准备好下一批雏鸡所用的垫料、饲料、药品、喂料及饮水设备，空舍 2 周后才能开始养下一批肉鸡。

（二）公母分群饲养

由于公母鸡生理基础不同，对营养要求和生活环境的要求及反应也不一样，表现为生长速度、沉积脂肪能力和羽毛生长速度等多方面有所差异。一般来讲，公鸡生长较快，母鸡相对较慢。当生长到 4 周龄时，母鸡的体重是公鸡的 80% ~90%，达到 8 周龄时是公鸡体重的 70% ~80%。生长速度在同一期内公鸡比母鸡快 17% ~36%。这充分说明随着日龄的增加，公母鸡增重速度出现较大差异。

公鸡对蛋白质的要求比母鸡高，2 周龄前差异不大，3 周龄后差异明显；母鸡沉积脂肪的能力比公鸡强，需要较多的能量饲料；公鸡对矿物质、维生素的需求量比母鸡多。

公母鸡对环境条件的要求不同。公鸡对温度的变化比母鸡敏感，前期公鸡要求温度高，后期要求低。原因是公鸡前期羽毛生长慢，所以对温度要求高，而后期体重大，对温度要求低，一般较母鸡的温度要低 1 ~2℃。公鸡体重大，易患胸腿疾病，这样要求公鸡饲养密度要小，垫料厚而松软。

由于上述原因，在饲养管理中公母鸡应采取不同的措施分群饲养，以达到最大的经济效益。此外，公母分群饲养能使肉用仔鸡体重大小较为一致，便于实行机械化加工。目前国外已广泛推行，我国只在大型的肉用仔鸡场开始采用此法。

（三）加强早期饲养及颗粒料的使用

由于肉用仔鸡早期生长发育快，各种组织器官也正处于不断成熟的过程，此期营养不足，必然会导致生长缓慢，发育不良。尽管在后期有一定的补偿，对生长发育仍有影响。一般来讲，前期使用粗蛋白含量为23%的全价营养饲料比使用粗蛋白为21%的全价饲料，肉用仔鸡在8周龄时的体重高出3%，其单位增重比使用营养水平低的饲料成本低。因此，注重肉用仔鸡早期饲养是极为重要的技术措施。

全价颗粒料优点如下：适口性好，营养全价，易于消化吸收；比例稳定，经包装运输饲喂等环节不易发生质的变化；饲料浪费少，有害微生物少；颗粒体积小、相对密度大，可促进肉鸡多采食；使用颗粒料可提高消化率2%左右，提高增重3%～4%。此外，对减少疾病和节省饲料有一定意义。

（四）适时出栏

肉用仔鸡适时出栏是为了获得最大的经济效益，要掌握好市场信息，了解消费市场的需求特点和趋势，选择最适宜日龄出场。

肉用仔鸡在出栏前应及时停料，停料时间取决于鸡只装车运输时间和等候屠宰时间。一般应在运输前6～8h或宰前8～10h停料。停料的目的是为了防止在屠宰时消化器官残留物过多，使产品污染。但停料时间不可过长，过长也会使肉鸡失重过多。

肉用仔鸡在出栏时应注意的问题：①在停料时不应停水；②装车的时间，夏季最好在清晨或傍晚，冬季在中午；③抓鸡前应移走料桶、饮水器等器具并将鸡舍光线变暗或变成蓝光或红光；④抓鸡时不应抓翅膀，应捉跖部，避免翅膀骨折或出现淤血；⑤抓鸡时最好将鸡栏分成小区，然后用围栏将鸡隔好再抓，以防鸡群积堆压死、压伤、闷死等现象发生；⑥鸡从装车到屠宰前应有专人负责看管，装笼、装车、卸车、运输、放鸡时都应轻巧稳妥，不能粗暴操作，以防碰伤，影响商品价值；⑦装笼时应将笼具事先准备好，特别是笼门要完好无损。最好使用专用塑料运输笼，每笼装鸡数不宜过多；⑧鸡装车后要注意通风，炎热的夏季要保持鸡笼之间有空隙，冬季应使用帆布遮盖用于保温。

科宝500肉仔鸡生产性能介绍

科宝500肉仔鸡生产性能见表4－7。

表4－7 科宝500肉仔鸡生产性能（公母混养） 单位：g

日龄	体重	平均日增重	累计采食量	料肉比
7	179	20	163	0.911
14	450	39	528	1.173
21	868	60	1159	1.335
28	1406	77	2080	1.479
35	2013	87	3266	1.622
42	2637	89	4655	1.765
49	3234	85	6176	1.910
56	3778	78	7764	2.005
63	4256	68	9368	2.201
70	4664	58	10952	2.348

单元二 | 优质肉鸡的饲养管理

随着人民生活水平的提高，人们开始越来越重视食品安全，追求优质、营养和无公害的绿色食品，这已逐渐成为人们追求的消费时尚。肉鸡的发展趋势是开发绿色无公害的优质肉鸡。所谓的优质肉鸡就是地方品种中肉用性能比较好的鸡种或地方品种经培育改良后的鸡种。其肉质特点是皮薄而脆，肉嫩而实，脂肪分布均匀，鸡味道浓郁，鲜美可口，营养丰富的肌肉。实际上，优质肉鸡是指包括黄羽肉鸡在内的所有的有色羽肉鸡。目前，黄羽肉鸡或三黄鸡是优质肉鸡的代名词，优质肉鸡又称精品肉鸡。

一、我国的优质肉鸡

（一）生产现状

我国的优质肉鸡产业始于30年前，盛行于广东地域。最初，优质鸡生产是为了满足我国香港和澳门市场的需要。之后，随着国内市场的需求量越来越大，刺激了优质肉鸡商业育种和商品生产的快速发展。仅在广东省，优质（黄羽）肉鸡的市场份额已占整个肉鸡生产的90%，优质肉鸡的育种和生产正在由南向北迅猛发展。

我国有地方鸡种100多个，载入《中国家禽品种志》的有27个。近20年来，依据我国丰富地方品种资源和一些国外品种，培育了一批改良品种和配套品系。截至1997年，仅全国优质黄鸡协作攻关组培育的配套系就有10余个。进入20世纪90年代，优质鸡一词的内涵和外延有了较大变化，优质鸡育种和生产也在全国展开，市场由原来的香港、澳门、广东向上海、江苏、广西、浙江、福建扩展，并向四川、重庆、湖南、湖北、河南、河北等省市蔓延。

（二）发展趋势

近几年来，我国优质肉鸡行业得到了长足的发展。优质鸡生产总量逐年上升，与快大型肉鸡相比上市比例逐年提高，在个别地区销售量已超过快大型肉鸡。

优质肉鸡种类繁多，分布地域广泛。每一个育种公司与生产企业都十分清楚自己的产品定位。中国的优质肉鸡与国外的优质肉鸡概念并不完全相同，中国强调的是风味、滋味和口感，而国外强调的是生长速度。我国的优质肉鸡中以黄羽肉鸡数量最多，因此，习惯上又称黄羽肉鸡。我国有很多地方肉用（或肉蛋兼用）黄鸡品种，如南方的惠阳胡须鸡、清远麻鸡、杏花鸡、和田鸡等，北方地区有北京油鸡、固始鸡等，在黄羽肉鸡生产地，除生产活鸡外，还加工生产成烧鸡、扒鸡等，并以肉质鲜美、色味俱全而闻名。一般土种黄鸡生长缓慢，就巢性强，繁殖力低，饲养效益低，不适于集约化饲养。随着我国育种水平的提高，育种工作者对土种黄鸡进行不同程度的杂交改良，培育出的优质肉鸡新品系，综合了进口肉鸡和我国地方鸡种的优点，不仅保持了地方鸡种肉质风味，同时生长速度和饲料报酬比土种黄鸡有了明显的提高，具有相当的市场竞争力。由此形成了目前的生长速度不同、出栏日龄不同、出栏体重不同、肉质也不尽相同的不同类别的黄羽肉鸡。

二、优质肉鸡的标准和分类

(一) 优质肉鸡质量标准

家禽产品质量的概念包括五大方面，即卫生、成分、营养、感官和技术方面，而肉鸡的感官质量指的是色泽、风味、口感、嫩度和多汁性等方面。在我国肉鸡的质量通常指的是感官质量。

(二) 我国优质肉鸡分类

1. 根据优质肉鸡质量划分

(1) 优质肉鸡　肉质最高的称为优质肉鸡。它直接来自未经过与引进鸡种杂交的地方鸡种。例如，惠阳胡须鸡、固始鸡、茶花鸡等。

(2) 半优鸡　肉质次高的称为半优鸡。它来自地方土种鸡与引进快大型商用肉鸡鸡种的杂交种，如京黄肉鸡、海新肉鸡等。

由于土种鸡纯种繁殖力低、生长慢，不能适应商品生产的需要，所以，优质肉鸡通常是通过杂交育种而培育的优质鸡种，即充分利用我国的地方鸡种作为素材，选育出各具特色的纯系（含合成系），通过配合力测定，筛选出最优杂交组合，以两系、三系或四系杂交模式进行商品优质肉鸡生产。简单地说，凡具有中国地方品种鸡（即土鸡）的特点，其风味、口感、滋味上乘，羽色、肤色各异，含地方鸡血缘为主，适合中国传统加工工艺或传统烹调方式，受消费市场欢迎的良种鸡，就是优质肉鸡。

2. 依据优质肉鸡生长速度划分

优质肉鸡按其生长速度分为快速型、中速型和优质类型。

(1) 快速型　以长江中下游上海、江苏、浙江和安徽等省市为主要市场。要求49日龄公母平均上市体重1.3～1.5kg，1kg以内未开啼的小公鸡最受欢迎。该市场对生长速度要求较高，对“三黄”特征要求较为次要，黄羽、麻羽、黑羽均可，颈色有黄、青、黑三种。快速型的优点是早期增长速度快、整齐度高，其缺点是成活率和适应性较差。

(2) 中速型　以香港、澳门和广东珠江三角洲地区为主要市场，内地市场有逐年增长的趋势。港、澳、粤市民偏爱接近性成熟的小母鸡，当地称为“项鸡”。要求80～100日龄上市，体重1.5～2.0kg，冠红而大，毛色光亮，具有典型的“三黄”外形特征。中速型的特点是既有优质肉鸡的外观，又有性成熟早的优势，且增重速度较快，繁殖性能和抗病力较好。

（3）优质型　以广西、广东湛江地区和部分广州市场为代表，内地中高档宾馆饭店、高收入人员也有需求。要求 90 ~ 120 日龄上市，体重 1.1 ~ 1.5kg，冠红而大，羽色光亮，颈较细，羽色和颈色随鸡种和消费习惯而有所不同。这种类型的鸡一般未经杂交改良，以各地优良地方鸡种为主。优质类型虽然价值最高，但其缺点是产蛋和其他繁殖性能较低，鸡群整齐度和抗病力较低。我国的优质肉鸡生产呈现多元化的格局，不同的市场对外观和品质有不同的要求（见表 4 – 8）。

表 4 – 8　　优质鸡的分类

类型	生产性能（小母鸡）	
	饲养期/d	上市体重/kg
特优质型	120 ~ 150	1.10 ~ 1.25
高档优质型	105 ~ 115	1.15 ~ 1.25
优质中档型	90 ~ 110	1.25 ~ 1.40
优质普通型	80 ~ 100	1.50 ~ 1.80

3. 按鸡的羽色划分

优质肉鸡按羽毛颜色又分为三黄鸡类、麻鸡类、乌鸡类和土鸡类 4 种。

（1）三黄鸡类　三黄特征明显，即：毛黄、脚黄、皮黄。

（2）麻鸡类　主要是黄脚麻鸡、青脚麻鸡，羽毛颜色全麻。

（3）乌鸡类　皮肤、胫、冠、肌肉、骨头和血液均为黑青色，羽毛有白、黑或麻黄 3 种颜色。

（4）土鸡类　主要注重肉质及特有的地方性性状，羽色复杂（以麻黄为主）。

三、优质肉鸡的饲养管理

（一）饲养方式

优质肉鸡通常采用地面平养、笼网混合、立体笼养和笼牧结合 4 种饲养方式。

1. 地面平养

地面平养对鸡舍的要求较低，在舍内地面上铺 5 ~ 10cm 厚的垫料，定期打扫更换即可；或一次填加 15cm 厚的垫料，一个饲养周期更换一次。平养鸡舍最好地面为混凝土结构；在土壤为干燥的多孔沙质土的地区，也可用泥土地作为鸡舍地面。

地面平养的优点是设备简单，成本低，胸囊肿及腿病发病率低。缺点是需要大量垫料，占地面积多，易发生鸡白痢、大肠杆菌病及球虫病等。

2. 笼网混合

5 周龄前在育雏笼内饲养，5 周龄后转群到网上饲养，笼养时能提高群体成活率和均匀度，后期鸡只体重较大需要进行平养。笼网混合饲养的缺点是设备成本较高。

3. 立体笼养

立体笼养优质肉鸡近年来越来越广泛地得到应用。鸡笼的规格很多，大体可分为叠层式和阶梯式两种，层数均有 3 ~ 4 层。有些养鸡户采用自制鸡笼。笼养与平养相比，单位占地面积饲养量可增加 1 倍左右，有效地提高了鸡舍利用率。

由于鸡限制在笼内活动，争食现象减少，发育整齐，增重良好，可提高饲料效率 5% ~10%，降低总成本 3% ~7%。

4. 笼牧结合

对生长发育较慢的鸡种常采用前期笼养，后期放牧饲养。即 6 周龄以前以笼养为主，6 周龄以后采用放牧饲养。放牧饲养具有生态养殖和动物福利的特征。放牧饲养也需人工饲喂，夜间鸡群要回鸡舍栖息。该方式一般是将鸡舍建在远离村庄的山丘、果园、林地、荒坡等处设置围栏，鸡群通过自由活动、获得阳光照射和沙浴等，可采食虫草和沙砾、泥土中的微量元素等，有利于优质肉鸡的生长发育和健康。所饲养的优质肉鸡外观紧凑，羽毛有光泽，不易发生啄癖，尤其是肉质特别好且无公害。

（二）鸡舍类型

适用于优质肉鸡生产的鸡舍主要有开放式鸡舍和环境控制鸡舍两大类。开放式鸡舍开放的程度依当地气候条件而定，从开一侧窗户直至四侧敞开。环境控制鸡舍必须是无窗的全密闭鸡舍，其内部条件尽可能维持在接近于鸡群需要的最高要求，用排风扇将舍内空气排出，新鲜空气则由进气口进入舍内；鸡舍内采用人工光照而不是自然光照；当气温高时，应对鸡舍内进行降温，而在寒冷季节，可根据不同地区采用人工加温或利用鸡自身的热量，以保持舍内温度在舒适范围之内。需要说明的是：环境控制鸡舍的建筑成本和生产成本显著高于开放式鸡舍，但能四季生产且鸡群的生产性能很高。

鸡舍大小应按鸡的饲养规模、利于方便管理、造价经济和充分利用劳动力等情况而定。当上市肉鸡的体重为 1.4、1.8 和 2.3kg 时，每平方米饲养鸡数分别为 17.5、13.6 和 10.7 只。鸡舍的宽度一般为 9m 左右，这样的宽度适合使用自动喂饲设备（见图 4 -1），而且有利于维持适当的通风。而鸡舍的

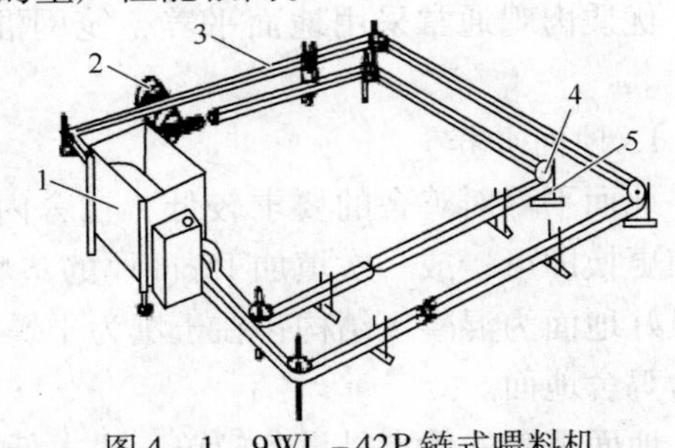

图 4 -1　9WL -42P 链式喂料机

1—料箱　2—清洁器　3—长饲槽

4—转角轮　5—升降器

长度则取决于养鸡规模和场地状况。优质肉鸡生产最好采用单层建筑的鸡舍，对于规模超过2500只的鸡舍，应在舍内分栏饲养，这样做的好处是有利于优质肉鸡生长，而且出售时捉鸡方便。

四、饲养管理技术要点

（一）消毒和运输

进鸡雏之前消毒很关键，一般常用的是甲醛、高锰酸钾密闭熏蒸，消毒舍最少需封闭24h以上，如不急于进雏，则可以在进雏前3~4d打开门窗通气，在进雏前1~2d再用消毒液对鸡舍喷洒一次，常用消毒剂有过氧乙酸、漂白粉或聚维酮碘，可轮换使用消毒剂。进雏前2d把舍温升高到34~35℃，舍内相对湿度70%左右，若是火炉采暖，要注意观察炉子是否好烧，以防煤气中毒。

鸡雏必须来自健康高产的种鸡，出生雏鸡平均体重在35g以上，大小均匀，被毛有光泽，肢体端正，精神活泼，鸣叫响亮，腹部大小适中且柔软，握在手里挣扎有力。

在运输途中一定要注意温度的保持，尽量避免长途运输，有的鸡雏由于运输途中气温低加上运输路途遥远，造成鸡雏卵黄吸收不好、大肠杆菌或沙门菌滋生，对鸡雏以后的生长发育很不利。

（二）进食与饮水

进雏第一天首先保持鸡雏充足的饮水，但要防止一次性饮水太多，引起水中毒，或者是雏鸡羽毛沾湿，引起感冒。雏鸡生性胆小，容易受到外界的各种应激，因此为提高雏鸡体质可在饮水中添加优质电解多维和蔗糖，有利于体力的恢复和生长。在前7d最好在饮水中添加超浓缩鱼肝油，利于鸡雏卵黄的吸收。

其次是给鸡雏开食，当鸡群约有1/3鸡只有啄食行为时，即可开食，开食最好在白天，可将饲料撒在干净的报纸、塑料布或开食盘上，用手敲打报纸，让饲料颗粒跳动，引逗开食。每次饲喂时间为30min左右，为减少饲料浪费，要勤撒、少撒。当触摸嗉囊多数雏鸡有五成饱时可以停止撒料，同时减少光照强度，使光变暗，让雏鸡休息，以后每隔2h喂一次。自3~5日龄起，应逐渐加设料桶，让鸡适应料桶吃料，宜少喂勤添，6~8日龄后全改用料桶。育雏阶段雏鸡抗病力和消化功能较差，况且此阶段鸡体重又关系到后期出栏体重，因此雏鸡料一定要采用优质、全价料。

优质肉鸡的整个生长过程均应采取敞开饲喂、自由采食方式。生产中优质肉鸡的喂养方案通常有两种：一种将优质肉鸡肥育分为两个生长阶段，即0~35日龄为幼雏、36日龄至上市为中雏，分别采用幼雏日粮和中雏日粮，这种方案可称为二阶段制饲养。另一种是将优质肉鸡的生长分3个阶段。即0~35

日龄为幼雏、36~56日龄为中雏、57日龄至上市为肥育阶段，分别采用幼雏日粮、中雏日粮、育肥日粮进行饲养，这种方案可称为三阶段制饲养。无论以上哪种饲养方案，都要求上市前12d停用任何药物，以保证肉品的安全性。

（三）环境要求

提供适宜的温度、湿度，通风换气及光照制度是养好优质肉鸡的重要条件之一，适宜环境条件有利于提高肉鸡的成活率、生长速度和饲料的转化率。环境要求基本与蛋鸡育雏育成期相同。

（四）断喙

对于生长速度比较慢的肉鸡，由于生长期比较长，为了防止啄癖发生和饲料的浪费，需要进行断喙处理。断喙的方法和要求与蛋鸡相同。

（五）加强卫生管理

要求定期对舍内、舍外和用具进行消毒，每天刷洗用具一次，工作人员出入鸡舍消毒；坚持鸡舍门口设消毒池，每周带鸡喷雾消毒两次。具体操作时，要选取不同成分消毒剂轮换进行消毒，避免重复使用不同厂家商品名不同而成分相同的消毒液。患鸡、死鸡不乱扔，要扔到火炉焚烧或深埋处理。鸡舍每日清粪2次，粪便存放地点在鸡舍下风处，离鸡舍50m以外。鸡场要远离村庄，不要靠近交通主干道，并建有围墙，防止其他家禽进入，以免传播疾病。

单元三 | 肉种鸡的饲养管理

肉用种鸡具有产肉性能高的遗传特点，其培育质量和生活力直接影响到肉用仔鸡的生产性能。所以，肉用种鸡必须具备两大特点：一是能繁育出品质优良的后代，产肉性能遗传潜力高；二是可以提供数量多，性能一致的种蛋或商品代雏。肉用种鸡的生产性能的高低与饲养方式、设备的使用和管理水平有很大的关系。种鸡生产成本高，技术要点较多，只有科学管理，才能发挥种鸡最大的生产潜能，获得更高的经济效益。

一、饲养方式

肉用种鸡的生产周期比较长，育成期 20 周左右，繁殖期通常为 40 周。要求每只肉用种母鸡能繁殖尽可能多的健壮且肉用性能优良的肉用仔鸡。传统饲养肉用种鸡的全垫料地面饲养法，由于密度小，舍内易潮湿和窝外蛋较多等原因，现今很少采用。目前，采用比较普遍的肉用种鸡饲养方式有如下三种：

1. 网上平养

用角钢或木条做成高于地面约 50cm 的支架，上铺平整的硬塑网作地板，周边用 50cm 高的金属网围栏，形成网上平养的主要设施。网上平养对鸡脚很少有伤害，也便于冲洗消毒。若公母混养时，公鸡可另设高吊料桶喂料。网上平养成年种鸡，其饲养密度约为 4.8 只/m^2。

2. 2/3 棚架饲养

舍内有 2/3 的地面上搭有棚架，有 1/3 设地面垫料。具体操作时按舍内纵向中央 1/3 的地面铺上垫料，两侧各 1/3 部分搭上棚架，地面与棚架下方设隔离网以防止鸡进入棚架下面，在棚架的一侧还应设置斜梯，以便于鸡只上下。喂料设备和饮水设备置于棚架上，产蛋箱在棚架的外缘，排向与舍的长轴垂直，一端架在木条地板的边缘，一端悬吊在垫料地面的上方，其高度距地面 60cm，便于鸡只进出产蛋箱，也减少占地面积。

2/3 棚架饲养的优点是：鸡的采食和饮水均在棚架上，粪便多数都落在棚架下，减少了垫料的污染。由于鸡只可以在架上和架下自由活动，增加了运动量，减少了脂肪沉积，有利于鸡只体质健壮。种鸡交配大多在地面的垫料上，种蛋受精率高。

2/3 棚架饲养的缺点是：耗费垫料多，增加饲养成本。管理人员要经常清理垫料，保持清洁。饲养密度稍低一些，每平方米饲养成年肉用种鸡 4.3 只。

3. 笼养

近年来，肉用种鸡笼养方式有增加的趋势。较早的笼养是群笼，每笼养2只公鸡、16只母鸡。由于肉种鸡体重大，行动欠灵活，在金属底网上公母鸡不能很好地配种，受精率偏低，产蛋后期更严重，因此实际生产中采用者很少。推广较多的是每笼养2只种母鸡或每笼养1~2只公鸡，采用人工受精，既提高了饲养密度，又获得了高而稳定的受精率。

笼养的优点是可以提高房舍利用率，便于管理；鸡的活动量小，可以节省饲料；采用人工受精技术，可减少种公鸡的饲养量，一般公母的比例为1∶25~30。缺点是鸡只的活动量少，易过胖，影响繁殖，还易患腿部疾病。

生产中，以上3种饲养方式可以结合利用。例如，育雏、育成期采用网上平养，种用期采取棚架饲养或笼养。在选用设备方面以适用为原则，并保证每只鸡的采食、饮水位置。采用网上平养和棚架饲养方式，其育成期限饲比较严格，应保证食槽和饮水器的足够数量。

二、肉用种鸡的限制饲养

（一）限制饲养的目的和意义

限制饲养是肉用种鸡关键性饲养技术。实施限制饲养具有控制体重维持良好均匀度、控制性成熟适时开产、节省饲料成本提高经济效益等多项作用。

肉用种母鸡在育成后期（20周龄）体重控制在2200~2400g，体内没有过多的脂肪沉积，种鸡可以表现出来较强的繁殖能力。如果任其自由采食，自然生长，体重可达2750g以上，会大大地降低其种用价值，种鸡的产蛋量减少，种蛋的合格率和受精率也会下降。

肉用种公鸡在育成后期（20周龄）体重应控制在2700~2900g，确保其具有较高的配种能力。如体重过大，配种困难，脚趾疾患增加，则利用期短，较早失去配种能力。

在生产中，如果肉用种鸡不限饲或限饲不当，会导致鸡群过早或过晚开产。若过早开产，蛋重小，产蛋高峰不高，持续时间短，总产蛋数少；过晚开产，蛋重虽大，但产蛋数少，种蛋合格率低。正确的限饲，可使鸡群在最适宜的周龄开产，蛋重标准，产蛋率上升快，持续时间长，全期总产蛋数多，种蛋合格率高。

（二）限制饲养的方法

1. 限制饲养的原则

前6周体重应控制在标准体重范围附近的中限；7~15周龄控制在标准体重的下限，其中7~12周龄使体重增长在限饲体重范围的下限内下降，12~15周龄使体重沿标准体重的下限上升，此时限饲最为严格；16周龄到开产前两周控制在标准体重范围的上限。

2. 限制饲养方案

以艾维茵肉用种鸡限喂方案为例（父母代）。艾维茵肉用种鸡采取生长期公、母分栏饲养；产蛋期公母同栏分饲法。公母分养时间为0～19周龄，其限饲方案为：

（1）母鸡限饲方案　1～4周龄用雏鸡料；1～3周龄不限饲，第4周龄每日限饲，饲料含精蛋白质17%～18%，能量11.50～12.18MJ/kg。开始几天连续不断给料，其目的是让小鸡任意采食，以促进骨骼、肌肉充分生长发育。1周后由日喂8次、6次降到4次。

5～12周龄采用生长料，隔日限饲，饲料含粗蛋白质14.5%～15.5%，能量11.27～12.18MJ/kg；13～19周龄采用五、二限饲，仍喂生长料，营养同前。从第8周龄开始喂沙砾，每千只鸡每周喂4.5kg，撒在垫料或砂槽内，任鸡自由采食。20～24周龄改为每日限饲，喂产蛋前期料，饲料含粗蛋白质15.5%～16.5%、能量11.50～12.18MJ/kg、钙1%。此时是新母鸡一生中最重要的时期，为了生殖系统的充分发育，体重和产蛋的需要，必须提供蛋白、能量及矿物质充足的饲料。从24周龄后，开始添加贝壳，每百只鸡每周1次喂1.36kg，撒在垫料中，任鸡自由采食。25～65周龄，采用每日限饲，喂产蛋料，饲料含粗蛋白质15.5%～16.5%，能量11.50～12.18MJ/kg，钙3%。开产4周后（约28周龄）产蛋率达40%以上时，饲料日喂量要求达最高量（163g以上）。因为距产蛋率80%以上仅有2～3周时间，如果不快速加料，将无法满足蛋重急速增长对营养的需要。29～36周龄产蛋率达80%以上为产蛋高峰期。在此期间产蛋率虽稍有下降，但蛋重仍在增加，所以对营养的实际需要仍然不变。此时饲料要保持恒定，不可减量。当产蛋率降到80%以下时，应立即减料，防止母鸡过肥和饲料浪费。要求每次减料量每只鸡不得超过2.3g，即产蛋率每减少4%～5%，调整一次饲料量，每周产蛋率下降按1%估计，这样从产蛋高峰到结束时，约调整6次，则每百只鸡饲料量减少1.36kg。到产蛋结束时喂料量为149g左右。每次减料的同时，必须观察鸡群反应，如遇有健康不良，产蛋率不正常等情况要停止减料或少减。

（2）公鸡限饲方案　充分发挥公鸡的遗传潜力，获得发育良好、体质健壮、生活力强、配种率高的种鸡，需要创造条件，控制公鸡的饲料量和体重。育成期公鸡的限饲与母鸡限饲方法相同，只是体重和饲料量不同而已。不论与母鸡混养或分养，只要严格按体重限喂，均能收到较好的效果。

但是产蛋期值得注意的是：如果公、母种鸡混养，同槽采食，那么公鸡的饲料量和体重很难控制。特别是母鸡达到28周龄后，开始使用最大饲料量，若公鸡与母鸡同槽，那么公鸡体重很快超重。并且公鸡超重则易发生脚趾瘤、腿病，受精率下降，甚至到45周龄或50周龄后，常因公鸡淘汰较多，造成公母比例失调，严重影响种蛋受精率。因此，生产中常采取公母鸡笼养，进行人工受精来解决此问题。

(三) 限饲技术管理要点

1. 调群

限制饲养一般从第4周开始，限饲前应进行鸡只称重。根据体重大小将鸡分为大、中、小不同的鸡群。每隔4~6周调群一次，调群时要对全群进行逐只称重。调群时依据公母、大小、强弱等进行分群，小群以400~500只为宜，密度为：7~15周龄，8~10只/m^2，16周龄后3.6~4.8只/m^2。在限饲过程中要根据体重变化及时调群，随时将个别体重过大或过小的鸡只挑出，分别放在体重大和体重小的栏中。分群的同时剔除病、弱、残鸡。

具体调群时间一般在停料日的下午时称重并分群，为了避免应激及上次改变的料量能达到效果，建议平时在检查鸡群时，随时把过大过小的鸡只对等互调。笼养情况下，可按列划分组群，便于计算给料量和喂料操作。

2. 控制均匀度

均匀度是指本周龄平均标准体重±10%范围内的鸡只数占鸡群总数的百分比。鸡群均匀度的高低与产蛋量呈正相关，若以70%的均匀度为基础，鸡群的均匀度每增减3%，平均每只鸡每年的产蛋量也相应增减4枚（见表4-9）。一般的情况下，鸡群良好的均匀度应在80%以上，肉用种鸡各时期均匀度标准（见表4-10）。在饲养管理中当观察鸡群的体重大小不一致时，应及时对全群进行逐只称重，生产中常在6~7周龄和15~16周龄时对鸡群进行全群逐只称重，并做好调群工作，调群是为了确保鸡群具有较高的均匀度。

表4-9　　体重均匀度与产蛋量的变异关系

均匀度/%	每只鸡每年产蛋量的差异	均匀度/%	每只鸡每年产蛋量的差异
79	+12	64	-8
76	+8	61	-12
73	+8	58	-16
70	0（基础）	55	-20
67	-4	52	-24

表4-10　　肉用种鸡各时期均匀度标准

周龄	均匀度/%	周龄	均匀度/%
4~6	80~85	12~15	75~80
7~11	75~80	20以上	80~85

3. 定期称重及计算给料量

（1）为及时了解鸡群的体重情况，应每周抽测体重1次，所称鸡只占鸡群比例越大，所得结果越真实。一般要求生长期抽测每栏鸡数的5%～10%，产蛋期为2%～5%。

称重的时间最好固定在每周的同一天的同一时间，一般在喂料前。对体重偏低或偏高的鸡只要通过增减喂料量的方法来调整其体重。

（2）计算饲料供给量　以群为单位，根据《饲养手册》及上周末称重情况，确定本周给料量，一般每周增料以3～5g/只为宜，体重超标应少增料或不增料，但不能减料；对体重低于标准要适量多增料，但不应超10g/只。

4. 提供适宜的限饲条件

采用限料法进行限制饲养时，因其给料量不足，要求鸡群必须同时采食到大致料量相同的饲料。若各栏内饲养密度不均或采食饮水槽位不足，则会导致限饲失败。因此采取的措施有：①放线上料法，使其加快投料速度。即每次给鸡添料时，应将规定的料量快速均匀地投入到喂料器内，若使用料桶或料槽喂料，需要将料桶放线到鸡只无法采食的高度后提前装好饲料，并在均等的位置上将料桶以最快的速度放下，尽量在5min内完成。若采用链式饲槽机械送料，要求传输速度不小于30m/min，速度低时应考虑增加辅助料箱或人工辅助喂料。②保证饲养密度均衡和采食饮水槽位充足。具体要求见表4－11。

表4－11　限制饲养的饲养密度及条件

类型	饲养密度		采食槽位		饮水槽位		
	垫料平养/（只/m²）	1/3垫料、2/3栅网	长食槽位/（cm/只）	料筒直径40cm/（个/100只）	长水槽/（cm/只）	乳头饮水器/（个/100只）	圆饮水器35cm/（个/100只）
母鸡							
矮小型	4.8～6.3	5.3～7.5	12.5	6	2.2	11	1.3
普通型	3.6～5.4	4.7～6.1	15.0	8	2.5	12	1.6
种公鸡	2.7	3～5.4	21.0	10	3.2	13	2.0

5. 限制饲养的注意事项

（1）限饲时间　肉用种鸡应从4周龄开始限饲，限饲不能太早，否则会影响育雏期体重的正常增长。限饲过晚，会使育成鸡体重离散度太大，难于控制，严重影响开产前的整齐度。

（2）淘汰体弱鸡并实行公母分群　限饲前应将体重过轻或体质较弱的鸡挑出，单独饲养或淘汰，这部分弱鸡如在大群中，体重越来越轻，抗病力越来越差而导致死亡；从引进鸡雏开始，公鸡和母鸡就要分开饲养，公鸡体格粗壮，采食量大，和母鸡一起采食达不到限饲公鸡的目的。公鸡的限饲时间是从第6周开始的。

（3）限饲前断喙　限制饲喂会引起饥饿应激，容易诱发恶癖，所以应在限饲前对公鸡和母鸡进行正确的断喙。良好的断喙会使鸡只采食均匀。公鸡如果一次断喙不整齐，在16周或17周合群之前可进行适当的修喙，防止喙过于尖利，啄伤母鸡。

（4）合理喂料　限饲的主要目的是限制能量饲料摄取量，而维生素、常量元素和微量元素要保证充足供给。当鸡群体重低于标准体重时，可适当加大喂量；当鸡群体重超出标准体重时，可暂停增加料量，直到降至标准体重时再增加料量。冬季舍温低时增加喂料量，夏季舍温高时减少喂料量。当鸡群患病或接种疫苗时，应临时恢复自由采食，个别病弱的鸡挑出单养，不进行限饲。

（5）适当限水　在限饲期间合理的限水有利于保持环境卫生，减少鸡只腿病的发生，产蛋期限饲可减少种蛋的污染，有利于种蛋的清洁卫生。

限水方法：在喂料日上午投料前1h至吃完料后1～2h充分给水，下午给水2～3次，每次不少于30min，关灯前1h给水1次。在高温季节（29℃以上）每小时给水1次，时间至少20min。舍温30℃以上不得停水。停水时间长短可依据嗉囊软硬程度具体掌握，用手触摸嗉囊感觉柔软，说明给水时间比较适宜；如果感觉嗉囊比较硬，说明给水量不够，应及时调整。在停喂日，清晨给水30min，上午给水2～3次，下午给水2次，关灯前1h给1次，每次30min。

在限水期间，应在每次给水后5min内保证每只鸡都能饮到充足的水，同时注意检查供水系统，使之保持良好工作状态。乳头供水不宜采用限水方式，对笼养的肉种鸡可考虑适当的限水，只要粪便不过于稀薄即可。

（6）及时更换饲料　应按育雏期、育成前期、育成后期、预产期、产蛋期及时更换饲料。更换时应有适当过渡期，一般为3～5d。不可一次性完成更换，以免对鸡只造成应激。

（7）适当调整营养　鸡群在逆境环境下（如断喙、转群、疫苗接种、投药、鸡群称重、高温或低温等），对营养物质需要量有变化，要注意适当调整，在应激条件下应注意在饮水中或饲料中适量补充维生素类、无机盐类和药物类等抗应激饲料。

（8）肉种鸡在育成期的限饲应主要抓好两项技术指标　即鸡群的平均体重和鸡群发育的均匀度，要求两者均衡协调。

三、肉用种鸡的管理

1. 监测种鸡丰满度

利用周末称重做好鸡群丰满度评估。鸡群的丰满度是指骨架上肌肉和脂肪的丰满程度。不同阶段的鸡丰满程度具有不同的状态，种鸡的丰满程度过分或不足，其产蛋高峰和产蛋总数会明显低于丰满度理想的鸡群。

（1）胸部丰满度　在称重过程中，从鸡只的嗉囊至腿部用手触摸种鸡胸部。按照丰满度过分、理想、不足3个评分标准，判断每一只种鸡的状况，然后计算出整个鸡群的平均分。

到15周龄时种鸡的胸部肌肉应该完全覆盖龙骨，胸部的横断面应呈现英文字母“V”的形态；丰满度不足的种鸡龙骨比较突出，其横断面呈现英文字母“Y”的形状，这种现象绝对不应该发生；丰满度过分的种鸡胸部两侧的肌肉较多，其横断面有点像较宽大的字母“Y”或较细窄的字母“U”的形状。20周龄时鸡的胸部应具有多余的肌肉，胸部的横断面应呈现较宽大的V形；25周龄时鸡的胸部横断面应呈细窄的U形。30周龄时胸部的横断面应呈现较丰满的U形。

从15周龄开始，为使鸡群体重有较大幅度的增长，使种鸡做好接受光照刺激的准备，料量增加的幅度也要相应增大。

（2）翅部丰满度　第二个监测种鸡丰满度的部位是翅膀。挤压鸡只翅膀桡骨和尺骨之间的肌肉可监测翅膀的丰满度。监测翅膀丰满度可考虑以下几点：①20周龄时，翅膀应有很少的脂肪，很像人手掌小拇指尖上的程度；②25周龄时，翅膀丰满度应发育成类似人手掌中指尖上的程度；③30周龄时，翅膀丰满度应发育成类似人手掌大拇指尖上的程度。

（3）耻骨开扩　测量耻骨的开扩程度判断母鸡性成熟的状态，正常的情况下母鸡耻骨的开扩程度，见表4－12。

表4－12　种母鸡不同周龄耻骨开扩程度

年龄	12周龄	见蛋前3周	见蛋前10d	开产前
耻骨开扩程度	闭合	一指半	两指至两指半	三指

适宜的耻骨间距取决于种鸡的体重、光照刺激的周龄以及性成熟的状态。在此阶段应定期监测耻骨间距，检查评估鸡群的发育状况。

（4）腹部脂肪的积累　腹部脂肪能为种鸡最大限度地生产种蛋提供能量储备，腹部脂肪积累是一项重要监测指标。监测肉种鸡脂肪沉积时应考虑以下几点。

常规系肉用种鸡在24～25周龄开始，腹部出现明显的脂肪累积；29～31周龄时，大约产蛋高峰前2周腹部脂肪达到最大尺寸，其最大的脂肪块足以充满一个手掌。

丰满度适宜的宽胸型肉种母鸡在产蛋高峰期几乎没有任何脂肪累积。产蛋高峰后最重要的是避免腹部累积过多的脂肪。

2. 光照管理

雏鸡到场时，光照强度应在50lx以上且分布均匀，以便雏鸡开水，第二周后可根据需要降低到5～10lx；光照时间一般在8h左右，3～17周龄光照时间均为8h，其时间的长短应根据体重实现情况进行调整，必要时应适当延长光照时间增加采食，实现体重目标。

产蛋前期即18～24周龄为光照刺激期，这一阶段是生殖系统迅速发育并逐渐成熟时期，一切工作都是给予最大刺激，促进适合其发育与成熟。小母鸡则从20周龄开始增加光照时间和强度，以刺激生殖系统的发育，使鸡群大约在24周龄开产时，光照时间达到16h，光照强度10lx。在加强光照前应把母鸡体重不足2.05kg（公鸡体重2.8kg）以下的鸡挑出来，单独放在一个舍内，还保持10lx的光照。

3. 调整产蛋期饲喂量

产蛋期的饲喂量，主要依据体况和产蛋率递增速度及产蛋量等情况而定。若鸡体况好，产蛋率上升快，产蛋量高，则饲喂量就多；反之，饲喂量则少。饲喂量掌握不好，会严重影响母鸡的生产性能，生产中重点参考该品种的标准饲喂量。

（1）产蛋率5%至高峰产蛋率的饲喂量　性成熟好的鸡群，从5%产蛋率到70%产蛋率期间，时间不超过4周，每只鸡日产蛋率至少增加2.5%；产蛋率从71%～80%这段时间是关键时期，每只日产蛋率必须增加1%以上；从81%直至产蛋高峰来临时，每只日产蛋率仍上升0.25%，此阶段增加的料量多少决定能否达到最高产蛋率的关键。下面介绍两种料量调整方法：①当25周龄鸡群产蛋率达到5%时，喂料量增加5g，以后产蛋量每提高5%～8%，每只鸡增加3～5g料量，一般每周加料两次，当产蛋率达到36%～40%时，喂给最高量，均匀度好的鸡群14d就可以加到高峰料量，均匀度不佳的情况下大约20d加到最高料量，即每只鸡每天喂给160～170g。另外，22～35周龄时，每周两次电解多维饮水有助于产蛋高峰的到来。②美国AA公司技术专家分以下几种情况提出：第一，产蛋上升快的鸡群，其日产蛋率增加在3%以上，此群高峰料量应在产蛋率35%时给予。若已知高峰料量为168g，开产时日粮为140g，则产蛋期要增加的日粮为28g，即该鸡群日产蛋率每增加1%，每只鸡应增加日粮0.93g[28÷(35－5)=0.93g]，到产蛋率在35%时日粮正好168g。第二，日产蛋率增加在2%～3%的鸡群，应在50%产蛋率时给予高峰料量。按上例计算：28÷(50－5)=0.62g，即该鸡群日产蛋率每增加1%，每只鸡应增加日粮0.62g。第三，日产蛋率增加1%～2%的鸡群，应在60%产蛋率时给予高峰料量。经计算：28÷(60－5)=0.51g，即该鸡群日产蛋率每增加1%，每只鸡应增加日粮0.51g。第四，日产蛋率增加0.5%～1%或更少的鸡群，应在70%产蛋率时给予高峰料量。经计算：28÷(70－5)=0.43g，即该鸡群日产蛋率每增加1%，每只鸡应增加日粮0.43g。

（2）高峰后的喂料量　当产蛋率达到高峰后持续5d不再增加时，可刺激性的每天每只鸡增加2.5g料，统计随后4d的平均产蛋率，若比加料前有所提高，则加料量维持下去；若比加料前降低，则把增加的料量撤下来。然后，高峰产蛋量每下降4%～5%时，每只鸡减料2～3g，以后每当产蛋率下降1%时，每只鸡减料1g。还要考虑气温变化，若舍外降温要适当加料；也要考虑体重增加的幅度，高峰后至40～43周龄时每周增重15～25g时比较合适，产蛋期母鸡体重不可有下降的现象。一般，种母鸡64周龄时，体重应为3.54～3.85kg，超过这个范围就说明减料不够；反之，则减料太多。因此，产蛋期还要经常测体重和蛋重，结合产蛋率及其他情况综合分析料量增减正确与否。

（3）掌握好鸡的采食速度 产蛋率为5%时，鸡吃完料的时间比较短，一般在1～2h；在产蛋高峰期吃完料的时间一般在2～5h。不同的饲养方式，采食速度也有差异。地面垫料或棚架饲养时，采食快，一般2～3h吃完料；笼养时，鸡的紧迫性差，一般4h吃完料。不同季节的采食速度受气温影响也比较大，冬天采食快，夏天采食慢。一般每天的采食时间保持在7～10h，才能供给足够的营养用于产蛋需要。

4. 种公鸡的饲养管理

公鸡的饲料营养及喂料量：为防止公鸡采食过多而导致体重过大和腿病的发生，必须喂给较低的蛋白质饲料12%～13%、代谢能11.70MJ/kg、钙0.850.9%及有效磷0.35%～0.37%，均低于种母鸡。推荐要求公鸡多维素、微量元素的用量为母鸡的130%～150%。

公鸡的喂料量特别重要，原则是在保持公鸡良好的生产性能情况下尽量少喂，喂量以能维持最低体重标准为原则。以AA种公鸡为例，27周龄后，公鸡每日喂料量为130～150g，喂料时，加料要准，各料桶加料要相等。

5. 种公母鸡同栏分槽饲喂

公母鸡营养需求及饲喂量不同，为了防止公鸡超重影响配种能力，混养的公母鸡必须实行分槽饲喂。否则，公鸡在采食高峰产蛋料后会很快超重，易发腿部疾病，繁殖能力也会下降，常常在45～50周龄不得不补充新公鸡，增加饲养成本及啄斗应激。具体的操作方法：

母鸡的料槽加金属条格，间距4.1～4.5cm，目的是让母鸡能从容采食而公鸡头伸不进去。最初可能发育差的公鸡能暂时采食，到28周龄后，公鸡就完全不能采食母鸡料了。饲养管理时，要注意维修、调整料盘，以免金属条格间距过大而使公鸡能采食，过小而擦伤母鸡头部两侧。

公鸡用料桶，比母鸡早4～5d转入产蛋舍，以适应料桶和新鸡舍的环境，料桶吊离地面41～46cm，随鸡背的高度而调整，以不让母鸡吃到而公鸡立脚能够采食为原则。要求有足够的料位，让每只公鸡都能同时采食，8～10只/桶。喂料时间比母鸡晚15～20min，有助于母鸡不抢公鸡料。

6. 提高种蛋合格率

提高种蛋合格率，减少破损率，应尽量做到以下常规工作：

（1）及时采收种蛋 平养时，随时检查新产种蛋的重量，当蛋重达到48～50g时可收集种蛋。笼养时，见到开产鸡即可分到产蛋笼中并进行人工受精，蛋重达到要求即可采集。

（2）处理好窝外产蛋鸡 要控制种鸡产窝外蛋，要求放置产蛋箱时间不能晚，并引诱鸡进箱产蛋。同时要经常观察产蛋箱下面、墙角处、较暗处的鸡是否有产蛋行为，必要时抓起来摸一摸，若有蛋，送到产蛋箱中待产蛋后放出。另外，勤捡窝外蛋，能使鸡产这种蛋的概率变小。

（3）减少种蛋破损　减少种蛋破损率是提高种蛋合格率的措施之一。具体方法有：①一般每天应该捡蛋4～5次，若有一次捡蛋超过30%时，要增加捡蛋的次数，每天可捡蛋6次。②夏季给鸡多加维生素，常饮维生素C和碳酸氢钠水，既可解暑又可保证蛋壳质量。③产蛋后期要加喂石粉或贝壳粉，给鸡补钙，以防止蛋壳薄，结构不良，皱皮蛋、破损蛋增加。④加强产蛋箱管理，窝内垫料要有一定的厚度，垫料太少，蛋易脏，且易和底板相碰，破损率提高。因此，每天要检查并及时补入垫料。另外，要求早晨开、晚上关产蛋箱，以防鸡在窝里过夜排便，减少脏蛋。⑤笼养种鸡应该加强笼底管理，笼底有洞，笼的坡度小，蛋存在笼中被踩破，笼里的阻挡物使蛋不能滚出来，笼底之内高低不平若从结合处落到地面。笼底钢丝粗细和弹性，是破蛋产生多少的重要原因。⑥人员的活动可使鸡产的蛋尽早滚出来。

（4）种蛋的卫生消毒　①地面垫料太湿时要及时更换，否则鸡会把窝内蛋弄脏；饮水器下方、棚架上湿、脏，鸡也会把窝内蛋弄脏。②从窝里捡出蛋要倒蛋盘，才能看到另一面的脏蛋，以便进行处理；不要把鸡毛、稻壳等物带入孵化厅。③用清洁球、砂纸擦蛋不但不会把种蛋擦得干净，而且会破坏蛋壳表面；先选干净种蛋，脏蛋最后统一选擦；笼养舍先捡蛋后扫地，扫地时轻一些，以免脏物溅到蛋上；工作间经常清扫。④种蛋选完后马上用3倍量高锰酸钾和甲醛熏蒸消毒。⑤要注意种蛋的防护工作。

（5）产蛋箱的管理　肉种鸡饲养到18～19周龄时，要将已消毒过的产蛋箱抬入鸡舍。抬入或放产蛋箱时舍内要暗光，除1～2个灯泡正常照明外，其他的灯泡均关闭可减少鸡群应激。放产蛋箱同时也放置底板和垫料。在诱导母鸡进入产蛋箱的训练时，饲养员先在产蛋箱内放入母鸡，关上产蛋箱并让别的母鸡看到，也可将塑料材质的白色蛋型物放在窝内引诱母鸡进产蛋箱。但要防止鸡在产蛋箱内过夜、排便，因此按鸡常规产蛋时间定期打开或关闭产蛋箱。

7. 环境条件控制

肉用种鸡对环境条件要求较高，要控制好舍内的温湿度，夏季需采用多种控温措施，预防肉用种鸡热应激大批死亡。要加强通风，因其体重大，对空气质量要求较高，因此要采用横向通风和纵向通风相结合的方法效果较好。同时要加控制饲养密度和垫料质量，应在21周龄末以前补足，同时要每天翻垫料1次，若舍内鸡群发病后，垫料需淘汰后更新。

肉用种鸡调群及均匀度测定

一、技能目标

通过对肉用种鸡全群体重的准确把握，使学生能够掌握育成鸡称重方法和均匀度计算方法，了解鸡群的生长发育情况，为下一周饲料量的准确调整做好充分的准备；并能根据所测鸡群均匀度判断后备鸡群发育整齐度，可提出改进饲养管理技术措施，并能对种鸡在产蛋期的生产水平有全面的估计。

二、教学资源准备

（一）仪器设备

电子秤 5 个，计算器 5 台。

（二）材料与工具

育成鸡 1000 只；大围栏 1 个，小围栏 3 个；桌子 3 个；电源插座 3 处；线手套 8 副；统计表 3 份。

（三）教学场所

校内外教学基地或实验室。

（四）师资配置

实验时 1 名教师指导 40 名学生，技能考核时 1 名教师可考核 20 名学生。

三、原理与知识

良好的生产性能来源于鸡群生长发育的整齐程度，其中以体重的整齐性最为重要。要从育雏期开始，通过不同的方法对快速生长的鸡群进行合理的限饲，以其有效地控制鸡群的体重在正常的生长范围之内。由于个体差异等多方面的原因，总会有一小部分的鸡体重不能达标，如不能及时调整，就会出现两方面的变化：“小的越小，大的越重。”导致鸡群在开产后，蛋种不均匀，高峰出现的晚，持续的时间短，严重地影响种鸡的生产性能。因此，每隔 4 周左右就要为鸡群进行全群称量，把体重符合标准的鸡群放在一个围栏里，正常增长饲料。体重稍小的鸡群放在一个围栏里，适当提高喂料量。体重稍大的鸡群放在一个围栏里，暂时少或不加料量，但一定不能减料。

四、操作方法及考核标准

（一）调群

（1）将1000只鸡围于大围栏内，注意要松紧适度。

（2）把桌子在围栏外摆好，把电子秤放在桌子上，接上电源。

（3）把三个小围栏分别放在每个电子秤旁边。在每个围栏旁边上用纸壳分别写上体重范围。例如，常规系母鸡10周龄体重是0.95kg，那么三个围栏上的范围应该是：①称量后0.85kg以下放在一栏中。②体重为0.85～1.05kg放在一栏。③体重1.05kg以上的放在一栏中。

（4）准备好之后，进去3名学生，不断地抓住围栏里面的鸡递到称量人手里，称量人根据体重把鸡只放入不同体重范围的围栏中。

（5）称量完整个鸡群后，要仔细认真记录各栏鸡只数量，以便准确投料。

（二）体重均匀度测定计算

1. 确定测定鸡数与正确抽样

鸡群数量较大时，按1%比例抽样；群体数量较小时，按5%的比例抽样，但抽样比例应不少于50只。抽样应具有代表性。平养时，一般先将鸡舍内各区域的鸡统统驱赶，使各区域的鸡大小分布均匀，然后用围栏在鸡舍任何一区域围住大约需要的鸡数，然后逐个称重登记。笼养时，应从不同层次的鸡笼中抽样称重，每层鸡笼取样数相同。

2. 体重均匀度的计算

通常按在标准体重±10%范围内的鸡只数量占抽样鸡只数量的百分率作为被测鸡群的均匀度。

案例：某鸡群10周龄，平均体重为760g，超过或低于平均体重±10%范围是：

$$760g + (760g \times 10\%) = 836g$$

$$760g - (760g \times 10\%) = 684g$$

在5000只鸡群中抽样5%的鸡（为250）中，标准在±10%（836～684g）范围内的鸡为198只，占称量总数的百分比为：

$$(198 \div 250) \times 100\% = 79\%$$

则该鸡群的群体均匀度为79%。

3. 鸡群的均匀度判断标准

根据计算结果，判断鸡群发育的整齐度。鸡群的均匀度标准见表4－13。

可见，上例鸡群的均匀度比较好。

表 4－13　鸡群的均匀度标准

在鸡群中平均体重在 ±10% 范围内的鸡只所占比例/%	均匀度
85 以上	特等
80～85	良好
75～80	好
70～75	一般
70 以下	不良

五、技能考核

重点考核学生对被测鸡群的随机抽样是否正确，鸡群均匀度的计算与鸡群发育整齐度的判断是否正确。

六、实训报告

根据鸡群均匀度的测定结果，对鸡群发育整齐度做出判断，并提出饲养技术管理改进措施。

实训注意事项：

（1）围栏鸡群时，一定要注意，不要太拥挤，以免压死弱鸡、小鸡，而且要注意围栏不能松动或过矮，以免个别鸡只飞出围栏。

（2）最好在上午没有喂料时进行，但不控水。

（3）在进行均匀度测定是要适当添加电解多维，避免鸡群由于驱赶或捕捉产生过度应激。

（4）在养鸡场练习均匀度测定时要注意防疫消毒，同时要注意操作时的安全。

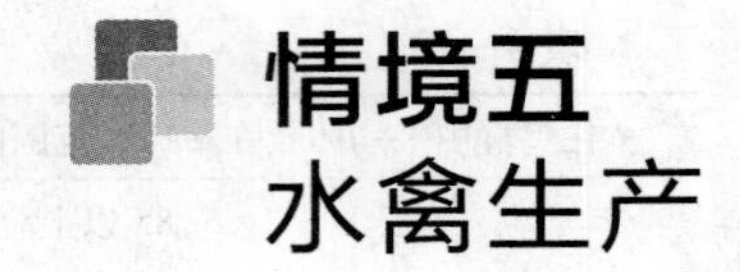

情境五 水禽生产

单元一 | 鸭的饲养管理

【知识目标】 能说出鸭的育雏方式、列出雏鸭的选择标准，熟悉雏鸭开食与饮水方法；能说出雏鸭的生理特点，掌握蛋鸭、肉鸭育成期的关键饲养技术；掌握蛋鸭与肉用种鸭的饲养管理技术；能说出鸭的放牧饲养技术要点；能写出肉鸭育肥技术过程。

【技能目标】 能做好育雏准备工作；会雏鸭饮水和开食的操作方法；能根据雏鸭的行为表现调整好舍内环境条件；能拟出鸭的放牧方案；掌握肉鸭育肥过程操作。

【案例导入】 某农户想饲养2000只商品蛋鸭，请你帮忙设计育雏方式并列出要采购的用具、饲槽、物品和药品，请你谈一下帮助该农户的具体想法。

【课前思考题】

1. 一只蛋鸭每年能产多少只蛋？饲养2000只商品蛋鸭预计能挣多少钱？
2. 雏鸭生产主要采取何种饲养方式？
3. 如何节约饲养蛋鸭的成本，增加效益？
4. 肉鸭关键性饲养技术是什么？
5. 你听说过肉鸭的育肥技术吗？为什么要育肥？

一、蛋鸭的饲养管理

（一）育雏前的准备

1. 育雏季节的选择

育雏季节的选择不仅关系到成活率的高低，还影响饲养成本和经济效益的大小。我国北方饲养蛋用鸭有较强的季节性。应根据饲养的目的和自然条件，选择合适的季节，采用相应的育雏技术。根据雏期不同，所饲养的雏鸭一般可分为：

（1）春鸭　3月下旬至5月份饲养的雏鸭称为春鸭，而清明至谷雨前，即4月20日前饲养的春鸭称为早春鸭。这个时期育雏要注意保温，但育雏期一过，天气日趋变暖，自然饲料丰富，又赶上春耕播种阶段，放牧场地很多，雏鸭生长快，省饲料，产蛋早，开产以后会很快达到产蛋高峰，早春鸭可为秋鸭提供部分种蛋。但春鸭御寒能力差，饲养不当会导致母鸭疲劳，若气候骤变，一遇寒流就容易停产。若作为种鸭，要养到第二年春季才能留蛋，比秋鸭作种需消耗较多的饲料。所以饲养春鸭一般都作为商品蛋鸭，或作为一般的菜鸭上市。

（2）夏鸭　从6月上旬至8月上旬饲养的雏鸭称为夏鸭。这个时期的特点是气温高，雨水多，气候潮湿，农作物生长旺盛，雏鸭育雏期短，不需要保温，可节省育雏设备和保温费用。可充分利用早稻收割后的落谷，节省部分饲料，且开产早，进入冬季即可产蛋，当年可产生效益。但是，要注意防潮湿、防暑和防病工作，同时注意开产前要补充光照。

（3）秋鸭　从8月中旬至9月饲养的雏鸭称为秋鸭。此期秋高气爽，气温由高到低逐渐下降，是育雏的好季节。秋鸭可利用杂交稻和晚稻的稻茬地放牧，放牧的时间长，可以节省很多饲料。如将秋鸭留种，产蛋高峰期正遇上春孵期，种蛋价格高；如作为蛋鸭饲养，开产以后产蛋持续期长，只要有一定的饲养经验，产蛋期可以一直保持到第二年年底。但秋鸭的育成期正值寒冬，气温低，日照短，后期天然饲料少，因此要注意防寒和适当补料。我国长江中、下游大部分地区都利用秋鸭作为种鸭。

2. 育雏方式的确定

（1）地面育雏　雏龄越小垫草越厚（一般6～7cm），雏鸭直接放在上面饲养，采食、饮水区不铺垫草。这种育雏方式，饲养设备简单，投资省，积肥好，无论饲养条件好坏，均可采用。但采用这种方式房舍的利用率低，且雏鸭与粪便直接接触，容易感染疾病，平时应勤翻抖垫草，使粪便下沉底层，并定期更换板结、潮湿的垫草，保持垫草清洁干燥。

（2）网上育雏　这种方式有利于防疫卫生。不用垫草，节约劳力，温度比地面稍高，容易满足雏鸭对温度的需求，节约燃料，且成活率高，房舍的利用率比地面饲养增加1倍以上，缺点是一次性资金投入较大。

（3）立体笼育　是将雏鸭饲养在特制的多层金属笼里。这种育雏方式比平面育雏更能有效地利用房舍和热量，可提高单位面积的饲养密度，有利于卫生防疫，提高育雏成活率，节省燃料，同时可提高劳动效率，节约垫料，便于集约化。缺点也是一次性投资较大。

3. 加温方式的确定

用人工加温的方法，基本上与鸡的育雏相同，只是温度要求不同，是现代规模化养禽育雏的基本方法。由于所利用的热源不同，加温方法可分为：电热供温、煤炭供温、锅炉供温、火炉或地炕供温等。

4. 育雏室与育雏人员的准备

育雏室要求保温良好，环境安静。对育雏室的场地、保温供温设施、下水道进行修检，准备好充足的料槽和饮水器。墙壁、地面、室内空间、食槽、饮水器等要进行严格消毒。在雏鸭进舍前2~3d，对育雏室进行加热试温，使室内的温度保持在30~32℃。

5. 育雏饲料与垫料的准备

准备好足够的饲料和垫料，备好常用药品、药械和疫苗等。

6. 雏鸭的选择

雏鸭品质的好坏，直接关系到雏鸭本身的育雏率和生长速度，也关系到其生产性能。因此，在购取雏鸭时必须考虑以下几个因素：

（1）根据种鸭饲养质量来选择　选择鸭苗前，最好实地了解种鸭的饲养情况，应选择品种优良、经过系统免疫程序的种鸭，且饲养管理条件全面的种鸭场。应选择来自无疫情地区的雏鸭，一般来说，种鸭饲养条件良好，其种蛋在科学孵化条件下孵化的鸭苗质量必定良好。

（2）根据鸭苗出雏时间选择　一般来说，蛋鸭种蛋的孵化期应为28d，实际上应为27.5d，即当天下午入孵的种蛋，应在第28天的上午拿到鸭苗。凡推迟出雏的苗一般脐部血管收缩不良，容易在出雏时受到有害细菌的影响。因而选择苗时应掌握苗的出雏时间，出雏过迟的苗不宜选购。

（3）根据外形来选择　合格的雏鸭应该是：叫声洪亮、体质强壮、行动活泼有力，体膘丰满，眼睛大、灵活而有神，大小均匀一致，初生重一般为40~42g，体躯长而阔，臀部柔软，脐带愈合良好、无出血或干硬突出痕迹；全身绒毛松、洁净、毛色正常；脚高、粗壮，胫、蹼油润，趾爪无弯曲损伤，还要特别注意雏鸭要符合本品种特征。

（二）雏鸭的饲养管理

蛋鸭育雏期是指0~4周龄的雏鸭饲养阶段。雏鸭的培育目标是通过精心的饲养管理，使其逐步适应外界环境条件，健康地生长发育，保持良好的体质和较高的育雏成活率，为将来的育成鸭和产蛋鸭（或种鸭）打下良好的基础。

1. 雏鸭的生活习性

（1）怕冷　雏鸭刚孵出时十分娇嫩，全身绒毛稀少，单位体表散热面积大，神经系统发育不够完善，自身调节体温能力差，对外界环境条件适应能力较差，需要人工保温。

（2）消化能力差　雏鸭消化器官发育不完善，容积小，消化功能尚不健全，要有一个逐步适应的过程，应喂给营养全价易消化的饲料。

（3）对环境的适应能力差 刚出壳的雏鸭胆小、娇嫩，对外界陌生的环境敏感，需要一个逐步适应的过程。

（4）生长迅速 雏鸭早期相对生长发育比较快，在育雏阶段应喂给蛋白质含量较高的全价饲料，才能满足生长发育的需求。

（5）抗病力弱，易生病死亡，因此要特别注意卫生防疫工作。

2. 雏鸭的饮水与开食

雏鸭出壳后第一次饮水和采食称为“初饮”（又称“潮水”、“开水”）和“开食”。培育雏鸭要采取“早饮水、早开食，先饮水、后开食”的方法，具体措施如下：

（1）开水 开水的时间多在出雏后24h左右进行，现代规模养殖场给雏鸭“开水”多采用饮水器，为了减少运输造成的应激反应，可在饮水中加入少量的电解多维，喂给0.02%抗生素或电解多维水，可预防肠道疾病并补充维生素。第一次喂水时，应分群分栏进行，对没有初饮的雏鸭进行调教，并做到初饮后饮水器内不断水。

（2）开食 适宜时间为出壳后20～36h。传统开食饲料是焖熟的大米饭或碎米饭，或用蒸熟的小米撒在竹席上，让其自由啄食，4d后可改为煮烂的小麦饲喂，一般第一天喂六成饱，以防采食过多造成消化不良。到第3～4天增加喂量。第一周龄一般每天喂7～8次，其中晚上喂2～3次，以后随日龄和采食量的增加，饲喂次数可适当减少到5～6次。15d后每天喂3次即可。这种饲喂方法饲料单一，营养不全面，雏鸭生长发育慢，成活率低。随着养鸭业的快速发展，目前大型养鸭场或养鸭专业户，几乎全部饲喂破碎或小颗粒的全价颗粒料。

3. 育雏期的日常管理

（1）合理饲喂 将饲料撒在竹匾上或塑料薄膜上，让雏鸭自由采食。饲喂次数可由开食时的每天6～7次逐渐减少到育雏结束时的3～4次。

（2）适时“开青”、“开荤” 苗鸭开食3d后，即可“开青”，“开青”即开始喂给青饲料，此时可将青绿饲料切碎后单独饲喂或拌在饲料中饲喂，以弥补维生素的不足，各种水草、青菜等均可。到20日龄左右，青饲料占饲料总量可达40%左右。鸭苗开食5d后，即可“开荤”，“开荤”是给雏鸭饲喂动物性饲料，此时可给雏鸭饲喂剁粹的新鲜“荤食”，如小鱼、小虾、河蚌、蛆和蚯蚓等动物性饲料，可促进其生长发育。“开青”和“开荤”均为传统养鸭的饲喂方法，现代规模养鸭饲喂全价颗粒料无需另外再喂青料和荤食。

（3）放水 即让雏鸭下水活动，促进新陈代谢，增强体质，还可清洗羽毛，有利于卫生保健等。放水要从小就开始训练，开始的5d可与“开水”结合起来。雏鸭下水的时间，开始每次10～20min，可以上午、下午各1次，10日龄以后适当延长下水活动的时间，随着水上生活的不断适应，次数也可逐渐增加。下水的雏鸭上岸后，要让其在无风向阳而温暖的地方理毛，待身上的湿毛干燥后进入育雏室休息，千万不能让湿毛雏鸭进育雏室休息，天气寒冷时可停止放水。

（4）放牧　雏鸭能自由下水活动后，就可进行放牧训练。放牧训练的原则是：距离由近到远，次数由少到多，时间由短到长。随着日龄的增加，放牧时间可以逐渐延长，次数也可以增多。在封行前、封行后不能放牧；施过化肥、农药的水田或场地均不能放牧，以免中毒。

（5）及时分群　雏鸭分群是提高成活率的重要环节之一。雏鸭在“开水”前，应根据出雏的迟早、强弱分开饲养。根据雏鸭体重来进行分群，各品种都有自己的标准和生长发育规律，各阶段可以随机抽取5%～10%的雏鸭称重，结合羽毛生长情况。

（6）防止打堆　雏鸭胆小，刚出壳时常挤堆而眠，体弱的雏鸭往往被压伤或压死，或因堆挤受热而使雏鸭“出汗”受凉感冒或感染其他疾病造成死亡。为防止雏鸭挤堆，应将雏鸭进行分栏和每隔2h驱赶1次，放水上岸后应有充分的理毛时间，可减少雏鸭的打堆。

（7）搞好卫生　每日清除棚内鸭粪，垫草要勤换勤晒，食槽要经常冲洗，禁止饲喂腐败变质的饲料，并保持周围环境卫生。如果长期不注意通风，就会造成雏鸭抵抗力下降、体质弱，严重时可造成大批中毒而死亡。

以外，还要防止惊群，预防兽害，夜间、熄灯时应渐明渐暗，同时应加强值班巡视，经常清点数量，做好饲料消耗和死亡记录；防治鸭病等。

4. 育雏期的环境控制

（1）温度　蛋用雏鸭育雏期温度可较肉用仔鸭的略低。21日龄以内的雏鸭，温度控制范围是：1日龄为26～28℃；2～7日龄为22～26℃；8～14日龄为18～22℃；15～21日龄为16～18℃。21日龄以后，已有一定的抗寒能力，如气温在15℃左右，就不必考虑人工供暖，如遇到气温突然下降，也要适当增加温度。

（2）湿度　育雏初期育雏舍内需保持较高的相对湿度，一般以60%～70%的相对湿度为宜。随着雏鸭日龄的增加，相对湿度应尽量降低，一般以50%～55%为宜。

（3）通风换气　雏鸭体温高，呼吸快，如果育雏室关得太严密，室内的二氧化碳会很快增加。因此，育雏室要定时换气，朝南的窗户要适当敞开，以保持室内空气新鲜。但任何时候都要防止贼风直吹在鸭身上，以免受凉感冒。

（4）密度　育雏密度应根据季节、雏鸭日龄和环境条件等灵活掌握。密度过大，鸭群拥挤，采食、饮水不均，影响生长发育，鸭群整齐度差，也易造成疾病的传播，同时排出的粪便也多，鸭舍容易潮湿。密度过小，则房舍利用率低，合理的育雏密度如表5－1所示。

表 5－1　雏鸭育雏的密度　单位：只/m^2

日龄		1～10	11～20	21～30
加温育雏	夏季	30～35	25～30	20～25
	冬季	35～40	30～35	20～25
自温育雏		以直径 35～40cm 的箩筐为例，第 1 周每筐在 15 只左右，1 周后约 10 只		

（5）光照　雏鸭特别需要光照，太阳光能提高鸭的体表温度，增强血液循环，合成维生素 D_3，促进骨骼生长，并能增进食欲，刺激消化系统，有助于新陈代谢。在不能利用自然光照或者自然光照时间不足的条件下，可用人工进行弥补。育雏室内，光照的强度可大些，时间可长些。第 1 周，每昼夜光照可达 20～23h；第 2 周开始，逐步降低光照强度，缩短光照时间；第 3 周起，如上半年育雏，白天利用自然日照，夜间以较暗的灯光通宵照明，只在喂料时用较亮的灯光照 0.5h；如下半年育雏，由于日照时间短，可在傍晚适当增加光照 1～2h，其余仍用较暗的灯光通宵照明。

5. 育雏期的疾病控制

病害的发生往往取决于两个因素，即环境或鸭本身致病因素的存在和鸭体自身抵抗力的强弱。因此，育雏期的疾病控制要坚持“预防为主、防重于治”的方针。育雏期疾病控制主要做好以下几方面工作：

（1）引进健康鸭苗　鸭群发生疫病多数是由于场外引种，为了切断疫病的传播，有条件的场应尽量实行自繁自养。若需从外地引种，应确认雏鸭来源于健康无病的种鸭。

（2）及时做好免疫工作　根据本地区疫情流行特点和鸭群情况具体制订育雏期的免疫程序，及时做好免疫工作。

（3）全价饲料　疾病的发生与发展，与鸭群体质的强弱有关，采用全价配合饲料来饲喂雏鸭，确保雏鸭获得充足的营养，可有效提高鸭群体质，增强对疾病的抵抗力。

（4）创造良好的生活环境　饲养环境条件不良，是诱发鸭群疫病的重要因素，因此要科学安排禽舍的温度、湿度、光照、通风和饲养密度，尽量减少各种应激反应的发生。

（5）做好日常检查工作　要定时对鸭群的采食量、饮水表现、粪便、精神、活动、呼吸等情况进行观察，随时掌握鸭群健康状况，以切实做到鸭病的“早发现、早诊断、早治疗”。

（三）育成鸭的饲养管理

蛋鸭育成期一般指 5～16 周龄或 18 周龄开产前的青年鸭，这个阶段称为育成期。此期的青年鸭表现出杂食性强，可以充分利用天然动、植物性饲料，并适当地增加动物性饲料和矿物质饲料。育成阶段充分利用鸭的生理特点，进行科学的饲养管理能促进其生长发育。

1. 育成鸭的生理特点

（1）体重增长和羽毛生长　以绍鸭为例：绍鸭的体重在28日龄以后绝对增重快速增加，42～44日龄达到最高峰，56日龄后逐渐降低，然后趋于平稳增长，至16周龄的体重已接近成年体重。成鸭棕色麻雀毛在育雏结束时才将要长出，42～44日龄时胸腹部羽毛已长齐，平整较光滑，达到“滑底”，48～52日龄的鸭已达“三面光”，52～56日龄已长出主翼羽，81～91日龄腹部已换好第二次新羽毛，102日龄鸭全身羽毛已长齐，两翅主翼羽已“交翅”。从体重增长和羽毛生长规律来看，在正常饲养管理的情况下，育成期末鸭的生长已趋结束，而进入产蛋前期。

（2）生殖器官发育　育成鸭到10周龄后，在第二次换羽期间，卵巢上的滤泡也在快速长大，到12周龄后，生殖器官的发育尤为迅速，有些育成鸭到90日龄左右时就开始见蛋。因此，为了保证育成鸭的骨骼和肌肉的充分生长发育，必须严格控制育成鸭的性成熟。

（3）适应性、可塑性强　青年鸭随着日龄的增长，体温调节能力增强，对外界气温变化的适应能力也随之加强。应进行科学的饲养管理，加强锻炼，提高生活力；使生长发育整齐，开产期一致，为产蛋期的高产稳产打下良好基础。

2. 育成鸭的饲养方式

（1）舍内饲养　育成鸭饲养的全程始终在鸭舍内进行，称为全舍饲圈养或关养。一般鸭舍内采用厚垫草（料）饲养，或是网状地面饲养、栅状地面饲养。这两种平面要比鸭舍地面高60cm以上，鸭舍地面用混凝土铺成，并有一定的坡度，便于清除鸭粪和污水。网状地面最好用塑料或铁丝网，网眼大小适中。栅状地面可用宽20～25mm、厚5～8mm的木板条或25mm宽的竹片，或者是用竹子制成相距15mm空隙的栅状地面，这些结构最好制成组装式，以便冲洗和消毒。

（2）半舍饲　鸭群固定在鸭舍、陆上运动场和水上运动场，但不外出放牧。采食、饮水可设在舍内，也可设在舍外，一般不设饮水系统，饲养管理不如全圈养严格。其优点与全圈养一样，可减少疾病传播，便于科学饲养管理。这种饲养方式一般与养鱼的鱼塘结合在一起，形成一个良性的鸭－鱼结合的生态循环，是我国当前农村养鸭的主要饲养方式之一。

（3）放牧饲养　我国传统的饲养方式。放牧时在平地、山地和浅水、深水中潜游觅食各种天然的动植物性饲料，节约大量饲料，降低生产成本，同时使鸭群得到很好的锻炼，增强体质，较适合于养殖农户的小规模养殖，这种方法比较浪费人力，蛋鸭大规模集约化生产时较少采用放牧饲养。最常见的放牧方法有以下3种：

①一条龙放牧法：这种放牧法一般由2～3人管理（视鸭群大小而定），由最有经验的牧鸭人（称为主棒）在前面领路，另有两名助手在后方的左、

右侧压阵，使鸭群形成5~10层次，缓慢前进，采食稻田的落谷和昆虫。这种放牧法适于将要翻耕、泥巴稀而不硬的落谷田，宜在下午进行。

②满天星放牧法：即将鸭驱赶到放牧场地后，不是有秩序地前进，而是让它们散开来，自由采食，先将具有迁徙性的活昆虫吃掉，留下大部分遗粒，以后再放。这种放牧法适于干田块或近期不会翻耕的田块，宜在上午进行。

③定时放牧法：群鸭的生活有一定的规律性，在一天的放牧过程中，要出现3~4次积极采食的高峰、3~4次集中休息和浮游。根据这一规律，不要让鸭群整天在田里或水上，而要采取定时放牧法。春末至秋初，一般每天采食4次，即早晨采食2h；9~11时采食1~2h；14：30~15：30采食1h；傍晚前采食2h。秋后至初春，天气冷，日照时数少，一般每日分早、中、晚采食3次，饲养员要选择好放牧场地，把天然饲料丰富的地方留于采食高峰时放牧。

3. 育成鸭的饲养管理要点

（1）育成期的饲养　育成期与其他时期相比，饲料宜粗不宜精，能量和蛋白质水平宜低不宜高，目的是使育成鸭得到充分锻炼，使蛋鸭长好骨架。饲料中含代谢能量为11.297~11.506MJ/kg，粗蛋白含量为15%~18%。日粮以糠麸类为主，动物性饲料不宜过多，舍饲的鸭群在日粮中添加5%的沙砾，以增强胃肠功能，提高消化率。限制饲养一般从8周龄开始，至16~18周龄结束。

限制饲喂主要用于圈养和半圈养鸭群，而放牧鸭群由于运动量大，能量消耗也较大，且每天都要不停地找食吃，整个过程就是很好的限饲过程，因此放牧条件下一般不需限饲。圈养和半圈养鸭需限制饲喂。通过限制饲喂，可节省饲料，一般可节约10%~15%，并且可降低产蛋期间的死亡率。限喂前应称重，此后每2周抽样称重1次，将体重控制在相应品种要求的适宜范围内，体重超重或过轻均会影响鸭群总产蛋量。限制饲喂方法有以下两种：

①限量法：按育成鸭的正常日粮（代谢能10.8MJ/kg、蛋白质13%~14%）的70%供给。具体喂法有两种：一是将全天的饲喂量在早晨1次喂给，吃完为止；二是将1周的总量平均分给6d喂完，停喂1d。

②限质法：饲喂代谢能为9.6~10MJ/kg、蛋白质为14%左右的低能日粮或代谢能为10.8MJ/kg、蛋白质为8%~10%的低蛋白质日粮。限制饲喂喂料时，要确保每只鸭同时有采食位置。

对于圈养鸭，要提供足够的食槽或料桶；半圈养鸭可将运动场地冲洗打扫干净，将料撒至运动场让鸭采食。为了检查限制饲喂的效果，限饲期要定期称重，最后将体重控制在一定范围，如小型蛋鸭开产前的体重只能在1400~1500g。表5-2是小型蛋鸭育成期各周龄的体重和饲喂量，仅供参考。如未达周龄体重，下周应酌情增料，但增料幅度不能太大。如超过周龄体重，下周喂料量保持不变，直至达周龄体重后再增料。

表 5－2　　小型蛋鸭育成期各周龄的体重和饲喂量

周龄	体重/g	平均喂料量/[g/(只·d)]	周龄	体重/g	平均喂料量/[g/(只·d)]
5	550	80	12	1250	125
6	750	90	13	1300	130
7	800	100	14	1350	135
8	850	105	15	1400	140
9	950	110	16	1400	140
10	1050	115	17	1400	140
11	1100	120	18	1400	140

（2）育成期的管理

①通风换气，保持鸭舍干燥：鸭舍要保持新鲜空气，尤其是圈养鸭舍，即使在冬季，每天早晨喂料前也应首先打开门窗通风，排除舍内污浊的气体。鸭是水禽，平时喜欢水，但并不是整天喜欢潮湿，因而放牧鸭群回鸭舍时，应先让其在舍外理毛，羽毛干燥后进舍。

②合理的光照：一般 8 周龄后，每天光照以 8～10h 为宜，光照强度为 5lx，其他时间可用朦胧光照。为了便于鸭夜间饮水，防止老鼠走动时惊群，舍内应通宵弱光照明，一般 $30m^2$ 的鸭舍设 1 只 15W 灯泡即可。

③加强运动：运动可促进骨骼和肌肉的生长发育，防止过肥，每天定时赶鸭在舍内做转圈运动，每次 5～10min，每天 2～4 次。

④锻炼鸭的胆量：可利用喂料、喂水、换草等机会，经常与鸭群接触，使鸭与人逐渐熟悉，提高鸭的胆量，防止惊群。

⑤及时分群：为了使鸭群生长发育一致，防止啄癖的发生，育成期的鸭要及时按体重大小、强弱和公母分群饲养，育成鸭的小群设置可大可小，但每个鸭群的组成不宜太大。一般放牧鸭每群以 500～1000 只为宜，而舍饲鸭可分成小栏饲养，每个小栏 200～300 只。其饲养密度因品种、周龄而不同，一般5～8 周龄地面养 15 只/m^2 左右，9～12 周龄 12 只/m^2 左右，13 周龄起 10 只/m^2 左右。

⑥建立稳定的作息制度：把鸭的休息、采食、下水活动等安排好，有利于生长发育。

⑦做好工作记录：生产鸭群的记录内容包括鸭群的数量、日期、日龄、饲料消耗、鸭群变动的原因、疾病预防情况等。育种群记录按育种要求，记录要更详细些。

4. 育成期的疾病控制要点

（1）保持圈舍、垫料干燥，喂料和饮水器具应天天清洗消毒。

（2）在鸭舍门口处放置生石灰消毒池，严禁一切带毒的动物或污染物进入圈内，杜绝疫源侵入。平时可用磺胺二甲基嘧啶或磺胺噻唑胺 0.5%～1%

比例拌料喂3~5d；或用0.01%的高锰酸钾饮水防疫。放牧鸭群采食的自然饲料中，含有较多的肠道寄生虫，尤其是绦虫，因而要定时检查，进行必要的驱虫工作。对健康鸭应紧急进行预防免疫，控制疫病流行。

（3）一旦发现疫病，要立即隔离，对病死鸭做深埋或烧毁处理。若是重大传染病应上报上级主管部门，并整个养殖场进行封闭。

（四）产蛋鸭的饲养管理

蛋鸭在产蛋期饲养管理的主要任务是提高产蛋量，减少破蛋量，节省饲料，降低鸭群的死亡率和淘汰率，获得最佳经济效益。

1. 产蛋期鸭的生理特点

（1）代谢旺盛，对饲料要求高　进入产蛋期的母鸭新陈代谢很旺盛，由于蛋鸭产蛋量高，而且持久，这种产蛋能力需要大量的营养物质支持。

（2）产蛋鸭采食能力强　鸭属于杂食性动物，不仅采食植物性饲料，也采食动物性饲料。鸭采食时有一定等级序列，强壮的鸭选择有利的位置，体弱的鸭则在四周寻食，有时强壮的鸭还要从体弱的鸭嘴中抢夺食物。

（3）无就巢性　我国的蛋鸭品种无就巢性，这为提高产蛋量提供了极为有利的条件。

（4）产蛋鸭胆大　鸭产蛋以后不但不怕见人，反而喜欢接近人。

（5）性情比较温驯　产蛋鸭性情较温驯，进舍后安静地休息、睡觉，不到处乱跑乱叫。

（6）生活和产蛋的规律性很强　正常情况下，产蛋都在深夜进行，而且集中在下半夜，凌晨3:00~5:00达到高峰。

（7）有明显的求偶表现　在产蛋期，鸭具有明显的求偶行为。一般来说，公鸭性行为较为主动，交配行为大多在水上进行，交配时间在上午7:00~11:00和下午3:00~6:00。交配过程一般每次需5~10min。

2. 产蛋鸭的分期饲养管理要点

蛋鸭的产蛋期可分为4个阶段：150~200d为产蛋初期，201~300d为产蛋前期，301~400d为产蛋中期，401~500d为产蛋后期。

（1）产蛋初期和前期的饲养管理　白天喂3次料，晚上9~10时给料1次。采用自由采食，每只产蛋鸭每日耗料150g左右。此期内光照时间逐渐增加，产蛋高峰期自然光照和人工光照时间应保持在14~15h。在201~300d期内，每月应空腹抽测母鸭的体重，如超过或低于此时期的标准体重5%以上，应检查原因，并调整日粮的营养水平。

（2）产蛋中期的饲养管理　此期的鸭群因已进入高峰期进行产蛋并持续产蛋100多天，体力消耗较大，对环境较敏感。此期内的营养水平要在前期的基础上适当提高，粗蛋白的含量应达20%，并注意钙的添加量。日粮中含钙量过高会影响饲料的适口性，可在粉料中添加1%~2%的颗粒状壳粉。光照时间稳定在16~17h。

（3）产蛋后期的饲养管理　如果饲养管理得当，此期内鸭群的平均产蛋率可保持在75%～80%，此期内应按鸭群的体重和产蛋率的变化调整日粮营养水平和给料量；如果鸭群体重超标，有过肥趋势时，应将日粮中的能量水平适当下调，或适量增加青绿饲料或控制精料采食量；若鸭群产蛋率仍维持在80%左右，而体重有所下降，则应增加一些动物性蛋白质的含量；若产蛋率已下降到60%左右，已难以使产蛋率上升，无需加料，应给予淘汰。

3. 产蛋期的环境控制

（1）饲养密度　圈养和半圈养时，一般鸭舍可饲养产蛋鸭7～8只/m^2。

（2）温度　产蛋鸭最适宜的外界环境温度是13～23℃，此温度下鸭群的饲料利用率、产蛋率均处于最佳状态。

（3）光照　开放式鸭舍一般采用自然光照与人工光照相结合，而封闭式鸭舍则多采用人工光照。具体可参照表5－3执行。

表5－3　蛋鸭产蛋期的光照时间和光照强度

周龄	光照时间	光照强度
17～22	每天以15～20min均匀递增，直至16h	5lx，晚间朦胧光照
23周以后	稳定在16h，临淘汰前4周时增加到17h	5lx，晚间朦胧光照

4. 不同季节饲养管理要点

（1）春季蛋鸭的饲养管理要点　一是饲料供应要充足，日粮营养要丰富而全面，以适应产蛋鸭的高产需求。舍内常备足够的清洁饮水，饲喂时间和饲料品种要稳定，保证鸭群吃饱吃好，并适当添加矿物质钙和青饲料，放牧鸭可适当延长放牧时间。二是要加强初春的保温工作。在春夏交替之际，气候多变，要注意鸭舍内的干燥和通风。

（2）梅雨季节蛋鸭的饲养管理要点　一是要敞开鸭舍门窗（草舍可将前后的草帘卸下），充分通风，高温、高湿时尤其要防止氨气、硫化氢气体中毒。二是勤换垫草，保持舍内干燥。三是要严防饲料霉变，每次进料的量不能太多，并要防止雨淋，同时要保存在干燥的地方，霉变的饲料绝对不能饲喂。四是要疏通排水沟，检修围栏、鸭滩和运动场。运动场既要平整、无积水，又要保持干燥。五是要对鸭群做好防疫工作，并进行一次驱虫工作。

（3）盛夏季节蛋鸭的饲养管理要点　一是要对鸭舍和运动场采取防暑措施：将鸭舍屋顶刷白，实行遮阳降温，运动场上搭凉棚遮阳。鸭舍的门窗全部敞开，草舍前后的草帘全部卸下，有利于通风，有条件时可安装排风扇或吊扇，通风降温排湿。同时，还应适当降低鸭群的饲养密度。早放鸭，迟关鸭，增加午休时间及下水次数。二是要调整饲料配方：适当降低饲料中能量水平，相应增加蛋白质、钙、磷、电解维生素的含量，在饲料中应添加抗应激作用的药物。三是要提供充足的清凉饮水，水盆、料盆使用后应及时清洗及消毒。四是实行顿饲：应集中于早晚凉爽的时间饲喂，中午多喂些含粗纤维的饲料，如块根、块茎或瓜类等，适当喂些葱、蒜等刺激性食物，以增加采食量及增强抗病能力。

（4）秋季蛋鸭的饲养管理要点　一是要人工补充光照，保持每天光照不少于16h，光照时间只能增加不能减少；二是要做好防寒保暖，保证舍内小气候基本稳定，尤其是针对秋季气候多变这一特点，及时做好台风暴雨和气温骤变等预防工作，尽可能减少舍内小气候的骤然变化；三是要适当增加营养，补充动物性蛋白质饲料；四是要对鸭群进行一次逐只筛选，及时淘汰停产鸭或低产鸭。

（5）冬季蛋鸭的饲养管理要点　11月底至第二年2月上旬是一年中最为寒冷的季节，饲养管理不当会造成鸭群的产蛋率迅速下降。其管理要点有：一是增设保温设施，深夜棚内温度应维持在5℃以上；二是要及时调整日粮，适当提高饲料中代谢能的含量，并适当增加饲喂量，最好夜间再补1次饲料，一般夜间补饲比不补饲的蛋鸭可提高产蛋量约10%；三是要适当增加饲养密度，可增加到8～9只/m^2，并增加鸭群的运动量；四是要人工补充光照，每天光照至少应保持在16h；五是对放牧鸭，应早上迟放鸭，傍晚早关鸭，只在上、下午气温较高时让鸭群各洗浴1次，每次不超过10min；六是要减少应激，还要搞好舍内外清洁卫生，防止老鼠、黄鼠狼和犬等兽害的侵袭。

（五）蛋种鸭产蛋期的饲养管理

种用蛋鸭饲养管理的主要目的是获得尽可能多的合格种蛋，还要有较高的受精率和孵化率，并且孵出的雏鸭质量要好。这就要求饲养管理过程中，要养好种公、母鸭。

1. 蛋种鸭的挑选

（1）种公鸭的选留　选留种公鸭需按种公鸭的品种标准要求进行育雏期、育成期和性成熟初期3个阶段的选择。在育成期公、母鸭最好分群饲养，公鸭采用放牧为主的饲养方式，让其多活动、多锻炼。

（2）产蛋母鸭的挑选　根据外貌和行动来选择产蛋母鸭，高产蛋鸭羽毛紧密，头清秀，颈长，身长，眼大而突，腹部深广、但不拖地，臀大而方，两脚间距宽，如高产绍鸭腹部软下垂，泄殖腔湿润而松弛，两趾骨间可容三指以上，龙骨与趾骨之间可容一个手掌。高产蛋鸭与低产蛋鸭在外观上的区别可参见表5－4。

表5－4　高产蛋鸭与低产蛋鸭外貌上的区别

部位	高产鸭	低产鸭
头	昂起、大小适中	颓、缩
眼	眼突有神	小而无神
颈	细长、灵活	粗短、不灵活

续表

部位	高产鸭	低产鸭
翼	两翼服帖	两翼松散
脚	强健，两脚距离宽	细小无力
蹼	大而厚	小而薄
膨大部	饱食后凸起且膨大	容积小、不膨大
腹部	深宽	浅薄
臀部	圆而下垂	窄小、紧缩
羽毛	脏污，不完整	整洁、光亮
活力	活泼、反应快，觅食力强	迟钝、反应慢、食欲差
体型	梯形、深、长、宽	狭窄、短浅

2. 产蛋种鸭的饲养管理要点

（1）增加营养　种用蛋鸭饲料中的蛋白质含量要比商品蛋鸭高，同时要保证蛋氨酸、赖氨酸和色氨酸等必需氨基酸的供给，保证饲料中氨基酸的平衡。色氨酸对提高受精率、孵化率有良好的帮助，日粮中的含量应为0.25%～0.30%。鱼粉和饼粕类饲料中的氨基酸含量高，而且平衡，是种用蛋鸭较好的饲料原料。此外，要补充维生素，特别是维生素E，因为维生素E对提高产蛋率、受精率有较大的作用，日粮中维生素E的含量为25mg/kg，不得低于20mg，也可用复合维生素来补充。

（2）养好种公鸭　在青年鸭阶段，最好与母鸭分开单独饲养。此时，可让其多活动、多锻炼，以增强公鸭的体质。公鸭到150d左右才能达到性成熟。因此，选留公鸭要比母鸭早1～2个月龄进行培养，当到母鸭开产时，此时应让其多下水、少关养，以激发其性欲。

（3）加强种用蛋鸭的日常管理　种用蛋鸭的管理重点是房舍内的垫草应经常翻晒、更换，提供并保持干燥、清洁，运动场要保持下水通畅，不得有污水积存；保持鸭舍环境的安静，严防惊群；保持鸭舍内良好的通风换气，特别是当外界温度高时，更要加强通风换气；种蛋要及时收集，种蛋应贮放在阴凉处，防止阳光照射，所收种蛋应及时入孵，一般以5d入孵一批为宜，最多不超过7d，气温较高时可缩短为2～3d。

3. 配种

（1）种鸭群的公母配种比例　以绍鸭为例，公母鸭的合理配种比例可为1:20；这样的公母配种比例可保证鸭群的平均受精率在90%以上。在育成阶段，每100只母鸭多配1～2只公鸭，到母鸭产蛋时保持1:25左右的公母比例为宜。

（2）种鸭的利用年限　鸭的产蛋年限可达4～5年。一般种鸭场都采取“一年一淘汰，年年留种蛋”的方式，定群时可增选5%～10%的种公鸭备用。

4. 人工强制换羽

鸭在每年春末或秋末会自然换羽。鸭自然换羽时，时间可持续3~4个月，对产蛋量有很大的影响。为了缩短休产时间，提高种蛋量和蛋的品质，当母鸭群产蛋率降低到20%~30%时，即可进行人工强制换羽。人工强制换羽是人为地突然改变母鸭的采食情况和环境条件，使鸭毛根老化，在易于脱落时，强行将翅膀的主翼羽、副翼羽拔掉，尾羽可拔也可不拔。人工强制换羽的优势与鸡的相同，其方法有：

（1）关舍　在换羽前，将体弱的种鸭淘汰，挑选健康的种鸭进行换羽；把产蛋率下降到30%左右的母鸭群关入鸭舍内，前3~4d内只供给水，不放牧，不喂料，或者在前7d逐步减少饲料喂量，即第2天饲料开始降低，喂料2次，给料量为80%，逐渐降至第7天给料量的30%，至第8天停料只供给饮水，关养在舍内。

（2）拔羽　最好在晴天早上进行。具体操作是用左手抓住鸭的双翼，右手由内向外侧沿着该羽毛的尖端方向，用猛力瞬间拔出来。先拔主翼羽，后拔副翼羽，最后拔主尾羽。公、母鸭要同时拔羽，在恢复产蛋前，公、母鸭要分开饲养。拔羽的当天不放水、放牧，防止毛孔受到感染，但可以让其在运动场上活动，并供给充分饮水，给料30%。

（3）恢复　鸭群经过关舍、拔羽，体质变弱，体重减轻，消化功能降低，必须加强饲养管理，但在恢复饲料供给时不能过急过躁，喂料量应由少至多，饲料质量由粗到精，经过7~8d才可逐步恢复到正常饲养水平，即由给料30%逐步恢复到全量喂给，以免因暴食导致消化不良。拔羽后第2天开始放牧、放水，加强活动。拔羽后25~30d新羽毛可以长齐，再经2周后便可恢复产蛋，所以在拔羽后20d左右开始加喂动物性饲料。

二、肉鸭的饲养管理

（一）肉用雏鸭的饲养管理

肉用种鸭的育雏期为0~4周龄。肉用种鸭育雏期饲养管理与蛋用型雏鸭的饲养管理要求相近，主要区别为：一是温度，用保温伞育雏时，1日龄时伞下温度应控制在34~36℃，伞周围区域为30~32℃，育雏室内的温度为24℃，冬季可提高1~2℃，夏季可适当降低1~2℃；育雏第一天后，每周可下降3~5℃，直至与室外温度相近（18℃），便可脱温。二是饲料营养水平要求也较蛋鸭高。

（二）肉鸭育成期的饲养管理

肉用种鸭的育成期为5~24周龄，此期的体重和光照时间是保证产蛋期的产蛋量和孵化率的关键所在。因此，在育雏期间应饲喂全价配合饲料，保证营养充足；在育成期要限制饲养，以保证体重和性成熟协调发展，使其适时开产。

1. 限制饲养

在育成期对种鸭实行限制饲养，可使鸭的实际体重在标准体重范围内，性成熟时间适中，增加产蛋总量，降低产蛋期死亡率，提高受精率和孵化率，发挥其最佳生产性能。肉种鸭的限饲方法很多，但主要采取每日限饲和隔日限饲两种方式。

实践证明，无论采用哪一种限饲方法，在喂料当天的第一件事都是早上4时开灯，按群分别称料，然后定期投料。

2. 喂饲量与喂饲方法

第4周周末，鸭群随机抽样10%的个体，空腹称重，计算其平均体重，与标准体重或推荐的体重范围相比，来确定下周的喂料量。另外，把每周的称重结果绘成曲线，与标准曲线相比，通过调整饲喂量，使实际曲线与标准生长曲线基本相符，一般每周加料量在2～4g为宜，每周保持体重稳定增长的幅度。若平均体重低于标准体重，则每天每只增加5～10g；若高于标准体重，则每天每只减少5g。直至短时间内达到标准体重。饲料营养要全面，所喂的料应在4～6h吃完。另外，限饲要与光照控制相结合。

3. 转群

肉鸭育成期一般采用半舍饲的管理方式，鸭舍外设运动场，其面积比鸭舍大1/3，即为鸭舍面积的4/3倍。若育雏期网上平养转为育成期地面垫料平养，应在转群前1周准备好育成鸭舍，并在转群前将饲料及水装满容器。

4. 光照

鸭群在5～20周龄这个阶段，通常每天固定9～10h的光照时间。在实际生产中多采用自然光照，自21周龄开始增加光照，到26周龄时的光照时间达到17h。

5. 密度

地面平养时，每只鸭子至少应有0.45m^{2}的活动空间，鸭群进行分栏饲养，每栏以200～250只为宜，鸭群太大，会使群体体重差异变大，不利于饲养管理。

6. 通风换气

由于鸭的粪便中含有大量的水分，很容易使舍内环境潮湿，产生大量的氨气、硫化氢等有害气体，使舍内空气污浊，所以每天应加大通风量，及时更换垫料，保持舍内垫料松软干燥、空气清新。

7. 定期称重

从第4周龄开始，每周随机抽样称重。根据体重大小及时调整鸭群。从开始限饲就应整群，将体重轻、弱的鸭单独饲养，不限饲或少限饲，直到恢复标准体重后再混群。

（三）肉种鸭产蛋期的饲养管理

肉用种鸭的产蛋期为25周龄直至淘汰。产蛋期的饲养目的是提高产蛋量、种蛋的受精率和孵化率。要做到这几点，就必须进行科学的饲养与管理。

1. 饲养技术要点

与育成期相同，可以不转群。鸭的喂料量可按不同品种的《饲养手册》或建议喂料量进行饲喂，最好用全价配合饲料或湿拌料。鸭有夜食的习惯，而且在午夜后产蛋，所以晚间给料对产蛋相当重要，一般喂给湿料。喂料方法有两种，一种是顿喂，每天4次，每次间隔时间相等，要求喂饱。另一种是昼夜喂饲，每次少喂勤添，保证槽内始终有料，但槽内不要有过多的剩料。其优点是每只鸭吃料的机会均等，不会发生抢料而踩踏或暴食致伤的现象，对肉种鸭来讲比较合适。喂颗粒饲料时，可用喂料机，既省力又省时。无论采用哪一种饲喂方法，都应供给充足清洁的饮水。

2. 管理技术要点

（1）产蛋箱的准备　育成鸭转入产蛋舍前，应在产蛋舍内放置足够的产蛋箱，如果不换鸭舍则在育成鸭22周龄时放入产蛋箱。产蛋箱的尺寸为长40cm、宽30cm、高40cm，每个产蛋箱可供4～5只母鸭产蛋。产蛋箱一旦固定放好，不能随意变换位置，以免产生窝外蛋。

（2）环境条件　鸭虽耐寒，但冬季舍内温度不应低于0℃，夏季则不应高于25℃，温度低时可采取防寒保暖措施。每天给予17h的光照，光照强度为2W/m^2。同时加强通风换气，保持舍内空气新鲜，使有害气体及时排出舍外。饲养密度以2～3只/m^2为宜。

（3）运动　运动分舍内与舍外两种方式，舍外运动有水、陆两种形式。冬季在日光照满运动场时放鸭出舍，傍晚太阳落山前赶鸭入舍。冬季运动场要铺草。舍外运动场每天清扫1次。每天驱赶鸭群运动40～50min，分6～8次进行，驱赶运动切忌速度过快。舍内外要平坦，稍有坡度，无尖刺物，以防伤到鸭子。

（4）种蛋的收集　母鸭的产蛋时间集中在凌晨3～4时，随着产蛋鸭的日龄增长，产蛋的时间会向后推迟，在6～8点，要及时收集种蛋，收好后进行消毒入库。

（四）肉仔鸭的育肥

肉用仔鸭具有早期生长迅速，体重大，出肉率高，肉质好，体重均匀度好，饲料报酬高，生产周期短，可全年批量生产，采用全进全出制，建立产、销、加工联合体等特点。

1. 育雏方式

育雏方式可采用地面平养育雏、网上育雏和立体育雏。其中，立体育雏方式比平面育雏更能有效地利用禽舍和热量，既有网上育雏的优点，又可以提高劳动效率。立体育雏笼一般为3～5层，一般可节省燃料80%。育雏笼可用金属或竹木制作，约长 2m、宽 0.8 ~ 1m、高 20 ~ 25cm；底板采用竹条或铁丝网，网眼 1.5cm^2，两层叠层式，上层底板离地面 120cm，下层底板离地面 60cm，上、下两层间设一层粪板。

2. 环境条件及其控制

（1）温度　采用保温伞育雏，要求的温度为：1 日龄的伞下温度控制在 34 ~ 36℃，伞周围区域为 30 ~ 32℃，育雏室内的温度为 24℃。育雏温度随日龄增长，则逐渐降低，至 3 周龄时育雏室内的温度为 18 ~ 21℃。

（2）湿度　育雏第 1 周应保持稍高的湿度，一般相对湿度为 65%，第 2 周相对湿度控制在 60%，第 3 周以后保持在 55% 为宜。

（3）密度　育雏密度依品种、饲养管理方式、季节的不同而异。一般最大密度为 25kg/m^2 活重。不同饲养方式的饲养密度见表 5 - 5。

表 5 - 5　雏鸭的饲养密度　单位：只/m^2

周龄	地面垫料平养	网上平养	笼养
1	20 ~ 30	30 ~ 50	60 ~ 65
2	10 ~ 15	15 ~ 25	30 ~ 40
3	7 ~ 10	10 ~ 15	20 ~ 25

（4）光照　出壳后的前 3d 内采用 23 ~ 24h 光照，便于雏鸭对环境的熟悉，关灯 1h，光照强度通常为 10lx，以后逐渐减少，4 日龄以后，白天利用自然光照，早、晚喂料时人工光照，光照强度以方便采食即可。

（5）通风　保温的同时要加强通风，以排出潮气，保持舍内空气新鲜，夏季通风还有助于降温，但要防止贼风。

3. 雏鸭期的饲养管理要点

（1）开水、开食　一般雏鸭出壳后 24 ~ 26h “开水”，雏鸭一边饮水一边嬉戏，提供饮水器数量要充足，不能断水，也要防止水外溢。开水后当群中有 1/3 的雏鸭开始寻食时进行第一次投料，对于不会采食的雏鸭，一般训练 2 ~ 3 次即可，每次吃到七八分饱即可。

（2）饲喂的方法　第一周龄的雏鸭应让其自由采食，保持饲料盘中常有饲料，第一周按每只鸭子 35g 饲喂，第二周 105g，第三周 165g，在 21 日龄和 22 日龄时喂料内加入 25% 和 50% 的生长育肥期饲料。

（3）分群　雏鸭群过大不利于管理，环境条件不易控制，易出现惊群或挤压死亡，所以为了提高育雏率，应进行分群管理，每群 300 ~ 500 只。

（4）注意预防疾病　肉鸭网上饲养，群体大且密集，易发生疫病。因此，除加强日常的饲养管理外，还要特别做好防疫工作。饲养至 20 日龄左右，每只肌内注射鸭瘟弱毒疫苗 1mL；30 日龄左右，每只肌内注射禽霍乱菌苗 2mL，平时可用浓度为 0.01% ~ 0.02% 的高锰酸钾饮水。同时，要经常翻晒、更换垫料，食槽、饮水器每天要清洗、消毒等。

4. 生长育肥期的饲养管理要点

肉用仔鸭从4周龄到上市这个阶段称为生长育肥期，要根据肉用仔鸭的生长发育特点，进行科学的饲养管理，使其在短期内迅速生长，快速上市，尽可能节省成本。

（1）温度、湿度和光照　室温以15～18℃最为适宜。相对湿度控制在50%～55%。光照强度以能看见采食情况为准，白天利用自然光，早晚加料时才开灯。

（2）密度　大型肉鸭从4周龄至出栏大多采用舍内地面平养或网上平养，地面平养的饲养密度为：4周龄为7～8只/m^2，5周龄为6～7只/m^2，6周龄为5～6只/m^2，7～8周龄为4～5只/m^2，具体根据鸭群的个体大小及季节而适当调节。

（3）喂饲次数　饲料要多样化，白天3次，晚上1次。喂料量的原则与育雏期基本相同，以刚好吃完为宜。

（4）育肥期的管理　夏季要适当地限制饮水，防止地面潮湿。舍内的垫料要经常翻晒或增加垫料，垫料不够厚易造成仔鸭胸部囊肿、腿部疾病等，从而降低屠体品质。夏季气温高可让鸭群在舍外过夜。

（五）番鸭的饲养管理

番鸭是生产肉鸭的理想亲本，可用番鸭与家鸭杂交生产骡鸭，骡鸭的体重超过双亲，具有很强的杂交优势。例如，耐粗饲，增重快，肉质好，适于填肥，可生产优质鸭肥肝，生产效益高。

雏番鸭的饲养管理要点与肉鸭基本相同，但需要控制母番鸭的就巢性。解除就巢行为：目前最有效的方法是定期调换鸭舍，第一次换舍时间是在首批就巢鸭出现当周或之后。夏季，产蛋群二次换舍的间隔时间为出现就巢鸭的10～12d，春秋季则为16～18d，换舍必须在傍晚进行，将产蛋箱打扫干净，重新垫料，清扫料盘。加强饲养管理，尽量清除就巢的条件。

肉用仔鸭育肥技术

一、技能目标

了解肉用仔鸭育肥的饲料配方，熟悉仔鸭填饲的体重和填喂量。会使用填喂机，初步掌握人工填饲和机器填饲的操作方法。

二、教学资源准备

（一）材料与工具

需填喂的鸭子数只、填饲料、填喂机、塑料水桶等。

（二）教学场所

肉鸭场或实训基地。

（三）师资配置

实训时 1 名教师指导 15 名学生，技能考核时 1 名教师指导 8 名学生。

三、原理与知识

肉鸭的育肥是通过人工强制鸭子吞食大量高能量饲料，使其在短期内快速增重和积聚脂肪。当鸭子的体重达到 1. 5 ~1. 75kg 时开始育肥，育肥期一般为 2 周左右。育肥的前期料中蛋白质含量高，粗纤维也略高；后期料中粗蛋白质含量低、粗纤维略低，但能量却高于前期料。主要是由于雏鸭早期生长发育需要较高的蛋白质，而后期则需要较高的能量用来增加体脂，使后期的增重速度加快。填肥开始前，先将鸭子按公母、体重分群，以便于掌握填喂量。一般每天填喂 3 ~4 次，每次的时间间隔相等，前后期料各喂 1 周左右。一般经过 2 周左右填肥，体重在 2. 5kg 以上便可出售上市。

四、操作方法与考核标准

（一）操作方法

1. 填喂步骤

（1）人工填喂　先将填料用水调成干糊状，用手搓成长约 5cm、粗约 1. 5cm、重 25g 的剂子。填喂时，填喂人员用腿夹住鸭体两翅以下部分，左手抓住鸭的头，大拇指和食指将鸭嘴上下喙撑开，中指压住鸭舌的前端，右手拿剂子，用水蘸一下送入鸭子的食管，并用手由上向下滑挤，使剂子进入食管的膨大部，每天填3~4次，每次填4~5个，以后则逐渐增多，后期每次可填8~10个剂子。

（2）机器填喂

①拌料：填喂前3~4h将填料用清水拌成半流体浆状，水与料的比例为6:4。使饲料软化，夏天应防止饲料发霉变质。

②操作：填喂时把浆状的饲料装入填料机的料桶中，填喂员左手捉鸭，以掌心抵住鸭的后脑，用拇指和食指撑开鸭嘴的上下喙，中指压住鸭舌的前端，右手轻握食管的膨大部，将鸭嘴送向填食的胶管，并将胶管送入鸭的咽下部，使胶管与鸭体在同一条直线上，以防损伤食管。插好管子后，用左脚踏离合器，机器自动将饲料压进食管，料填好后，放松开关，将胶管从鸭嘴里退出。填喂时鸭体要平，开嘴要快，压舌要准，插管适宜，进食要慢，撒鸭要快。填食虽定时定量，但也要按填喂后的消化情况而定。并注意观察，一般在填食前1h填鸭的食管膨大部出现凹沟为消化正常。早于填食前1h出现，表明填食过少。

（3）填喂的数量　一般每天填喂湿料4次，第1天填150~160g，第2~3天填175g，第4~5天填200g，第6~7天填225g，第8~9天填275g，第10~11天填325g，第12~13天填400g，第14天填450g。如果鸭的食欲好也可多填，应根据情况灵活掌握。

2. 育肥期的管理

（1）每次填喂后适当放水活动，清洁鸭体，帮助消化，促进羽毛的生长，每隔2~3h赶鸭子走动1次，以利于消化，但不能粗暴驱赶。

（2）舍内和运动场的地面要平整，防止鸭跃倒受伤，舍内保持干燥，夏天要注意防暑降温，在运动场院搭设凉棚遮阳，每天供给清洁的饮水。

（3）白天少填晚上多填，可让鸭在运动场上露宿，鸭群的密度为前期每平方米2.5~3只/m^2、后期2~2.5只/m^2，始终保持鸭舍环境安静，减少应激，闲人不得入内。

（二）技能考核标准

序号	考核项目	评分标准		考核方法	考核分值	熟练程度
		分值	扣分依据			
1	材料准备	10	试验对象缺失或挑选不合理扣4分，育肥饲料、育肥用具等缺失一个扣3分	单人操作考核		基本掌握/熟练掌握
2	人工填喂	30	填喂饲料制作不规范扣5分，抓鸭、保定鸭不规范各扣5分，填喂操作不正确15分			基本掌握/熟练掌握
3	机器填喂	30	填喂饲料制作不规范扣5分，抓鸭、保定鸭不规范各扣5分，填喂操作不正确15分			基本掌握/熟练掌握

续表

序号	考核项目	评分标准		考核方法	考核分值	熟练程度
		分值	扣分依据			
4	填喂数量	20	填喂次数、间隔不合理各扣4分，育肥期间填喂的饲料量控制不合理扣12分	单人操作考核		基本掌握/熟练掌握
5	规范程度	10	操作不规范、混乱各扣5分			基本掌握/熟练掌握

五、复习与思考

1. 肉鸭育肥技术的应用情况。
2. 肉鸭育肥技术的操作方法与步骤。
3. 肉鸭育肥技术的注意事项。

单元二 | 鹅的饲养管理

【知识目标】 能说出雏鹅的生理特点和育雏方式，熟悉雏鹅生长发育所需要的环境条件，掌握雏鹅开食与潮口的要点。对比说明育成鹅的生理特点，叙述育成鹅饲养技术要点。掌握种鹅群的年龄结构，说出种鹅放牧饲养的关键技术。能写出饲养仔鹅的关键生产环节。

【技能目标】 学会雏鹅开食的操作方法，能根据雏鹅的表现调整好舍内环境条件，会拟定提高雏鹅成活率的措施，会操作活拔羽绒技术，能拟定鹅肥肝生产的饲养程序。

【案例导入】 某同学家住杜尔伯特蒙古族自治县，家中承包了大片草原，阔叶牧草种类丰富，他毕业后想回家自主创业发展仔鹅生产。请问应如何选择仔鹅的育雏方式，并拟定仔鹅的饲养管理操作规程？

【课前思考题】

1. 养鹅能生产出多少种产品？
2. 如何检验雏鹅的生长发育是否正常？
3. 种鹅群适宜的公、母比例是多少？
4. 如何为放牧的鹅补饲？
5. 雏鹅放牧应注意的事项是什么？
6. 冬季管理母鹅的要点是什么？
7. 你知道活拔羽绒技术能增加多少经济效益吗？
8. 你知道鹅肥肝是如何生产的吗？

一、雏鹅的饲养管理

（一）雏鹅的生理特点

雏鹅是指4周龄以内的苗鹅。雏鹅的生理特点有以下几个方面。

1. 体温调节能力不完善

刚出壳的雏鹅，绒毛稀薄，对外界温度变化的适应性很弱。低于20日龄的雏鹅，温度稍低时易发生扎堆现象，常导致压伤，甚至大批死亡。

2. 新陈代谢旺盛，生长发育快

一般中、小型鹅种出壳重100g左右，大型鹅种重130g左右。雏鹅生长速度快，到20日龄时，小型鹅种的体重比出壳时增长6~7倍，中型鹅种增长9~10倍，大型鹅种可增长11~12倍。

3. 消化能力弱

雏鹅消化道短，容积小，吃下去的食物平均在消化道停留时间短，约为

1.3h。同时，肌胃收缩力弱，对食物的研磨能力差，消化腺分泌消化液量少，消化酶活力低，消毒能力弱。

4. 抗病力差

雏鹅的免疫系统功能低下，对病原微生物抵抗力弱，抗病力差，容易感染各种疾病。

5. 适应性差、缺乏自卫能力

饲料中某种营养素缺乏时，雏鹅容易表现出病态反应；环境条件突然变化时，容易造成雏鹅的应激；遇到运输、抓捕或免疫接种等刺激时，易产生应激。同时，雏鹅个体小，尤其是2周龄以内的雏鹅对鼠类及其他肉食性野生及家养动物的侵害无法自我防御。

（二）育雏方式

目前，我国养鹅户普遍采用自温育雏和平面供温育雏两种方法。

1. 自温育雏

一般采用鹅篮、箩筐、纸板箱、稻草囤等容器，其上加盖保温物品，通过增减盖物、垫料厚薄等措施来调节温度，发现雏鹅有扎堆现象时及时用手扒散，以防雏鹅窒息而死。自温育雏要求室温在15℃以上。此法简便，但劳动量大，仅适合于小群育雏。

2. 供温育雏

供温育雏是普遍采用的育雏方法，一般采用地面饲养或网上平养。育雏形式随热源的种类不同而异，主要有以下几种：

（1）保温伞育雏　在干燥的地面上，铺垫5~10cm洁净而柔软的垫料，使用直径为1.5m的伞形育雏器供温。通常伞内安装电热丝、电热板或红外线灯泡作为热源，伞边缘距地面高度约30cm，每个保温伞可育雏鹅100只左右。此法简便，调温容易、节省人力，但耗电多、成本较高。

（2）网上育雏　将雏鹅饲养在离地50~60cm高的铁丝网或竹板网上，网眼为1.25cm×1.25cm。热源由通过室内的烟道提供。烟道高与宽均为50cm，其长度与舍长相对应，烟道设置在网的下方两侧窗附近。

（3）地面和网上平养结合　1~7日龄的鹅采用网上平养，8日龄后转为地面平养，这种方式既能满足幼鹅对温度的要求，提高成活率，又可避免长时间网上饲养所致雏鹅啄羽等不良现象。

（4）立体笼养　5~10日龄前可使用鸡的育雏笼对幼鹅进行育雏，保温设备多种。

（三）育雏条件

合理的育雏条件是保证雏鹅健康成长的前提。育雏条件主要包括温度、湿度、通风、光照和饲养密度等。

1. 温度

育雏温度的高低、供温时间的长短，因品种、季节、日龄和雏鹅的强弱而异，一般需供温2~3周，北方或冬春季供温期稍长，南方或夏秋季节可适当缩短。适宜的育雏温度是1~5日龄时为28~27℃，6~10日龄时为26~25℃，11~15日龄时为24~22℃，16~20日龄时为22~20℃，21日龄以后为18℃。

2. 湿度

育雏期间湿度的卫生标准是：0~10日龄时，相对湿度为60%~65%，11~21日龄时为65%~70%。

3. 通风换气

夏秋季节，打开门窗即可通风，冬春季节，通风换气前要将舍温升高2~3℃，然后逐渐打开门窗或换气扇，但要避免冷空气直接吹到鹅体。通风时间多安排在中午前后，避开早晚气温低的时间。舍内空气的卫生标准要求：氨气的浓度保持在0.01mL/m^3以下，二氧化碳保持在0.2%以下为宜。

4. 光照

生产中通过人工光照与自然光照相结合来满足雏鹅对光照时间的需求。通常光照时间和光照强度要求如下：0~7日龄，24h/d；8~14日龄，18h/d；15~21日龄，16h/d。21日龄后，自然光照即可。白天采用自然光照，晚上人工补充光照。雏鹅的光照强度要求为20lx，即100m^2的鹅舍安装12只11W节能灯即可（要求灯泡距地面2m）。

5. 饲养密度

密度是指每平方米地面或网底面积上养的雏鹅数。具体雏鹅饲养密度见表5-6。

表5-6 适宜的雏鹅饲养密度 单位：只/m^2

类型	1周龄	2周龄	3周龄	4~6周龄	7周龄~上市
小型鹅	12~15	9~11	6~8	5~6	4.5
中型鹅	8~10	6~7	5~6	4	3
大型鹅	6~8	6	4	3	2.5

（四）育雏准备工作

1. 预测养鹅市场，拟定育雏计划

了解人们饮食习惯，调研市场需求，制订育雏计划。

2. 育雏舍的准备

根据育雏数量、饲养密度等要求确定育雏舍面积，进雏前要对育雏舍彻底清扫和消毒，将打扫干净的育雏舍用高压水冲洗地板、墙壁或网床、笼具，晾干后地面平养要铺上垫料，将饲喂和饮水器具放入，用高锰酸钾、福尔马林熏蒸消毒。育雏舍出入处应设有脚踏消毒池，消毒池规格为：100cm×60cm×2cm。

3. 育雏设备的准备

育雏舍内必须有加温设备、养殖设备、光照设备及消毒设备。

4. 育雏用品的准备

育雏前要准备好食槽、水槽等用具，还要准备好开食饲料、药品及打扫、防疫用具。开食的精饲料要求不霉变、无污染、营养科学、颗粒大小适中、适口性好、易消化。还可事先种一些鹅喜爱吃的青绿饲料，刈割切碎后供雏鹅食用。另外，还需准备一些维生素、微量元素、速补等添加剂和药品。育雏期间应准备的药品包括消毒药物、抗菌药物和疫苗。此外，还要准备温度计、手电、记录表格和秤等。

5. 预温

为了保证雏鹅进入育雏舍后有适宜的温度环境，应在接雏前1~2d启用加热设备，使舍温达到28~30℃。地面平养时，进雏前3~5d在育雏区铺上一层厚约5cm的厚薄均匀的垫料。不同的供温设备预热所需的时间有差异，应灵活掌握。

6. 雏鹅的选择

挑选健雏应做到一看、二摸、三试。一看，即看雏鹅外形和精神状态，选择个头大、绒毛粗长有光泽、眼睛有神、叫声响亮、活泼好动、脐部无血斑水肿、无脐带炎、无畸形的健雏；相反，则为弱雏。二摸，即用手抓鹅，感觉挣扎有力、有弹性、脊骨壮、腹部柔软和大小适中的是健雏；挣扎无力、体软弱、脊骨细、肚子显得过大的雏是弱雏。三试，即手臂用力将雏筐中的雏鹅放倒，使雏鹅仰翻放，能很快翻身站立的是健雏；软软的、迟迟不能翻身站立的是弱雏。

（五）雏鹅的饲养与管理

0~4周龄为育雏期，雏鹅饲养的好坏直接关系到雏鹅的生长发育和成活率，继而影响到中鹅的生长发育。此期饲养管理的重点是培育出生长发育快、体质健壮、成活率高的雏鹅。

1. 做好饮水（潮口）工作

潮口的时间掌握在雏鹅出壳后16~18h，雏鹅有张嘴伸颈、啄食垫草或互相啄咬表现时，即可给予饮水。用饮水器或饮水槽（水深以3cm为宜）提供清洁的饮水（1~2周内饮温开水）。如果雏鹅不会饮水，可将部分雏鹅的喙按入饮水器中2~3次，让其学会饮水。为有效地预防雏鹅腹泻，降低应激危害，前3d饮用水中可添加预防性药物，同时，添加5%的多维葡萄糖溶液（每天上、下午各饮1次，每次饮用20~30min）。

2. 做好喂饲工作

雏鹅饮水后不久便可开食。开食宜用全价颗粒饲料，并加入适量切细的鲜嫩青绿饲料，撒在饲料盘中或雏鹅的身上，引诱雏鹅啄食。开食后即转入正常的饲养。2~3d后便逐渐改喂雏鹅的全价配合饲料加青绿饲料。每次饲喂时要求少给勤添，不要吃得过饱。一般白天喂6~8次，夜间加喂2~3次。精料量20~40g/(d·只)，青料喂量5g/(d·只)。雏鹅饲料要求相对稳定，根据鹅吃食的状态决定是否加料。雏鹅对真菌特别敏感，杜绝喂给雏鹅发霉变质的饲料。

仔鹅1~4周龄饲料参考配方1：玉米64.5%，豆粕29.4%，鱼粉1.7%，赖氨酸0.07%，蛋氨酸0.20%，石粉1.7%，磷酸氢钙1.2%，盐0.25%，预混料1.0%。饲料参考配方2：玉米54.0%，豆粕24.0%，饲料酵母3.0%，稻糠10.0%，麦麸5.2%，蛋氨酸0.12%，石粉1.0%，磷酸氢钙2.0%，盐0.35%，胆碱0.1%，多种维生素0.03%，矿物质微量元素添加剂0.2%。

3. 满足环境条件，做好清洁卫生工作

按雏鹅不同的日龄控制好适宜的温度、湿度、通风和光照条件，其中环境的温度最重要。温度的卫生标准为：1~5日龄：温度27~28℃；6~10日龄：温度25~26℃；11~15日龄：温度22~24℃；16~20日龄：温度20~22℃。

清洁卫生对于雏鹅非常重要，要求每天清洗饮水器和料槽1次，清除粪便1次，勤换垫草，切忌垫草发霉；弱、患雏要做好隔离工作；定期进行全面消毒，带鹅消毒1次/d。同时，要注意观察雏鹅采食、饮水、精神状态和粪便情况，并做好预防投药工作。

4. 适时分群

从育雏第6天开始就要按强弱、大小等具体情况分群饲养，体小的弱雏要单独放在一处，进行特殊看护，加强饲养管理。雏鹅分群饲养时，鹅群不宜太大，每群的数量以100~200只为宜。弱雏也可养在温度稍高的地方，为了避免拥挤、减少死亡，还可采用小群看护饲养法，即随着日龄的增长每小群的只数变动为：1周龄的15只，2周龄的20只，3周龄的25只，4周龄的30只。

5. 放牧和放水

雏鹅初次放牧时间，可根据气候和健康状况而定，一般在出壳后15d左右。第1次放牧必须选择晴好天气，喂后驱赶到附近平坦的草地上活动、采食青草，前几次时间不宜过长、距离不宜过远，以后逐渐延长放牧时间与距离。开始放牧后就可放水，初次放水可将雏鹅赶至水浴池或浅水边任其自由下水，切不可强迫赶入水中，否则易受凉感冒。

洗浴水以流动的活水为佳。如果是非流动水，就应经常更换水浴池的水，或每月1次用生石灰（14~20g/m^3）、漂白粉（1g/m^3）进行水质消毒，杀死水中害虫和病菌。夏季室外活动时，严防中暑。

6. 接种疫苗

1日龄在孵化厂即开始对雏鹅进行免疫接种工作，雏鹅除前2周易发生疾病外，还要做好禽流感、鹅球虫病、鹅矛形剑带绦虫病、缺硒症、维生素D缺乏症、亚硒酸钠中毒和软脚病等的预防接种工作，其中，禽流感预防工作非常重要，应予以高度重视，及时接种疫苗。

二、育成鹅的饲养管理

雏鹅养至4周龄时，即进入育成期。从4周龄开始至产蛋前为止的时期，称为种鹅的育成期，这段时期的鹅称为育成鹅。此期一般分为限制饲养阶段和恢复饲养阶段。

育成鹅的饲养管理重点是以放牧为主，让鹅每天每次均能吃饱，也就是人们常说的“鹅要壮，需勤放；鹅要好，放青草”。

1. 育成鹅的选择

种用鹅一般应经过以下4次选择，把体型大、生长发育良好、符合品种特征的鹅留作种用，以培育出产蛋量高或交配受精能力强的种鹅。

第一次选择在育雏期结束时进行。重点是选择体重大的公鹅，母鹅则要求中等体重、无伤残。公、母鹅的配种比例为：大型鹅种为1∶2，中型鹅种为1∶3～4，小型鹅种为1∶4～5。

第二次选择在70～80日龄进行。可根据生长发育情况、羽毛生长情况以及体型外貌等特征进行选择。淘汰生长速度较慢、体型较小、腿部有伤残的个体。

第三次选择在150～180日龄进行。此时鹅全身羽毛已长齐，应选择具有品种特征、生长发育好、体重符合品种要求、体型结构和健康状况良好的鹅留作种用。公鹅要求体型大、体质健壮，躯体各部分发育匀称，肥瘦和头的大小适中，雄性特征明显，两眼灵活有神，胸部宽而深，腿粗壮有力。母鹅要求体重中等，颈细长而清秀，体躯长而圆，臀部宽广而丰满，两腿结实，耻骨间距宽。选留后的公、母鹅配种比例为：大型鹅种1∶3～4，中型鹅种1∶4～5，小型鹅种1∶6～7。

第四次选择在种鹅开产前约1个月时进行。选择种公鹅时，依据其体型外貌、生殖器官检查和精液品质检查，选出符合标准的公鹅作为种用。种母鹅要选择那些生长发育良好、体型外貌符合品种标准、第二性征明显、精神状态良好的留种。

2. 限制性饲养与管理

在育成期间，饲养的重点是对种鹅进行限制饲养，其目的在于控制体重，防止体重过大过肥，使其具有适合产蛋的体况；适时进入性成熟时期；训练其耐粗饲的能力，育成有较强体质和良好生产性能的种鹅；延长种鹅的有效利用期，节省饲料，降低成本，提高饲养种鹅的经济效益。

（1）限制饲养的方法　主要有两种方法。一种是减少补饲日粮的喂量，实行定量饲喂；另一种是控制饲料的质量，降低日粮的营养水平。鹅限制饲养期以放牧或喂饲青粗饲料为主，生产中大多采用后者，但一定要根据放牧或青饲料条件、季节以及鹅的体质，灵活掌握饲料配比和喂料量，做到既能维持鹅的正常体质，又能降低种鹅的饲养费用。

（2）限制饲养期的管理　注重管理细节。在限制饲养阶段，无论给食次数多少，补料都应在放牧前2h左右进行，以防止鹅因放牧前饱食而不愿采食青草；也可在收牧后2h补饲，以免养成急于回巢而不愿大量采食青草的坏习惯。限制饲养阶段的管理要点如下：①观察鹅群动态：在限制饲养阶段，应随时观察鹅群的精神状态、采食情况等，发现弱鹅、伤残鹅要及时剔除。对于个别弱鹅应停止放牧，进行特别管理，可以喂质量较好且容易消化的饲料，到完全恢复后再放牧。②选择适宜的放牧场地：应选择水草丰富的草滩、湖畔、河滩以及收割后的稻田、麦地等。放牧前要先调查牧地附近是否喷洒过有毒药物，否则必须 1 周以后或下大雨后才能放牧。③注意防暑：育成期种鹅往往处于 5～8 月份，气温高，放牧时应早出晚归，避开中午酷暑。早上天微亮就应出牧，上午 10 时左右应将鹅群赶回圈舍或赶到树荫下让鹅休息，到下午 3 时左右再继续放牧，待日落后收牧。休息的场地最好有水源，以便鹅群饮水、戏水和洗浴等。④搞好鹅舍的清洁卫生：每天清洗食槽、水槽，并更换垫料，保持垫料和舍内干燥。⑤恢复饲养：经限制饲养的种鹅应在开产前 60d 左右进入恢复饲养阶段，此时种鹅的体质较弱，应逐步提高补饲日粮的营养水平，并增加喂料量和饲喂次数。日粮蛋白质水平控制在 15%～17% 为宜，也可以用产蛋日粮催产。经 20d 左右的饲养，种鹅的体重可恢复到限制饲养前的水平。

3. 种鹅适时开产

在自然生长条件下，鹅群开产时还没有达到个体成熟，如果任其开产，母鹅产蛋小，且蛋重增长缓慢，产小蛋的时间延长。同时，由于公鹅的配种能力和精液品质均未达到应有水平，导致种蛋的受精率较低，严重影响饲养种鹅的经济效益。因此，应控制种鹅适时开产。适时开产还具有节省饲料、有利于种鹅高产稳产和便于管理等优点。

4. 放牧、放水

每天放牧达到 9h，一般清晨 5 时出牧，10 时回舍休息；下午 3 时出牧，晚 7 时回舍休息。放牧地尽量选择距离鹅舍较近处，不宜过远。同时，确定最佳放牧路线，一般在下午就应找好次日的放牧场地，不走回头路，使鹅群吃饱喝足。在每天放牧过程中，让鹅力争吃到 4～5 个饱（即上午 2 个饱，下午 3 个饱）。每次放水约 30min，上岸休息 30～60min，再继续放牧。天热时每隔 30min 放水 1 次。放牧和回牧时都要及时清点鹅只数。

5. 疾病防治

预防鹅的疾病是保证种鹅生产效益的重要措施。除日常消毒外，必须定期给不同阶段的鹅进行免疫接种。一般情况下，1 日龄注射小鹅瘟疫苗；25～30 日龄注射鹅副黏病毒灭活疫苗；30～35 日龄注射鹅大肠杆菌灭活疫苗。

三、种鹅的饲养管理

（一）种鹅的饲养管理要点

1. 补料原则

补料要根据放牧的具体情况，按“先紧后松，先粗后精”的原则饲喂。

一方面限饲以防止后备鹅过肥；另一方面也要合理供给营养物质，以保证定向培育生长发育的需要，为以后种用生产性能的正常发挥打好基础。

2. 搭好鹅棚，防止淋雨和中暑

可因地制宜、因陋就简搭架临时性鹅棚，做到防雨防兽害，要求场地干燥，以防后备鹅着凉。下雨前，尽早把鹅赶回鹅棚，避免雨淋。在炎热天气，鹅群常在棚内焦躁不安，可及时放水，中午应在树荫下休息纳凉，谨防中暑。

3. 保证一定的运动量

舍饲环境条件下的后备鹅，运动量受到了较大的限制，不利于其骨骼的生长发育，所以要在建舍时规划足够面积的运动场，并做到定时驱赶运动，让鹅群保持一定的运动量，使其具有良好的体质。

4. 保持饲养管理制度恒定

为使鹅群建立良好的条件反射，包括饲养人员、饲料和牧草、喂料和清洁卫生时间等都应基本固定，无特殊情况不应变更。

5. 搞好环境卫生

舍内及运动场地要保持清洁卫生，并定期进行消毒处理，垫草要勤换。

（二）产蛋鹅的饲养管理

1. 防止产窝外蛋

母鹅有择窝产蛋的习惯，第一次产蛋的地方往往成为固定产蛋的场所，因此，在产蛋鹅舍内应设置产蛋箱（窝），以便让母鹅在固定的地方产蛋。开产时可有意训练母鹅在产蛋箱（窝）内产蛋。可以用引蛋（在产蛋箱内人为放进的蛋）诱导母鹅在产蛋箱（窝）内产蛋。母鹅的产蛋时间大多数集中在下半夜至上午 10 时左右，个别的鹅在下午产蛋。舍饲鹅群每日至少集蛋 3 次，上午 2 次、下午 1 次。放牧鹅群，上午 10 时以前不能外出放牧。

放牧前检查鹅群，如发现个别母鹅鸣叫不安，腹部饱满，尾羽平伸，泄殖腔膨大，行动迟缓，有觅窝的表现，应将其送到产蛋箱（窝）内，而不要随大群放牧。放牧中若发现上述反应，也应将鹅送到鹅舍产蛋箱（窝）内产蛋，待产完蛋后就近放牧。

2. 控制就巢性

控制就巢性最根本和有效的方法是遗传育种。生产中发现母鹅有恋巢表现时，应及时隔离，关在光线充足、通风、凉爽的地方，只给饮水不喂料，2～3d 后喂一些干草粉、糠麸等粗饲料和少量精料，使其体重不过度下降，待“醒抱”后能迅速恢复产蛋。也可使用市场上出售的“醒抱灵”等药物，一旦发现母鹅抱窝，立即服用此药，有较明显的醒抱效果。

3. 补充人工光照

育雏期为使雏鹅均匀一致地生长，0～7 日龄提供 24h 的光照时间，8 日龄以后则应从 24h 光照逐渐过渡到自然光照；育成期只利用自然光照；产蛋前期种鹅临近开产期，用 6 周的时间逐渐增加每日的人工光照时间，使种鹅的光照时间（自然光照 + 人工光照）达到 16 ~ 17h，一直维持到产蛋结束。

4. 利用年限

鹅是长寿家禽，多数品种母鹅的年产蛋量高峰在第 2 ~ 4 个产蛋年，因此，母鹅一般饲养 3 ~ 4 年才淘汰。但每个产蛋年结束时也要淘汰部分有抱性或抱性强的个体、换羽早的个体和伤残的个体。公鹅的配种能力一般随年龄增长而下降，因此，公鹅可以每年更新一部分，3 ~ 4 岁的公鹅尽量少，形成以新配老的结构。

（三）休产鹅的饲养管理

1. 整群与分群

整群，是重新整理群体；分群，是整群后把公、母鹅分开饲养。鹅群产蛋率下降到 5% 以下时，标志着种鹅将进入较长的休产期。种鹅一般利用3 ~ 4 年才淘汰，但每年休产时都要将伤残、患病、产蛋量低的母鹅淘汰，并按比例淘汰公鹅。同时，为了使公、母鹅能顺利地在休产期后达到最佳的体况，保证较高的受精率，以及保证活拔羽绒及其以后的管理方便，要在种鹅整群后将公、母分群饲养。

2. 强制换羽

人工强制换羽是通过改变种鹅的饲养管理条件，促使其换羽。一般采用停止人工光照，停料 2 ~ 3d，只提供少量的青饲料，并保证充足的饮水；第 4 天开始喂给由青料加糠麸、糟渣等组成的青粗饲料；第 10 天左右试拔主翼羽和副翼羽，如果试拔不费劲，羽根干枯，可逐根拔除，否则应隔 3 ~ 5d 后再拔；最后拔掉主尾羽。

在规模化饲养的条件下，鹅群的强制换羽通常与活拔羽绒结合进行，即在整群和分群结束后，采用强制换羽的方法处理 1 周左右，对鹅群实施活拔羽绒。一般 9 周后还可再次进行活拔羽绒，这样可以提高经济效益，并使鹅群开产整齐，利于管理。

3. 休产期饲养管理要点

进入休产期的种鹅应以放牧为主，将产蛋期的日粮改为育成期日粮，其目的是消耗母鹅体内的脂肪，提高鹅群耐粗饲的能力，降低饲养成本。

4. 调整鹅群年龄结构

在每年休产期间要对种鹅群进行再次选择和淘汰，每年按比例补充新的后备种鹅，重新组群，淘汰的种鹅作为肉鹅肥育出售。一般母鹅群的年龄结构为：1 岁鹅占 30%、2 岁鹅 25%、3 岁鹅 20%、4 岁鹅 15%、5 岁以上鹅 10%，新组配的鹅群必须按公、母比例同时换放新的公鹅。

四、商品仔鹅的饲养管理

育成鹅阶段结束时（一般 10 周以后），鹅体重达 3.0kg 以上，虽然鹅的骨骼和肌肉发育比较充分，可以上市，但没能达到最佳体重，膘度不够，肉质不佳，为此在上市前应进行短期（2 周）的育肥，即开始进入鹅的育肥期，此时的鹅就称为育肥鹅。

商品仔鹅全身羽毛基本长齐，耐寒性增强，体格进一步增大，对环境的适应能力增强，消化系统逐渐发达，采食能力增强，采食量增加，脂肪沉积速度加快。具有喜水、草食、敏感和耐寒等生理特点。

（一）商品仔鹅的营养需要

商品仔鹅的营养需要包括用以维持其正常生长发育的需要，以及用于供给产蛋、长肉、长毛、肥肝等生产产品的营养需要。

育肥鹅的饲料也是以蛋白质类饲料、能量饲料、青绿饲料和矿物质饲料为主。长期舍饲，应在日粮中加入 1% ~2% 的沙砾，或在舍内放入沙盘中，任其自由采食。

（二）商品仔鹅育肥期的饲养与管理

1. 育肥方法

（1）舍饲育肥法　舍饲 3 ~4 只/m^2。在北方地区育肥鹅主要是进行舍饲育肥，限制运动，喂给含有丰富糖类的玉米，进行短期育肥。舍内供给充足的饮水，帮助消化，一般育肥 2 周即可出栏。我国南方气候温和、水源充足，一般把育肥鹅舍建在沟旁，进行短期育肥即可上市。

（2）圈养育肥法　此法需先建简易的围栏或鹅舍，栏高 60cm，鹅在栏内能站立，但不能昂头鸣叫。把育肥鹅放在栏内，饲槽及水槽放在栏外，鹅可伸出头吃食饮水，进行育肥饲养。简易鹅棚每平方米可养 4 ~6 只，每天饲喂 3 次，夜间饲喂 1 次，2 周就可育肥。

（3）强制育肥　强制育肥法俗称“填鹅”，是将配制好的饲料填条，一条一条地塞进鹅的食管里，强制使其吞下去，再加上安静的环境，活动减少，鹅就会逐渐肥胖起来，肌肉也丰满、鲜嫩。填肥可采用手工或专门的填肥机进行。手工填肥法由人工操作，一般要两个人互相配合（具体操作可参考肉鸭的育肥技术内容）。

2. 鹅不同时期青饲料添加比例

3 ~10 日龄：用淘洗干净并泡透的碎米和洗净切碎的菜叶、嫩草、水草、浮萍等青绿饲料混在一起饲喂，精饲料和青绿饲料的比例为 8 ~10∶1。

11 ~20 日龄：以喂青绿饲料为主，精饲料与青绿饲料的比例为 1∶4 ~8。随着日龄的增长，雏鹅可放牧吃草。

21 ~30 日龄：增加青绿饲料的比例，精饲料与青绿饲料的比例为 1∶9 ~12。放牧饲养的，可逐渐延长放牧时间。

4 周至 2 月龄：能大量利用青绿饲料，以喂青绿饲料或进行放牧饲养最为适合，也是最经济的饲养方法。

2 月龄以上：育肥鹅增加精饲料催肥。饲料的配合比例：玉米和大麦

60%、糠麸30%、豆饼8%、食盐和沙砾各1%，另加青草、碎小麦、煮熟的马铃薯和其他饲料混合饲喂。饲料中加入2%~3%的骨粉或贝壳粉，有助于鹅骨骼生长，防止软腿病发生。每天喂4次，最后一次在晚上9~10点喂，并供给足够的饮水。育肥前期，精饲料与青绿饲料的比例为1:1；育肥后期，精饲料与青绿饲料比例为1:4。活鹅重达3~3.5kg时即可上市。

3. 肥育程度的判断

（1）饲料情况　在放牧情况下，作物茬地面积较大，脱落的麦粒、谷粒等粮食较多时，肥育时间可适当延长；如果没有足够的放牧地或未赶上农作物收割季节，可适当缩短肥育时间，抓紧出售。在舍饲肥育条件下，主要应根据资金、饲料供给等情况确定肥育时间。

（2）增重速度　肥育期间仔鹅的体重增长速度反映其生长发育的快慢，同时也反映饲养管理水平的高低。一般在肥育期间，放牧增重0.5~1.0kg，舍饲可增重1.0~1.5kg，填饲肥育可增重1.5kg以上。当然，增重速度与所饲养的品种、季节、饲料以及饲养管理水平等因素也有密切的关系。

（3）肥度　膘肥的鹅全身皮下脂肪较厚，尾部丰满，胸肌厚实饱满，富含脂肪。肥度的标准主要根据鹅翼下两侧体躯皮肤及皮下组织的脂肪沉积程度来鉴定。摸到皮下脂肪增厚，有板栗大小、结实、富有弹性的脂肪团者为上等肥度；脂肪团疏松为中等肥度；摸不到脂肪团而且皮肤可以滑动的为下等肥度。

（三）鹅肥肝生产

鹅肥肝是鹅经专门强制填饲育肥后产生的、重量增加几倍的产品。肥肝质地细嫩，营养丰富，鲜嫩味美，味道独特，在世界范围内被公认为是上等营养品之一，法国、意大利、德国、瑞士各国早有吃肥肝的传统。目前，世界鹅肥肝产品只能满足消费量的一半，在国际市场上货紧价挺的情况下，我国发展鹅肥肝产业，将具有强大优势。

1. 肥肝分级

鹅肥肝基本上从重量、新鲜度、完整性、颜色等方面进行分级。从重量方面，优质肥肝600~9000g，一级肥肝350~599g，二级肥肝250~349g，三级肥肝150~249g，级外肥肝在150g以下。一般要求优质肥肝占15%~20%，一级肥肝占30%~40%，二、三级肥肝占40%~50%。

2. 鹅种选择

以狮头鹅最为理想，狮头鹅是我国最大的鹅种，其体躯宽大，体重大，消化力强，有利于填喂产肝；太湖鹅生产肥肝有一定潜力；溆浦鹅也是我国肥肝鹅种之一。在外国鹅种中，法国大型鹅、法国朗德鹅、匈牙利鹅、比尼科夫白鹅、莱茵鹅、意大利鹅、吐鲁兹鹅等的产肝性能均较突出。

3. 预饲处理

预饲期的长短：预饲期是正式填喂前的过渡阶段，其长短按品种、季节及习惯等因素而差异较大，范围在5~30d。对某个具体品种进行批量填喂之前，有必要分若干小组进行不同预饲期的对比试验，从而筛选出该品种切实可行的方案。

（1）预饲期所用的饲料　玉米粒是用量最大的饲料，它在预饲期饲料中可占50%~70%，最好采用黄玉米；小麦、大麦、燕麦和稻谷等可在日粮中占一定分量，但最好不超过40%，这些谷物最好在浸泡后饲喂；豆饼（或花生饼）主要供给鹅蛋白质需要，一般可在日粮中加进15%~20%的量；鱼粉或肉粉为优质蛋白质饲料，可在日粮中添加5%~10%；青饲料是预饲期另一类主要饲料，在保证鹅摄食足量混合饲料的前提下，应供给大量适口性好的新鲜青饲料，可以不限量地供给，摄食大量青饲料能扩大鹅的食管，增加其弹性，同时供给鹅大量的维生素。为了提高食欲、增加食料量，可将青饲料与混合料分开饲喂，青饲料每天喂2次，混合料每天喂3次。其他成分，可加骨粉3%左右、食盐0.5%、沙砾1%~2%，这三者均可直接混于精料中喂给；为了帮助消化，可加入适当的B族维生素或酵母片，也可添加多种维生素，分量是每100kg饲料加10g。

（2）填喂日龄与填喂期限　填喂日龄指正式填喂的时间，填喂期限指填喂时间的长短。一般说来，鹅要等到生长结束时才开始填喂，这时的骨骼、肌肉和血液循环器官较为完善，消化吸收功能较为成熟，消化系统和体躯有一定容积，因此填喂效果较好。正式填喂日期有很大差异，如有的鹅种在70日龄左右便开填，而有的鹅种正式填喂日龄达120~170d。填喂期限的长短也有较大的差异。如在填喂前的育肥期每天保持喂给0.8~1.0kg的玉米，那么12周龄幼鹅填喂期可为28~30d，20~24周龄后备鹅32~35d，1岁以上的鹅、莱茵鹅、匈牙利鹅等35~36d，朗德鹅和杂交鹅30~32d，鹅的平均填喂期可为23~30d。

（3）填喂期所用的饲料　填喂的主要饲料是玉米，最好是上一年的黄玉米，会使肥肝成为金黄色。用于填喂的玉米要经过筛选、除杂、水浸搅拌（6h），清除漂浮杂物和空粒等过程。然后将浸泡后的玉米捞出，稍沥干，蒸煮5~10min，至玉米能剥开，质地柔软即可；也可将干玉米爆炒后用温水浸泡2~4h。熟玉米在喂前还需加进一些其他添加物，其中包括2%~3%的脂肪、0.5%~1.0%的食盐、0.01%的多维素，拌匀后，即可趁温热填喂。如有必要，在填喂过程中，可在饲料中添加一些土霉素和助消化药。

4. 填喂操作

填喂方法有多种，这里以搅龙式填喂机填鹅的方法为例介绍。填喂操作程序为，由助手将鹅固定，操作者先取数滴食油润滑填喂管外面，然后，用左手抓住鹅头，食指和拇指扣压在喙的基部，迫使鹅开口，右手食指帮将口打开，并伸入口腔内将鹅舌压向下方，然后两只手协作并与助手配合将鹅口移向填喂管，颈部拉直，小心地将填喂管插入食管，直至膨大部。操作者右手轻轻握住鹅嘴，左手隔着鹅的皮肉握住位于膨大部的填喂管出口处，然后踏动搅龙式填鹅机的开关，饲料由管道进入食管，当左手感觉到有饲料进入时，很快地将饲料往下捋，同时使鹅头慢慢沿填喂管退出，直到饲料喂到比喉头低 1～2cm 时即可关机。其后，右手握住鹅颈部饲料的上方和喉头，很快将鹅嘴从填喂管取出。为了不使鹅吸气（否则会使玉米进入喉头，导致窒息），操作者应迅速用手闭住鹅嘴，并将颈部垂直地向上提，再以左手食指和拇指将饲料往下捋 3～4 次。填喂时部位和流量要掌握好，饲料不能过分结实，否则易使食管破裂。

5. 填喂期的管理

（1）填喂次数与时间间隔　一般说来，第 1 周或前 5d，每天填 2 次即可，每天填量不宜过多，为 200～300g，时间可为 7:30～8:00 和 19:00～20:00；第 2 周或第 6～14 天每天填喂 3 次，250～300g，时间可为 6:00～7:00、13:00～14:30 和 20:00～21:30；第 2 周过后每天可填喂 4 次，时间可为 7:00、13:00、19:00、1:00。在安排时间间隔时，也可将白天的填喂间隔缩短些（如缩短 0.5～1.0h），而晚上的间隔放长些，这样符合工作人员的作息习惯，方便劳动工作安排。填喂次数和时间间隔还需依鹅的大小、食管的粗细、消化能力等而定。

（2）栏舍安排　整个填喂期均在舍内饲养，栏舍要求清洁干燥、通风良好、安静舒适，不要放牧放水，有时可在舍边小运动场活动、休息。如有条件，填喂舍最好用人工调节小气候，并限制鹅的活动。

（3）观察与检查　每次填喂前要检查食管膨大部，看上次填喂的饲料是否已消化，从而灵活掌握填喂量。平时还要注意观察群体的精神状态、活动状态以及体重、耗料、睡眠等方面情况。一旦发现呼吸极端困难、不能或很少行动、严重滞食、眼睛凹陷、嘴壳发白者，应随时屠宰。饲料基本不见消化的要停填，滞食 3d 以上的要屠宰。

6. 肥肝摘取

（1）屠宰　肥肝鹅的屠宰分两种情况，一是按计划完成整个填喂期后屠宰，一是由于中途残废、滞食等而屠宰。对于前者，屠宰前停食 12h，但需供应足够的水；对于滞食的，可不需停食。屠宰前的赶、捉、关以及整个屠宰过程的所有动作都要敏捷轻谨，以免鹅体和肥肝受损。屠宰时，切断鹅的颈静脉，并将鹅头向下拉，以助血液从体躯各处向下流出；放血时间要足够，以使肝脏的血液排尽。血放净后，将鹅在 70℃ 左右的热水中浸烫，然后拔毛；拔毛后胴体先冷却，温度为 0～2℃，几小时后胴体坚实，便可开膛。

（2）取肝　将胴体开膛，用刀从泄殖腔沿腹中线剖开，右手伸进腔内将内脏器官（肝、心、肌胃、肠道等）与腹腔和胸腔的壁分离；摘取全部内脏，再连同胆囊一起将肝脏分离出来；肝脏除去胆囊后，放在清洁的盘上，盘底部铺有油纸，连盘带肝一起移到 0～2℃ 的冷藏室，但不能再降温至冰冻，以免肝组织改变；肝冷却 2～4h 后，依照技术等级进行个体分级，最后包装。

活拔羽绒技术

一、技能目标

能合理选择拔羽绒鸭、鹅，能够提前做好拔羽的准备工作，了解拔羽中可能出现的问题及处理方法，掌握活拔羽绒的操作过程。

二、教学资源准备

（一）材料与工具

塑料袋、硬纸箱、塑料桶、绳子等；消毒用的碘酒、药棉；操作人员用的凳子、工作服、口罩等。

（二）教学场所

鹅场或实训室。

（三）师资配置

实验时1名教师指导40名学生，技能考核时1名教师可考核20名学生。

三、原理与知识

鹅羽绒具有自然脱落和再生的特征，在不影响其生产性能的情况下，采用人工强制的方法，从活鹅身上直接拔取羽绒。活体拔取的羽绒弹性好，蓬松度高，柔软干净，产生的飞丝少，基本上不含杂毛和杂质。鹅活拔羽绒不仅增加了鹅业生产中羽绒的产量，还可提高羽绒的质量。活鹅拔毛技术增加羽绒产量和质量的同时，主要能增加饲养者的经济收入，满足国内外市场对羽绒的需求。一般1只体重5kg的鹅，1次可拔毛120g左右，1年可拔毛5~6次，增加收入约100元/(只·年)。

四、操作方法与考核标准

（一）操作方法

1. 鹅羽毛的类型

按外表形状不同主要可分为毛片、绒羽和翎羽等；按颜色可分为白色、灰色。

（1）毛片　又称片毛或羽片、正羽，主羽片小羽枝生长在鹅的颈部、胸腹、翅膀、尾部等，覆盖鹅的整个身体外层。毛片主要由羽轴和羽枝组成。毛片羽枝中间的轴即羽轴，羽轴的下部较粗，呈管状，称为羽管。羽管上的毛丝称为羽丝，羽轴上部的毛丝即羽枝。毛片的保暖性能较差，但产量最高。

（2）绒羽　又称绒毛、羽绒，包括雏鹅的初生羽和成鹅的绒羽。绒羽位于体表的内层，被正羽所覆盖，从外表看不到。每个绒羽有一个短而细的羽基，羽基上长出一条条的绒丝，每条绒丝上又分出许多附丝，形似树枝状。绒羽具有保温作用，分布在鹅体胸、腹和背部，是羽毛中价值最高部分。

2. 活拔羽绒鹅的选择与分类

（1）适宜拔羽的鹅　健康的成年鹅都可以进行活拔羽绒，一般体形较大的鹅，如狮头鹅、溆浦鹅、皖西白鹅、四川白鹅、浙东白鹅等产绒量越好，售价也就越高。白色羽绒比有色羽绒市场价格高，白羽鹅种更适宜拔羽。

（2）不适宜拔羽的鹅　雏鹅、中鹅羽毛尚未长齐，不适宜拔羽；老弱病残鹅不宜拔羽，以免加重病情，得不偿失；换羽期的鹅血管丰富，含绒量少，拔羽易损伤皮肤，不宜拔羽；产蛋期的公母鹅不能拔羽，以免影响受精率和产蛋率；出口的整鹅不宜拔羽，易在胴体上留下斑痕，影响外观，降低品质；饲养年限长的鹅不宜拔羽，其羽绒量少，羽绒的再生力也差。

（3）活拔羽绒鹅的分类

①商品鹅：出栏上市前的肉用仔鹅或填饲前的产肝鹅，在不影响其产品质量的前提下，可以拔羽1次。

②后备种鹅：留作后备的3月龄白色种鹅，产蛋配种前可进行2次拔羽。

③淘汰鹅：羽毛生长成熟的淘汰鹅，可先活拔羽后再进行育肥上市或留下继续饲养拔羽。

④休产期种鹅：种鹅每年有5~6个月的休产期，可拔羽3次。

3. 拔羽鹅的准备

拔羽前，对鹅群进行抽样检查，如果绝大部分的羽绒毛根干枯，无血管毛，用手试拔羽绒容易脱落，表明羽绒已经成熟，可以进行拔羽。拔羽前1d应停止喂料，只供饮水，拔羽当天饮水也应停止，以防拔羽时粪便的污染；对羽毛不清洁的鹅，在拔羽前应让其戏水或人工刷洗羽毛，除去污物，保证毛绒清洁干净；初次拔羽的鹅，为使其皮肤松弛，毛囊扩张，易于拔羽，可在拔毛前10min，每只鹅灌服白酒10~12mL。

4. 拔羽时间和场地的选择

拔羽时间最好是选择晴朗无风的天气。要在避风向阳的室内进行，门窗关好，室内无灰尘、杂物，地面平坦、干净，地上可铺垫一层干净的塑料布，以免羽绒污染。毛绒的品质与生产季节有关，夏秋时，鹅羽绒的毛片小、绒朵少而小，杂质也较多，故品质较差；冬春时，毛片大、绒朵大而多，色泽与弹性好，血管毛等杂质也少。

5. 拔羽的步骤

（1）鹅的保定

①双腿保定法：操作者坐在矮凳子上，两腿夹住鹅的身体，一只手握住鹅的双翅和头，另一只手拔羽毛绒，此法易掌握，较常用。

②半站式保定：操作者坐在凳子上，用手抓住鹅颈上部，使鹅呈直立姿势，用双脚踩在鹅的双脚的趾或蹼上面，使鹅体向操作者前倾，然后拔羽，此法比较省力、安全。

③操作者用左手抓住鹅的两腿和两翅尖部，使其脖子呈自然状态，先使腹部朝上开始拔羽。另外，也可一人进行保定、一人拔羽或一人同时保定几只鹅进行拔羽。

（2）拔羽的顺序与方法

①拔羽的顺序：拔羽时按顺序进行，一般先拔腹部的羽绒，然后依次是两肋、胸、肩、背颈和膨大部等部位。按从左到右的顺序，一般先拔片羽，后拔绒羽，可减少拔羽过程中产生飞丝，也容易把绒羽拔干净。

②拔羽的方向：一般来说，顺毛及逆毛拔均可，但最好以顺拔为主。因为顺毛方向拔，不会损伤鹅毛囊组织，有利于羽绒再生。

③拔羽的部位：不同部位的鹅毛，其使用价值是不同的，有的部位虽然可拔，但经济价值不高，而且拔后对鹅生长不利，营养消耗增加，因此，对于这些部位可不拔或少拔，如翼羽、尾羽。而鹅的胸部、腹部和体两侧等部位的羽绒多，容易拔，这些部位的羽绒可以多拔；颈下部的羽绒也可以拔，但产量不高；背部的羽毛含绒量少，且翎毛羽片硬直，羽干粗壮，轴管长大，主要用来加工羽毛球、羽毛扇、羽毛工艺品和装饰品。因翎毛拔后再长所需时间长，营养消耗大，1 年只可拔 1～2 次。因此，拔羽绒的部位应集中在胸部、腹部、体侧面。

④拔羽的方法：操作者用左手按住鹅体皮肤，右手拇指、食指和中指紧贴皮肤，捏住羽毛和羽绒的基部，用力均匀、迅速快猛、一把一把有节奏地拔羽。所捏羽毛和羽绒宁少毋多，以 2～4 根为宜，一排排紧挨着拔。所拔部位的羽绒要尽可能拔干净，否则会影响新羽绒的长出。拔取鹅翅膀的大翎毛时，先把翅膀张开，左手固定一翅呈扇形张开，右手用钳子夹住翎毛根部以翎毛直线方向用力拔出。注意不要损伤羽面，用力要适当，力求一次拔出。

⑤拔羽的注意事项：第一次拔羽的鹅体毛孔紧，比较难拔，所花时间较长，以后再拔时，毛孔已松弛，较容易拔。拔取毛片时应少，每次最多 2～4 根，过多容易拔破皮肤。毛绒要注意保持其自然状态和弹性，不要强压或揉搓，以免影响质量，降低等级。拔破皮肤时，可擦些红药水或紫药水，防止感染。拔毛时，如遇到大片的血管毛（尚未长成的毛片，比一般毛短而白，毛根呈紫红或血青色）或较大毛片难拔，应尽可能避开不拔取，以免出血影响生长。如果不能避开，应将其剪短，剪血管毛或较大的毛片时，只能用剪刀一

根一根从毛根部剪断，并要注意不剪破皮肤和剪断绒朵。少数鹅拔羽时，在毛片根部带有肉质，应放慢拔羽速度，若大部分带有肉质，说明该鹅营养不良，应暂停拔羽。鹅脱肛时，可用0.1%高锰酸钾溶液清洗患部，再自然推进，使其恢复原状，2d 即可痊愈。冬天拔羽要注意避风保温。

⑥羽绒的处理与保存：鹅羽绒是一种蛋白质，保温性能好，若贮存不当，容易发生结块、虫蛀、霉变等，尤其是白色羽绒，一旦发潮霉变，容易变黄，影响质量，降低售价。因此，拔后的羽绒要及时处理，必要时可进行消毒，待羽绒干透后装进干净不漏气的塑料袋内，外面套以塑料编织袋，包装后用绳子扎紧口保存。在贮存期间，应保持干燥、通风良好、环境清洁。地面经常撒生石灰，防止虫蛀、免受潮。可在包装袋上撒杀虫药，有的毛绒拔下后较脏，可先用温水洗 1 ~2 次然后装在布袋里悬挂晒干，干燥以后再贮存保藏，切忌不装袋晾晒，以防羽绒被风吹散，造成损失。

6. 鹅活拔羽绒后的饲养管理

经历活拔羽绒这一较大的外界刺激后，鹅会现出精神委顿，食欲减退，翅膀下垂，喜站，走路胆小怕人等症状，个别鹅体温还会升高。为确保鹅群健康，促使其尽快恢复羽毛生长，必须加强饲养管理。

（1）拔羽后鹅体裸露，3d 内不要放牧，7d 内不让鹅下水。一周后，鹅皮肤毛孔已经闭合，可逐渐恢复放牧饲养和下水。恢复放牧后要强调每天下水，这样可使鹅毛绒生长快、洁净有光泽，一般拔羽 2 月龄即可长齐新羽，可进行第二次拔毛。

（2）鹅舍应背风、清洁干燥，舍内铺垫一层柔软干净的垫草。夏季要防止蚊虫叮咬；冬季舍内应保暖温度不能低于0℃。

（3）饲料中应增加蛋白质的含量，补充微量元素，每只鹅除每天供应充足的青饲料和饮水外，还要给每只鹅补喂配合饲料 150 ~180g。

（4）种鹅拔羽后应公母分开饲养，停止交配，对弱鹅应挑出单独饲养。加强饲养管理，经常检查鹅的羽毛生长和健康状况，预防感染及传染性疾病，避免死亡。

（二）技能考核标准

序号	考核项目	评分标准		考核方法	熟练程度
		分值	扣分依据		
1	材料准备	10	试验对象缺失或挑选不合理扣 4 分，拔羽用具与消毒器材等缺失一个扣 3 分	单人操作考核	基本掌握
2	羽毛及拔羽鹅分类	15	羽毛分类不正确扣 5 分，拔羽鹅分类不正确或不完整扣 10 分		
3	鹅的保定	15	拔羽前鹅保定方法不知道扣 5 分，具体操作不正确扣 10 分		

续表

序号	考核项目	评分标准		考核方法	熟练程度
		分值	扣分依据		
4	拔羽的顺序与方法	30	拔羽的先后顺序不正确扣10分，拔羽操作不正确扣10分，羽毛处理不正确扣10分	单人操作考核	基本掌握
5	拔羽后鹅的饲养管理	20	拔羽后鹅在饮食、免疫与建筑设计等饲养管理不知道扣10分		
6	规范程度	10	操作不规范、混乱各扣5分		

五、复习与思考

1. 鹅羽毛的分类、定级与市场应用前景。
2. 活拔羽绒技术的操作方法与注意事项。
3. 拔羽后鹅的饲养管理。

林园养鹅

林园养鹅模式是在不占用耕地的前提下，利用果园或林下草地养鹅，是一种无公害生态养鹅模式。由于鹅在放牧时只采食林间的杂草，不采食树叶、树皮，对果林特别是幼林不会造成危害。林园养鹅一般有 3 种形式：

1. 落叶林（果林）养鹅

在落叶林中养鹅，可在每年秋季树叶稀疏时，在林间空地播种黑麦草，至来年 3 月份开始养鹅，实行轮牧制，当黑麦草季节过后，林间杂草又可作为鹅的饲料，鹅粪可提高土壤肥力。如此循环，四季可养鹅。

2. 常绿林养鹅

常绿林中养鹅，主要以野生杂草为主，可适当播种一些耐阴牧草如白三叶等，以补充野杂草的不足，一般采用放牧的方式。

3. 幼林养鹅

在幼林中养鹅可利用树木小、林间空地阳光充足的特点，大量种植牧草，如黑麦草、菊苣、红白三叶等，充分利用林间空地资源养鹅，待树木粗大后再利用上述两种方法养鹅。

无论何种形式的林园养鹅都应注意要适当地补充精料，以满足鹅生长发育的营养需要，同时在林果树施药期间应停止放牧一段时间。对于树木和林地面积较大的林园，还可将鹅棚搭建在林中，既减少土地的占用，又方便管理。

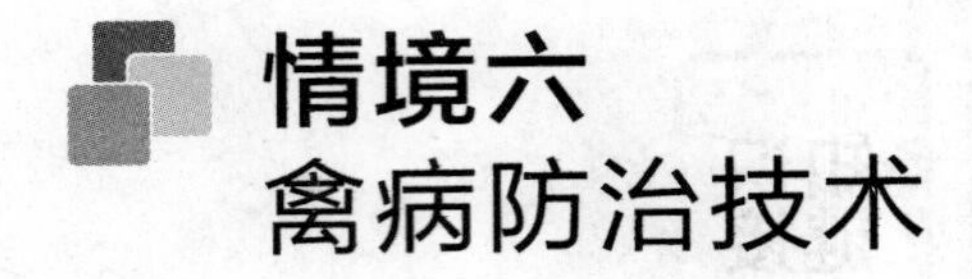

情境六 禽病防治技术

单元一｜禽病的发生与传播

【知识目标】 通过对禽病的发生与传播的学习，使学生能够掌握禽病发生的原因、特征和传播的基本环节。

【案例导入】 家禽个体小、抵抗力弱、饲养密度大，一旦发病，传播相当迅速，会给养禽业带来严重的后果。禽病发生的原因包括哪些，通过哪些途径进行传播？

【课前思考题】

1. 禽病发生的原因包括哪些？
2. 禽病发生的特征有哪些？
3. 禽病的传播需要哪几个基本环节？

一、禽病发生的原因

禽病种类繁多，比较复杂。根据病因、特征和危害程度，基本上可以分为两大类：

一类是由生物性因素引起的，通常具有传染性；另一类是由非生物性因素引起的，无传染性。

（一）生物性因素

凡是由病原微生物引起的，具有一定的潜伏期和特征性的临床表现，并具有传染性的疾病，称为传染病。通常包括病毒性传染病、细菌性传染病、霉形体病、真菌病等。

例如，由病毒引起的禽病有新城疫、禽流感、马立克病、白血病、传染性法氏囊病、传染性支气管炎、传染性喉气管炎、禽脑脊髓炎、鸭瘟和小鹅瘟等；由细菌引起的有鸡白痢、禽副伤寒、大肠杆菌病、禽霍乱等；由支原体引起的有鸡慢性呼吸道疾病；由衣原体引起的有鸡毒支原体感染；由真菌引起的有曲霉菌病、念珠菌病等。

由病原微生物引起的疾病是危害比较大的一类禽病。这些疾病不仅可以水平传播，有些疾病，如白血病、禽脑脊髓炎、病毒性关节炎、支原体病和鸡白痢等，还可以经过种蛋垂直传播给下一代。此外，一些家禽传染病，如禽流感、大肠杆菌病、禽副伤寒、禽弯曲杆菌病、禽葡萄球菌病等，是人畜共患病，对人类健康有不同程度的危害，具有重要的公共卫生意义。

（二）非生物性因素

由非生物性因素引起且没有传染性的疾病称为普通病。主要有营养代谢病、中毒病和与管理因素有关的其他疾病等。

1. 营养代谢病

家禽由于解剖生理和代谢特点，对某些营养代谢性疾病较为敏感。一些养殖户为追求家禽增重、产蛋率等生产性能的提高，盲目滥用营养物质，超量食用维生素、矿物质和微量元素、油脂等，引起某些营养成分的过剩、代谢障碍甚至中毒。

2. 中毒病

由毒物引起的家禽中毒性疾病时有发生，并在家禽生产中造成较大的损失。例如，在使用磺胺类药物、庆大霉素、卡那霉素、亚硒酸钠等药物时剂量过大、使用时间过长引起的药物中毒；在使用杀虫剂时浓度过高；饲料中混有毒鼠药、杀虫剂等有毒物质；饲料中使用过量未去毒的棉籽饼或菜籽饼；使用含有黄曲霉毒素的发霉饲料饲喂家禽等。

3. 饲养管理不当所致疾病

例如，雏禽冻伤、家禽热应激、严重缺水、过分拥挤引起啄癖；地面不平整或网、笼上突出的铁丝、刺、钩导致的皮肤和脚垫的创伤；禽舍由于氨气浓度过高、空气质量不好、垫料过分干燥尘土飞扬而引起眼结膜炎或上呼吸道疾病；产蛋禽由于受到异常声响或陌生人的惊吓跳跃奔跑引起的卵黄性腹膜炎；冬季为了保温而忽视通风透气、长时间缺氧而加剧了肉鸡腹水综合征的形成等。

二、禽病发生的特征

（一）群发性

家禽个体小，抵抗力弱，密度高又实行群饲，发病的初期不易发觉，暴发传染病后蔓延很快，而有些传染病，尚无有效的药物或疫苗防治，更容易造成严重的损失。

（二）并发感染和继发感染

由两种以上病原微生物同时感染称为并发感染。家禽已经感染了一种病原微生物之后，又有新侵入的或原来存在于体内的另一种病原微生物所引起的感染称为继发感染。生产实践中，多种病原体的并发感染或继发感染非常普遍，厌氧菌和需氧菌同时存在，可能导致协同作用的发生。细菌混合共存，其中一些菌能抵御或破坏宿主的防御系统，使共生菌得到保护。更为重要的是，并发感染常使抗生素活性受到干扰，体外敏感试验常不能反映混合感染病灶中的实际情况。病原体相互作用还使一些疫病的临床表现复杂化，给诊断和防治都增加了难度。

（三）症状类同性

在临床上，不同传染病的表现千差万别，但也具有一些共同特征。

（1）病原微生物与机体的相互作用　传染病是病原微生物与机体相互作用所引起，每种传染病都有其特异的致病微生物，如新城疫病毒感染鸡群引起鸡新城疫。

（2）具有传染性和流行性　病原微生物能在患病禽体内增殖并不断排出体外，通过一定的途径再感染另外的健康禽体而引起具有相同症状的疾病。当具有适宜的条件，在一定时间内，某一地区易感禽群中可能有许多家禽被感染，致使传染病散播蔓延而形成流行。

（3）机体的特异性反应　在感染发展过程中由于病原微生物的抗原刺激作用，机体发生免疫生物学的改变，产生特异性抗体的变态反应等。

（4）具有一定的临床表现和病理变化　大多数传染病都具有该病特征性的临床症状和病理变化，而且在一定时期或地区范围内呈现群发性疾病的表现。

（5）获得特异性免疫　多数传染病发生后，没有死亡的患病禽能产生特异性免疫，并在一定时期内或终生不再感染该种传染病。

三、禽病的传播

传染病在禽群中蔓延流行，必须具备 3 个相互联系的条件，即 3 个基本环节：传染源、传播途径和易感禽群。缺少任何一个条件，传染病的发生与流行都是不可能的。

（一）传染源

传染源是指某种传染病的病原体在其中寄居、生长、繁殖，并能排出体外的动物机体。具体来说传染源就是受感染的家禽，包括患病家禽和病原携带者。

1. 患病动物

病禽是重要的传染源。不同病期的病禽，其作为传染源的意义也不相同。前驱期和症状明显期的病禽因能排出病原体且具有症状，尤其是在急性过程或者病程转剧阶段可排出大量毒力强大的病原体，因此作为传染源的作用也最大。潜伏期和恢复期的病禽是否具有传染源的作用，则随病种不同而异。

2. 病原携带者

病原携带者是指外表无症状但携带并排出病原体的动物。病原携带者是一个统称，如已明确所带病原体的性质，也可以相应地称为带菌者、带毒者、带虫者等。病原携带者排出病原体的数量一般不及病禽，但因缺乏症状不易被发现，有时可成为十分重要的传染源，病原携带者一般分为潜伏期病原携带者、恢复期病原携带者和健康病原携带者 3 类。

（1）潜伏期病原携带者　是指感染后至症状出现前即能排出病原体的动物。在这一时期，大多数传染病的病原体数量还很少，此时一般没有具备排出条件，因此不能起传染源的作用。但有少数传染病在潜伏期后期能够排出病原体，此时就有传染性了。

（2）恢复期病原携带者　是指在临诊症状消失后仍能排出病原体的动物。一般来说，这个时期的传染性已逐渐减少或已无传染性了。但还有不少传染病在临诊痊愈的恢复期仍能排出病原体。在很多传染病的恢复阶段，机体免疫力增强，虽然外表症状消失但病原尚未肃清，对于这种病原携带者除应考查其过去病史，还应做多次病原学检查，才能查明。

（3）健康病原携带者　是指过去没有患过某种传染病但能排出该种病原体的动物。一般认为这是隐性感染的结果，通常只能靠实验室方法检出。这种携带状态一般为时短暂，作为传染源的意义有限，但是巴氏杆菌病、沙门菌病等健康病原携带者为数众多，可成为重要的传染源。

（二）传播途径

病原体由传染源排出后，经一定的方式再侵入其他易感动物所经的途径称为传播途径。研究传染病传播途径的目的在于切断病原体继续传播的途径，防止易感动物被传染，这是防治禽传染病的重要环节之一。传播途径可分为如下两大类：一是水平传播；二是垂直传播。

以水平传播为例介绍如下：

（1）直接接触传播　是在没有任何外界因素的参与下，病原体通过被感染的动物（传染源）与易感动物直接接触（交配、啄咬等）而引起传播的方式。仅能以直接接触而传播的传染病，其流行特点是一个接一个的发生，形成明显的链锁状。这种方式使疾病的传播受到限制，一般不易造成广泛的流行。

（2）间接接触传播　必须在外界环境因素的参与下，病原体通过传播媒介使易感动物发生传染的方式，称为间接接触传播。从传染源将病原体传播给易感动物的各种外界环境因素称为传播媒介。传播媒介可能是生物，也可能是无生命的物体。大多数传染病如禽流感、鸡新城疫等以间接接触为主要传播方式，同时也可以通过直接接触传播。两种方式都能传播的传染病又称接触性传染病。

间接接触一般通过如下几种途径传播：①经空气（飞沫、尘埃）传播：空气不适于任何病原体的生存，但空气可作为传染的媒介物，它可作为病原体在一定时间内暂时存留的环境。经空气散播的传染主要是通过飞沫或尘埃为媒介而传播的。②经污染的饲料和水传播：以消化道为主要侵入门户的传染病，如鸡新城疫、沙门菌病、结核病等，其传播媒介主要是污染的饲料和饮水。传染源的分泌物、排出物和病禽尸体及其流出物污染了饲料、牧草、饲槽、水池、水井、水桶，或由某些污染的管理用具、车船、禽舍等辗转污染了饲料、饮水而传给易感动物。因此，在防疫上应特别注意防止饲料和饮水的污染，防止饲料仓库、饲料加工场、禽舍、牧地、水源、有关人员和用具的污染，并做好相应的防疫消毒卫生管理。③经污染的土壤传播：随病禽排泄物、分泌物或其尸体一起落入土壤而能在其中生存很久的病原微生物可称为土壤性病原微生物。它所引起的传染病有猪丹毒等。④经设备、用具、其他动物和人传播：养禽场的一些设备和用具，尤其是一些禽群共用的设备和用具，如饲料箱、蛋箱、装禽箱、运输车等，往往管理不善、消毒不严，都是传播疾病的重要媒介。飞鸟、鼠类、野生动物、蚊蝇等也能传播疫病，如鼠类传播沙门菌病、钩端螺旋体病，野鸭传播鸭瘟等。

（三）易感禽群

易感性是抵抗力的反义词，是指禽对于每种传染病病原体感受性的大小。禽易感性的高低虽与病原体的种类和毒力强弱有关，但主要还是由禽体的遗传特征、疾病流行之后的特异免疫等因素决定的。外界环境条件，如气候、饲料、饲养管理卫生条件等因素，都可能直接影响到禽群的易感性和病原体的传播。

1. 禽群的内在因素

不同种类的禽类对于同一种病原体表现的临诊反应有很大的差异，这是由遗传性决定的。不同品系的禽类对传染病抵抗力的遗传性差别，往往是抗病育种的结果。

2. 禽群的外界因素

各种饲养管理因素包括饲料质量、禽舍卫生、粪便处理、拥挤、饥饿以及隔离检疫等，都是与疫病发生有关的重要因素。

3. 特异免疫状态

在某些疾病流行时，禽群中易感性最高的个体易死亡，余下的禽或已耐过，或经过无症状传染都获得了特异免疫力。所以在发生流行之后该地区禽群易感性降低，疾病停止流行。

禽病传播是指来自传染源的病原体通过一定的传染途径，使那些有易感性的禽感染发病。传染源、传播途径、易感禽群这 3 个因素缺一不可，相互联系构成了传染病的流行过程。

生产实践中禽病发生的主要原因

（1）防疫意识不强，免疫程序紊乱　实践中发现，有些养殖场或农户防疫意识不强，对所养的家禽不予防疫；有的则进行了初免，而二免、三免则不免或不按时免疫。此外，防疫人员责任心不强、疫苗质量不好、疫苗保管或使用不当、疫苗品种不能满足生产所需等，所有这些都不利于禽病防控。而且更多的人认为只要接种了疫苗就万事大吉，既不做免疫监测，更不将这些疾病的防治当回事，这种观念上的错误根深蒂固、祸患无穷。

（2）病毒性病原体增加、毒力变异　随着国际间及地区间的家禽及其产品频繁调运，使新的疫病传入我国或在不同地区流行。此外，在疫病流行过程中，病原体发生变异，毒力减弱，加之动物具有部分免疫力，因此出现了一些非典型病例。有的毒力增强，出现强毒株，如传染性法氏囊病，危害严重。

（3）水禽、野禽在疾病流行中起重要作用　如水禽（鸭、鹅）、野禽（鸽子和野鸟）可将禽流感、新城疫等传染给鸡等。

（4）大量滥用抗生素和磺胺类药物　许多养禽户在禽群发病时滥施药物，导致病菌产生耐药性，且抗药性越来越强。饲料厂长期使用抗菌药物作饲料添加剂，在一定程度上对抗药菌株起到了筛选作用。

（5）家禽生理解剖结构特殊　家禽生理解剖结构特殊，而且鸡、鸭、鹅、鹌鹑、鸽子等各自具有自己的特点。与哺乳动物相比，家禽肺小且连接许多气囊，而这些气囊又与体内各部位相通，因此，凡经空气传播的病原都可经呼吸道传遍全身，呈全身性感染，病情显得特别严重；家禽的胸、腹腔没有横膈膜，胸腔感染容易传到腹腔，腹腔感染容易传到胸腔；家禽不具有胎盘屏障，在禽蛋形成时，身体内的病原微生物容易进入蛋中；家禽的生殖孔、排泄孔都开口于泄殖腔，因此，禽蛋容易被含有病原微生物的粪便污染而构成传染；家禽的淋巴系统发育不完全，故家禽的淋巴屏障功能较差，病原容易进入体内，并易在体内扩散。

（6）缺乏综合性防疫措施　只注意预防接种，而忽略了其他的防疫措施。比如，消毒工作在某种情况下显得比预防接种更为重要。因为禽场经过多批次的饲养，病原微生物污染非常普遍，甚至有的还十分严重，若不加强综合性防疫措施，后果是不堪设想的。如某禽场，有的批次死亡率高达70%～80%，损失达十几万元。

单元二 | 禽场疾病预防与控制

【知识目标】 通过对禽场疾病预防与控制的学习，使学生能够掌握禽病的综合防治措施。

【技能目标】 使学生能够掌握鸡舍的消毒方法和程序，掌握免疫接种的方法，能熟练进行抗体检测，并正确地判定结果。

【案例导入】 "禽流感"是由禽流感病毒（AIV）引起的一种主要流行于鸡群中的烈性传染病。高致病力毒株可致禽类突发死亡，是世界动物卫生组织规定的A类疫病，也能感染人。一旦发病危害相当严重。

【课前思考题】

1. 如何科学地建立禽场兽医卫生防疫制度？
2. 禽病综合防治的措施包括哪些？
3. 家禽免疫接种技术包括哪些内容？

家禽生产是群体化、集约化的，如果预防不力，发生了疾病，传播相当迅速，不仅耗费大量的人力、物力、财力，而且即使能够挽救一些病禽，其生产性能和经济效益也会受到影响。因此，养禽生长中一定要以预防为主，尽量避免疾病的发生。预防禽病的饲养管理和卫生防疫措施，就像一条环状链条的各个环节，缺一不可。只有抓好每个环节，才能使疫病无机可趁、无孔可入。

一、建立兽医卫生防疫制度

1. 场区卫生防疫制度

禽场门口消毒池内要经常保持50～80cm深度的有效消毒液，每天更换1次。凡进入场内的车辆必须对车身车厢进行喷雾消毒5min。进入场区内的人员要洗手、消毒、换鞋，经紫外线照射消毒进入。非工作人员不得进入生产区，工作人员必须每日洗澡、更衣方能出入。生产区净道和污道分开，工作人员、饲料车走净道，粪车、淘汰鸡、病死鸡走污道。场内禁止饲养其他畜禽，也不允许采购禽肉进入食堂。要做好绿化建设和卫生等。

2. 舍内卫生防疫制度

禽舍门口设脚踏消毒池和消毒盆，消毒液每天更换1次。工作人员进入鸡舍必须吸收脚踏消毒液、穿工作服和工作鞋，工作服不能穿出鸡舍。鸡舍坚持每周带鸡消毒2～3次，鸡舍工作间每天清扫1次，每周消毒1次。饲养人员不得互相串舍，鸡舍内工具固定，不得串用。及时捡出死鸡、病鸡、残鸡、弱鸡，做出诊断并采取相应处理措施。定期做好灭鼠、灭蚊、灭蝇工作。

3. 实行“全进全出”的饲养管理制度

“全进全出”是指同一栋禽舍或全场在同一时间饲养同龄的家禽，在同一时间出售或出栏。全进全出的饲养方法，便于生产管理，可以实行统一的饲养标准、技术方案和防疫措施。家禽出场后，可以彻底清洁、消毒禽舍及全部养鸡设备，以杜绝病原体的循环感染，降低死亡率，提高鸡舍利用率。

4. 制订稳定的工作日程

禽舍从早到晚按时间规划，规定出每项具体操作内容和时间，使每日的饲养管理工作按部就班准时完成，以笼养产蛋鸡为例，制订的工作日程见表6－1。

表6－1　笼养蛋鸡工作日程

时间	工作内容
5:30	开灯；抽查触摸鸡只嗉囊，掌握消化状况
6:30	喂料；观察鸡群采食、饮水、粪便情况；检查食槽、饮水器；如有异常及时采取相应措施；记录室内温度；清刷水槽，打扫室内外卫生等
7:30	早餐
9:30	匀料1次，检查饮水器供水情况，抓回地面的跑鸡
10:30	捡蛋
11:30	喂料；观察鸡群采食、饮水、粪便情况；检查食槽、饮水器状况
12:00	午餐
14:00	检查食槽、饮水器状况
15:00	喂料；观察鸡群采食、饮水、粪便情况
17:00	捡蛋、打扫室内卫生，擦拭灯泡（每周1次）；做好饲料消耗、产蛋、死亡、淘汰鸡数记录工作
17:30	匀料1次，检查饮水器供水情况；抓回地面的跑鸡
18:00	晚餐，关灯
20:00	喂料；1h后关灯；抽查触摸鸡只嗉囊，以掌握采食情况

5. 保证饲料和饮水卫生

俗话说“病从口入”，饲料和饮水卫生搞不好，就会给病原体的侵入大开方便之门。因此，饲料和饮水卫生是养禽生产的关键环节，也是预防疾病的先决条件。

家禽生产中要防止饲料污染、霉败、变质、生虫等。对每种饲料原料进行化验分析，特别是对鱼粉、肉骨粉等质量不稳定的原料，要经过严格检验后才能使用。生产场应配备专用运料车辆，饲料应分禽舍专用，不能互相混用。饲料要求新鲜，应每周送到鸡舍1次，散装饲料塔的容积应能容纳7d的饲喂量和2d的贮备量。运料卡车是致病微生物侵入鸡舍的一个重要途径。因此，对运输饲料卡车应进行有效的消毒，卡车必须驶过加有良好消毒液的消毒池，驾驶室和车子底盘部分可以用同样的消毒溶液喷洒。饲料槽等应经常清洗，保持干净。

6. 粪便的无害化处理

家禽粪便中有好热性细菌，经堆积封闭后，可产生热量，使内部温度达到80℃左右，从而杀死病原微生物和寄生虫卵，达到无害化处理的目的。对于恶性传染病或对人有危害的某些传染病的家禽粪便应进行深埋、焚烧或化学处理。深埋法即挖深坑，并在粪便表面撒上石灰，再填0.5~1.0cm厚的土即可。粪便量较少或垫草较多时，可以采用焚烧法，在草上堆上粪便焚烧，若燃烧不完全可加干草或油类助燃，直至烧完。也可以将粪便填入坑内，再加适量化学药品，如2%来苏儿、20%漂白粉或3%甲醛等，搅拌均匀，填土长期封存。

二、免疫接种技术

免疫接种是激发动物机体产生特异性抵抗力，使易感动物转化为不易感动物的一种手段。为防止传染病的发生，在平时有计划地给健康鸡群进行的免疫接种称为预防接种。预防接种通常使用疫苗、菌苗、类毒素等生物制剂作为抗原激发免疫。用于人工自动免疫的生物制剂统称为疫苗，包括由细菌、支原体、螺旋体制成的菌苗，用病毒制成的疫苗和用细菌外毒素制成的类毒素等。根据其性质的不同，采用皮下、皮内、肌内注射及皮肤刺种、点眼、滴鼻、喷雾、口服等不同的接种方法。接种后可获得数月至1年以上的免疫力。

（一）免疫接种方式

1. 预防接种

根据鸡的免疫接种计划，统计鸡群只数，确定接种日期（应在疫病流行季节前进行接种），准备足够的生物制剂、器材和药品，安排及组织免疫接种人员，按免疫程序有计划地工作。

2. 紧急接种

紧急接种是指在发生传染病时为了迅速控制和扑灭传染病的流行，而对疫区和受威胁区尚未发病的家禽进行的应急性接种。紧急接种使用免疫血清较为安全有效，但因价格高、免疫期短、用量较大，大批家禽使用没有经济价值。实践证明，使用疫苗进行紧急免疫接种是可行的。如发生鸡新城疫和鸭瘟等一些急性传染病时，用疫苗进行紧急接种，效果较好。

（二）生物制品的保存、运送与检查

1. 生物制品的保存

一般生物制品怕热，特别是活苗，必须低温保存。冷冻真空干燥的疫苗，多数要求放在-15℃温度下保存，温度越低，保存时间越长。在-15℃条件下可保存1年以上，在0~8℃条件下只能保存6个月，若放在25℃左右，最多保持10d即失去效力。灭活苗、血清、诊断液等应保存在2~11℃，不能过

热，也不能低于0℃。

2. 生物制品的运送

运送时，药品要逐瓶包装，衬以厚纸或软草然后装箱。如果是活苗需要低温保存的，可先将药品装入盛有冰块的保温瓶或保温箱内运送，携带灭活铝胶苗或油乳苗时，冬季要防止冻结。大批量运输的生物制品应放在冷藏箱内，用冷藏车以最快速度运送。

3. 生物制品的用前检查

各种生物制品用前均需仔细检查，有下列情况之一者不得使用：①没有瓶签或瓶签模糊不清，没有经过合格检查者；②过期失效者；③生物制品的质量与说明书不符者，如色泽、沉淀、制品内有异物、发霉和臭味者；④瓶盖不紧或玻璃瓶破裂者；⑤没有按规定方法保存者，如加氢氧化铝的菌苗经过冻结后，其免疫力可降低。

（三）免疫接种方法

免疫接种是用人工的方法把疫苗或菌苗等引入禽体内从而激发禽体自身的抵抗力，使易感禽体变成有抵抗力的禽体，从而避免传染病的发生和流行。定期进行预防免疫接种，以增强禽体自身的抵抗力，是预防和控制鸡传染病极为重要的手段。具体方法如下：

1. 皮下注射法

皮下注射宜选择皮薄、被毛少、皮肤松弛、皮下血管少的部位，家禽主要在颈部、翼下或胸部。注射时，注射者右手持注射器，左手食指与拇指将皮肤提起呈三角形，沿三角形基部刺入皮下约注射针头的2/3，注射相应剂量后，左手轻轻捻压针孔处，然后再将针头拔出。

新城疫油佐剂灭活苗及免疫血清均采用皮下注射法。此法的优点是免疫确实，效果佳，吸收较快；缺点是副作用较大。现在广泛使用的马立克病疫苗，采用颈背皮下注射法接种。

2. 肌内接种法

肌内注射，应选择肌肉丰满、血管少、远离神经的部位。家禽宜在翅膀基部、胸部肌肉或大腿外侧。肌内注射时，左手固定注射部位的皮肤，右手持注射器垂直刺入肌肉后，改用左手夹住注射器和针头尾部，右手回抽一下活塞，如无回血，即可慢慢注入药液。

3. 滴鼻点眼接种法

滴鼻与点眼是禽类有效的免疫途径，鼻腔黏膜下有丰富的淋巴样组织，能产生良好的局部免疫。点眼与滴鼻的免疫效果相同，比较方便、快速。接种时按疫苗说明书注明的羽份和稀释方法，用生理盐水进行稀释后，再用干净无菌的吸管吸取疫苗，滴入鸡的一侧鼻和眼内（各1滴），待疫苗吸入后再释放家禽。适用于鸡新城疫Ⅱ系、Ⅲ系、Ⅳ系疫苗，传染性支气管炎疫苗及传染性喉气管炎弱毒型疫苗的接种。

4. 饮水接种法

按家禽羽份的2~3倍剂量进行饮水免疫，要求饮水免疫前2~4h停止供水，以保证饮用疫苗时每只家禽有足够的剂量，饮完后经1~2h再正常供水。对于大群鸡群体免疫，是最常用的接种方法。采用饮水法的疫苗有鸡新城疫Ⅱ系及Ⅳ系疫苗、传染性支气管炎H52及H120疫苗、传染性法氏囊病弱毒疫苗等。饮水法免疫虽然省时省力，但每只鸡免疫用量不一，免疫抗体参差不齐，而且往往不能产生足够的免疫力。因此必须注意以下几个问题：①疫苗必须是高效价的；②稀释疫苗的饮水，必须不含有任何使疫苗灭活的物质（如氯、锌、铜、铁等的离子），必要时要用蒸馏水；③饮水器具要干净，数量要充足，以保证所有鸡能在短时间内饮到足够的免疫量；④饮疫苗前停止饮水2~4h，以便使鸡能尽快而又一致地饮用疫苗；⑤饮水中最好能加入0.1%的脱脂奶粉或山梨糖醇；⑥稀释疫苗的用水量要适当，正常情况下，每500份疫苗，2日龄至2周龄鸡用水5L，2~4周龄用水7L，4~8周龄用水10L，8周龄以上用水20L。

5. 气雾接种法

根据鸡只多少计算所需疫苗数量、稀释液数量，根据鸡只的日龄选择雾滴的大小。无菌稀释后用气雾发生器在鸡头上方约50cm处喷雾。要求关闭舍内风机，暗光下操作，在鸡群周围形成一个良好的雾化区。通过口腔、呼吸道黏膜等部位以达到免疫作用。优点是省力、省工、省苗。缺点是容易激发潜在的慢性呼吸道疾病，这种激发作用与粒子大小成负相关，粒子越小，激发的危险性越大。所以有慢性呼吸道疾病潜在危险的鸡群，不应采用气雾免疫法。

6. 刺种接种法

按疫苗说明书注明的稀释方法稀释疫苗，充分摇匀，然后用接种针或蘸水笔尖蘸取疫苗，刺种于鸡翅膀内侧无血管处皮下。要求每针均蘸取疫苗1次，刺种时最好选择同一侧翅膀，便于检查效果时操作，此法主要用于鸡痘疫苗的免疫。

（四）影响禽群免疫的因素

（1）雏禽母源抗体干扰　母源抗体是指雏禽从卵黄中吸收的抗体，它在雏禽的被动免疫中发挥着重要作用，可给疫苗的免疫造成不利影响。

（2）疫苗的质量　本身质量不合标准，或疫苗贮存不当、疫苗过期、油苗贮存时冻结或出现油水分层，都不宜使用。

（3）疫苗选择不当　应选用正规生物制品厂或技术力量雄厚的大专院校和科研单位生产的疫苗。

（4）疫苗使用不当　每种疫苗都有其特定的接种方法、部位、剂量和稀释方法，应严格按要求使用。常见的问题有：接种途径不当；稀释倍数过大或所用水质不合格；多种疫苗间随意加大，造成免疫麻痹；使用时机不当，如无母源抗体的雏禽初次免疫即使用较强毒力的疫苗，而引起免疫麻痹；使用活菌苗或弱毒疫苗后，又使用抗菌药或抗病毒药。

（5）病原微生物的抗原发生变异 超强毒株或新血清型的出现，使常规弱毒疫苗的禽群难以抵御强毒的侵袭而发病。

三、药物预防技术

防治疾病，除了加强饲养管理，搞好检验检疫、预防接种和消毒工作之外，应用药物预防也是一项重要措施。以安全药物加入饲料或饮水中进行群体化学药物预防，即所谓的添加剂。常用的有磺胺类药物和抗生素，还有氟哌酸、吡哌酸等。对预防雏鸡白痢、禽类肠炎、慢性呼吸道疾病等具有良好效果。但是长期使用化学药物预防容易产生耐药菌株，影响防治效果，因此目前我们倾向于以疫（菌）苗来防治疾病，而不主张药物预防的方法。

四、消毒技术

消毒是传染病预防措施中的一项重要内容，它可将养殖场、交通工具和各种被污染物体中病原微生物的数量减少到最低或无害的程度。具体的消毒内容有以下几点：

（一）环境消毒

经常清除鸡舍附近的垃圾、杂草；定期进行灭鼠和杀虫，防止活体媒介物和中间宿主与鸡接触；清理蚊蝇滋生地，消灭疫病的传染媒介；及时清除死禽和病禽，不让狗、猫及饲养员吃死禽、病禽，且必须深埋或烧毁；场内禁止养狗、养猫、养鸽子、飞鸟等。

（二）人员消毒

凡进入鸡舍人员必须经过消毒，进入鸡舍要换衣、帽、胶鞋，胶鞋必须浸入消毒池或缸内。鸡场生产区谢绝参观。

（三）禽舍消毒

禽舍消毒的程序：清空禽舍、清扫、清洗、整修、检查、化学消毒。

（1）清空禽舍 将所有家禽全部清转。

（2）清扫 在禽舍内外将笼具清扫干净。清扫的顺序为由上到下、由里到外。

（3）清洗 对天花板、横梁、壁架、地板用高压水枪进行清洗。清洗的顺序同清扫。

（4）整修 冲洗之后，对各种损坏的东西进行整修，如地板、门窗及禽舍内的其他固定设施。

（5）检查 对清扫、清洗、整修后的禽舍进行检查，合格后进行下一步工作，不合格的要重做。

（6）化学消毒 清洗干燥后才能进行化学消毒。禽舍最好使用2种或3种不同的消毒剂进行2~3次的消毒，只用一种消毒剂消毒效果是不完全的，因为不同的病原体对不同消毒剂的敏感性不同，一次消毒不能杀灭所有的病原体。一般化学消毒的顺序为：碱性消毒剂消毒，酚类、卤素类、表面活性剂或氧化剂消毒，甲醛熏蒸消毒。碱性消毒剂一般用2% ~3%的氢氧化钠或用10%的石灰乳。氢氧化钠可喷雾消毒，石灰乳可粉刷墙壁和地面。酚类消毒剂可用3% ~5%的来苏儿或0.3% ~1%的复合酚；卤素类，可用5% ~20%的漂白粉乳剂；表面活性剂可用百毒杀；氧化剂可用0.5%的过氧乙酸以喷雾方法进行消毒。

（7）甲醛熏蒸　$1m^3$ 空间用甲醛溶液28 ~42mL，高锰酸钾14 ~21g。一般密闭门窗熏蒸1 ~2d，然后打开门窗，使甲醛气体充分排出后再进鸡。

（四）用具消毒

蛋箱、蛋盘、孵化器、运雏箱可先用0.1%的新洁尔灭或0.2% ~0.5%的过氧乙酸溶液浸泡或洗刷，然后在密闭的室内，在15 ~18℃下，用甲醛熏蒸消毒5 ~10h（$1m^3$ 空间用甲醛溶液14 ~28mL，高锰酸钾7 ~14g，水7 ~14mL）。

（五）带禽消毒

带禽消毒是在鸡舍进鸡后至出舍整个存养期内，定期使用有效消毒剂对鸡舍内环境和鸡体表喷雾消毒，以杀灭病原微生物，达到预防消毒的目的。

1. 带禽消毒的作用

带禽消毒可以全面消毒、沉降粉尘、夏季防暑降温、提供湿度、使鸡羽毛洁白、皮肤洁净、净化空气、有利于鸡的生长发育和饲养人员的健康。

2. 消毒剂的选择

带禽消毒应选用广谱高效、无毒无害、刺激性小、腐蚀性小、黏附性大的消毒剂。

3. 常用消毒剂和使用浓度

百毒杀 $1m^3$ 水加150mL；新洁尔灭0.1%；过氧乙酸，育雏期用0.2%的浓度，育成期及成鸡用0.3%的浓度；次氯酸钠0.2% ~0.3%；复合酚类，育雏期间用1∶300的浓度，育成期及成鸡用1∶250的浓度。

4. 带禽消毒的方法

带禽消毒时使用高压喷雾器。首次消毒的日龄，鸡、鸭不低于8d，鹅不能低于10d，以后再次消毒的时间可根据舍内的污染情况而定，一般育雏期间每周进行1次，育成期间7 ~10d进行1次，成禽15 ~20d进行1次。发生疫病时可每天进行1次，清除粪便后也要带禽消毒1次。

5. 带禽消毒的注意事项

鸡舍勤打扫，及时清除粪便、污物及灰尘。鸡舍喷雾消毒时，喷口不能直射家禽，药液的浓度和剂量一定要掌握准确。喷雾程度以地面、墙壁、屋顶均匀湿润和鸡体表稍湿为准。稀释用水的温度要适当，高温育雏或寒冷的冬季用自来水直接稀释喷雾，易使鸡体突然受冻感冒，水温应提前加热到室温。喷雾造成鸡舍、鸡体表潮湿，过后要开窗通气，促其尽快干燥。鸡舍应保持一定的温度，尤其是入雏时喷雾，要将舍温比平时温度提高 3 ~4℃，使被喷湿的雏鸡得到适宜的温度，及时驱湿、驱寒，以免雏鸡受冷挤压。各类消毒药交替使用，每月轮换 1 次。鸡群接种弱毒疫苗前后 3d 内停止喷雾消毒。

五、检疫和净化鸡群

（一）检疫

检疫就是应用各种动物医学的诊断方法，对动物及其产品进行疫病检查，并采取相应措施防止疫病发生和传播。要求从种禽饲养管理好、孵化质量高的种禽场购买雏禽；接雏时要仔细检查，认真挑选；引进雏禽时，还必须做好检验工作。需要从外地购买禽苗时，必须实地调查了解当地传染病的流行情况，以保证从非疫区引进健康禽。运回禽场后，一定要隔离 1 个月，经临床检查、实验室检验，确认健康无病后，方可进入健康禽舍饲养。

（二）净化鸡群

净化鸡群是指在某一限定地区或养殖场内，根据特定疫病的流行病原调查结果和疫病监测结果，及时发现并淘汰各种形式的感染病鸡，使限定的鸡群中某些疫病逐渐被消除的疾病控制方法。净化鸡群对鸡传染病控制具有极大的推动作用。特别对垂直传播的传染病（如鸡白痢、鸡白血病、慢性呼吸道疾病）要定期检查，并同步进行抗体监测；在有病鸡群，应定期反复用凝集试验进行检疫，将阳性鸡及可疑鸡全部挑出淘汰，使鸡群净化。

六、传染病的扑灭措施

对家禽重大传染病的控制，《中华人民共和国动物防疫法》及畜牧兽医行政管理部门等均已有明确的规定，应严格执行，以防止这些疫病的发生。一旦发生则要尽快将其扑灭于萌芽状态，确保养禽业的健康发展。下面介绍一些对重大传染病控制的主要措施。

（一）家禽疫病的分类

《中华人民共和国动物防疫法》第二章第十条以及中华人民共和国农业部公告（1999 年第 96 号）对禽病做了以下的分类：

1. 一类疫病

一类疫病是指对人畜危害严重，需要采取紧急、严厉的强制预防、控制、扑灭措施的禽病，其中包括高致病性禽流感和新城疫。

2. 二类疫病

二类疫病是指可造成重大经济损失，需采取严格控制、扑灭措施以防止扩散的禽病，其中包括鸡传染性喉气管炎、鸡传染性支气管炎、鸡传染性法氏囊炎、鸡马立克病、鸡产蛋下降综合征、禽白血病、禽痘、鸭瘟、鸭病毒性肝炎、小鹅瘟、禽霍乱、鸡白痢、鸡败血支原体感染、鸡球虫病，共14种。

3. 三类疫病

三类疫病是指常见多发、可能造成重大经济损失而需要控制和净化的禽病，其中包括病毒性关节炎、禽传染性脑脊髓炎、传染性鼻炎、禽结核病、禽伤寒，共5种。

（二）及时上报疫情和确诊

任何单位或者个人发现患有疫病或者类似疫病的动物，都应及时向当地动物防疫监督机构报告，动物防疫监督机构应尽快确诊并迅速采取措施，按国家有关规定上报。

（三）隔离

对患病动物和可疑感染的家禽进行隔离，目的是为了控制传染源，防止病禽继续扩散感染，以便将疫情控制在最小的范围内并就地扑灭。

将发病禽分为患病群、可疑感染群和假定健康群等，分别进行隔离处理。

患病家禽是最主要的传染源，应选择不易散播病原体、消毒处理方便的场所，将病禽和健康禽进行隔离，不让它们有任何接触，以防健康禽受到感染，并指派专人饲养管理。隔离场所禁止人、畜出入和接近，工作人员应遵守消毒制度。隔离区内的用具、饲料、粪便等，未经彻底消毒不得运出。病死禽尸体要焚烧或深埋，不得随意抛弃。在隔离的同时，要尽快诊断，以便采取有效的防治措施。经诊断，属于烈性传染病的要报告当地政府和兽医防疫部门，以便采取封锁措施。

可疑感染的家禽是指发病前与病禽有过明显接触的家禽，如同群、同舍、使用共同的水源等。这类家禽有可能处在潜伏期，并有排菌（毒）的危险，必须单独饲养，观察情况，不发病时才能与健康禽合群，出现病状者则按患病禽处理。

假定健康禽群是指疫区内其他易感禽。应与上述两类严格隔离饲养，加强防疫消毒和相应的保护措施，立即进行紧急免疫接种，必要时可根据实际情况分散喂养或转移至偏僻区域。

对已隔离的病禽，要及时进行药物治疗。根据发生的疫情，对健康禽和可疑感染禽，要进行疫苗紧急接种或用药物进行预防性治疗。对于细菌性传染病则应早做药敏试验，避免盲目用药。

（四）消毒

在隔离的同时，要立即采取严格的消毒措施，包括禽场门口、禽舍门口、道路及所有器具；垫料和粪便要彻底清扫，严格消毒；病死禽要深埋或无害化处理，在最后一只病禽治愈或处理2周后，再进行一次全面的大消毒，方能解除隔离或封锁。

（五）封锁

当发生某些重要传染病时，对疫源地进行封闭，防止疫病向安全区散播和健康禽误入疫区而被感染，以达到保护其他地区家禽的安全和人身健康，迅速控制疫情和集中力量就地扑灭的目的。

根据我国《家畜家禽防疫条例》的规定，当确诊为一类禽病时，当地县级以上地方人民政府、畜牧兽医行政管理部门应立即派人到现场，划定疫点、疫区、受威胁区，采集病料，调查疫源，及时报请同级人民政府决定对疫区实行封锁，将疫情等情况逐级上报农业部畜牧兽医行政管理部门。

执行封锁时掌握“早、快、严、小”的原则，即发现疫情时报告和执行封锁要早，行动要快，封锁要严，范围要小。

疫区内病禽已经全部痊愈或全部处理完毕，经过该病一个潜伏期以上的监测、观察，未出现患病时，经严格彻底消毒后，由县级以上畜牧兽医行政管理部门检查合格后，经原发布封锁令的政府发布解除封锁，并通报相邻地区和有关部门。

（六）紧急免疫接种

紧急免疫接种是指在发生传染病时为了迅速控制和扑灭传染病的流行，而对疫区和受威胁区尚未发病的家禽进行的应急性接种。理论上，以使用免疫血清较为安全有效，但因血清用量大、价格高、免疫期短，大批禽群使用不大可能，所以不能满足需要。实践证明，使用疫苗进行紧急免疫接种是可行的。但仅能对正常无病的家禽实施，对病禽和可能受到感染的潜伏期病禽，必须在严格的消毒下立即隔离，不能再接种疫苗。对于受威胁区的紧急免疫接种，其目的是建立“免疫带”包围疫区，以防蔓延，以便就地扑灭疫情。但这一措施必须与疫区的封锁、隔离、消毒等综合措施相配合才能取得较好的效果。

（七）紧急药物治疗

对病禽和可疑感染病禽进行治疗，以挽救病禽，减少损失，消除传染源，这是综合性防治措施的一个组成部分。同时，对假定健康禽的预防性治疗也不能放松。治疗的关键是在确诊的基础上尽早实施，这对控制疫病的蔓延和防止继发感染具有十分重要的作用。一般紧急治疗药物有：高免卵黄抗体或抗血清、干扰素或抗生素等，此外还有化学疗法、中草药疗法。

在传染病治疗中，为了减缓或消除某些严重的症状、调节和恢复机体的生理功能，可按病症选用药物疗法，如退热止痛、镇静、兴奋、利尿、止泻、防治酸中毒和碱中毒、调节电解质平衡等。

（八）扑灭

扑灭政策是指在兽医行政部门的授权下，宰杀感染特定疫病的动物及同群可疑感染动物，并在必要时宰杀直接接触动物或可能传播疫病病原体的间接接触动物的一种强制性措施。当某地暴发法定一类疫病时，如禽流感、新城疫等，应按照防疫要求一律宰杀，家禽的尸体应焚烧或深埋销毁。扑灭政策通常和封锁、消毒措施结合使用。

实训一 鸡舍消毒

一、技能目标

通过鸡舍消毒技术的学习，使学生掌握禽舍的消毒方法和常用消毒液的配制。

二、教学资源准备

（一）材料与工具

（1）材料　氢氧化钠、来苏儿、高锰酸钾、福尔马林等。

（2）用具　喷雾消毒器或塑料喷壶，量筒，卷尺或直尺，报纸或包装纸，糨糊或胶水，天平或台秤，量杯、盆、桶、缸等用具，清扫及洗刷用具，橡胶长靴等。

（二）教学场所

校内外教学基地或实验室。

（三）师资配置

实验时 1 名教师指导 40 名学生，技能考核时 1 名教师可考核 20 名学生。

三、操作方法及考核标准

（一）操作方法与步骤

1. 禽舍喷洒消毒

（1）禽舍排空　将所有禽舍尽量在短期内全部清转，对禽舍排空。

（2）机械清扫　禽舍排空后，清除饮水器、饲槽的残留物。对风扇、通风口、天花板、横梁、吊架、墙壁等进行清扫，最后清除垫料和粪便。为了防止尘土飞扬，清扫前可先用清水或消毒液喷洒。清除的粪便、垃圾集中处理。

（3）洗净　经清扫后，用动力喷雾器或高压水枪进行洗净，最好使用热水，并在水中加入清洁剂或表面活性剂。对较脏的地方可事先进行人工清除，洗净时按照从上到下、从里到外的顺序进行，做到不留死角。

（4）禽舍检修维护　经彻底洗净后，对禽舍、用具进行检修维护。

（5）计算消毒面积。

（6）计算消毒液用量　消毒液的用量一般用 1000mL/m^2 计算。

（7）计算消毒剂用量　根据消毒液的浓度和消毒液用量即可计算出消毒剂的用量。

（8）配制消毒液。

（9）实施消毒　消毒时先由远门处开始，对天花板、墙壁、笼具、地面按顺序均匀喷洒，后至门口。消毒物体的表面要全部喷湿。喷洒完毕，关闭门窗处理6～12h，再打开门窗通风，用清水洗刷笼具、饲槽和水槽等，将消毒药味除去。

2. 禽舍熏蒸消毒

（1）检查禽舍密闭性　禽舍经喷洒消毒后，关闭门窗、换气孔等，将与外界相通的地方用纸糊好。

（2）计算消毒空间的体积。

（3）计算消毒剂的用量　根据禽舍体积，按福尔马林 $25mL/m^3$、高锰酸钾 $25g/m^3$ 和水 $12.5mL/m^3$ 的标准计算用量。

（4）实施消毒　将禽舍内的管理用具、工作服等适当打开，开启箱子和柜橱的门。再在禽舍内放置一个或数个金属容器或陶瓷容器，将水和福尔马林混合倒入容器内，然后将高锰酸钾倒入，用木棒搅拌，经过几秒钟即可见有浅蓝色刺激眼鼻的气体蒸发出来，迅速离开禽舍，将门关闭。经过 12～24h 后，将门窗打开通风。为了提高消毒效果，通常在熏蒸消毒前使用表面活性剂或酚类等消毒剂先进行一次喷洒消毒。

（二）技能考核标准

（1）实验项目的总标题要醒目，分标题要清晰。

（2）注明班级、姓名、实习报告完成的时间。

（3）要求写出实验的目的、所用仪器。

（4）操作过程熟练。

实训二　免疫接种方法

一、技能目标

通过免疫接种实验，使学生了解家禽生产中的常用疫苗；熟悉疫苗的保存、运送和用前检查方法；掌握免疫接种的方法与步骤。

二、教学资源的准备

（一）仪器设备

（1）材料　疫苗或免疫血清、稀释液（生理盐水）。

（2）用具　金属注射器、玻璃注射器、针头、胶头滴管、刺种针或蘸水笔。

（二）师资准备

实训时每班配备 1 名教师，技能考核时配备 2 名教师。

（三）教学场所

校内外教学基地或实验室。

（四）师资配置

实验时 1 名教师指导 40 名学生，技能考核时 1 名教师可考核 20 名学生。

三、操作方法与考核标准

（一）操作方法

1. 疫苗的保存、运送和用前检查

（1）疫苗的保存　各种疫苗均应保存在低温、阴暗、干燥的场所。灭活苗及油乳剂灭活苗等应保存在 2～15℃，防止冻结。弱毒活苗应在 0℃ 以下冻结保存。

（2）疫苗的运送　要求包装完善，防止碰坏瓶子和散播活的弱毒病原体。运送途中避免日光直射和高温，防止反复冻融，并尽快送到保存地点或预防接种的场所。弱毒疫苗应使用冷藏箱或冷藏车运送，以免其效价降低或丧失。

（3）疫苗用前检查　各种疫苗在使用前均需详细检查。凡无瓶签、瓶签残缺不全或字迹模糊不清的；没有经过合格检查的；过期失效的；疫苗性状与说明不符者，如色泽变化、出现不应有的沉淀，制剂内有异物、发霉或出现异常气味的；瓶塞松动或瓶壁破裂的；未按规定方法保存和运输的均不可使用。

经过检查，确实不能使用的疫苗，应立即废弃，不能与可用的疫苗混放在一起。废弃的弱毒疫苗应煮沸消毒或深埋。

2. 免疫接种的方法

（1）皮下接种法　雏禽常在颈背侧皮下部、育成或成年禽一般在股内侧皮下部。

（2）肌内接种法　家禽胸肌、外侧腿肌或翅膀肩关节部附近的肌内注射，应注意防止伤害内脏器官。

（3）饮水免疫法　是将可供口服的疫苗混于水中，家禽通过饮水而获得免疫。饮水免疫时，应按家禽羽份和每羽份平均饮水量准确计算需用的疫苗剂量。免疫前，一般应停水 2～4h，以保证饮疫苗时，每只家禽都能饮用一定量的水，应当用冷的洁净清水稀释疫苗，最好加入 0.15% 的脱脂奶粉，并注意掌握温度，水温以不超过室温为宜。疫苗一经开瓶稀释，应迅速饮喂，一般不宜超过 2h。免疫前后 24h 内不得饮用高锰酸钾水或其他含有消毒剂的饮水。

（4）皮肤刺种法　在翅内侧无血管处，用刺种针或蘸水笔尖蘸取疫苗刺入皮下。

（5）点眼与滴鼻法 是弱毒活疫苗经眼黏膜或鼻黏膜进入机体的接种方法，对建立局部免疫免受母源抗体的干扰有重要的作用。操作时应对滴鼻、点眼的工具进行计量校正，以保证免疫剂量。

（6）毛囊涂擦法 先将腿部内侧拔去3～5根羽毛，然后用棉签蘸取疫苗逆向涂擦毛囊。此法目前很少应用。

（7）泄殖腔接种法 将家禽的肛门向上，翻出肛门黏膜，然后滴上疫苗或用棉签蘸取疫苗在肛门黏膜上涂擦3～5次。

3. 免疫接种的注意事项

注射器、针头、镊子等要消毒处理后备用；稀释好的疫苗瓶上应固定一个消毒过的针头，上盖消毒棉球；随配随用，并在规定的时间内用完；温度15～25℃、6h用完，25℃以上、4h用完，马立克疫苗应在2h内用完；空疫苗瓶深埋或消毒后废弃。

（二）技能考核标准

（1）实验项目的总标题要醒目，分标题要清晰。

（2）注明班级、姓名、实习报告完成的时间。

（3）要求写出实验的目的、所用仪器。

（4）操作过程熟练。

一、商品蛋鸡参考免疫程序

（1）1 日龄　马立克 CVI988 液氮疫苗、法氏囊 S706 疫苗，皮下注射。

（2）5 日龄　新支灵（新城疫－传支二联苗），点眼。

（3）10 日龄　新威灵（新城疫弱毒疫苗），点眼、禽流感－副黏病灭活苗注射。

（4）18 日龄　百倍灵（法氏囊中毒疫苗），饮水。

（5）30 日龄　鸡痘－脑脊髓炎二联苗，刺种（随季节不同适当调整）。

（6）45 日龄　喉倍灵（喉气管炎疫苗），点眼、副黏病毒－传支－类减蛋（禽流感）灭活苗注射。

（7）100 日龄　禽出败菌苗，注射。

（8）120 日龄　副黏病毒－类减蛋（禽流感）灭活苗，注射；传支 491，点眼。

（9）130 日龄　大肠杆菌多价菌苗。

二、商品肉鸡参考免疫程序

（1）1 日龄　马立克疫苗，肌内或皮下注射。

（2）7 日龄　新支灵（新城疫－传支二联苗），点眼、滴鼻、饮水。

（3）12 日龄　法氏囊疫苗，点眼、饮水。

（4）21 日龄　新城疫，点眼、滴鼻、饮水。

（5）28 日龄　法氏囊疫苗，点眼、滴鼻、饮水。

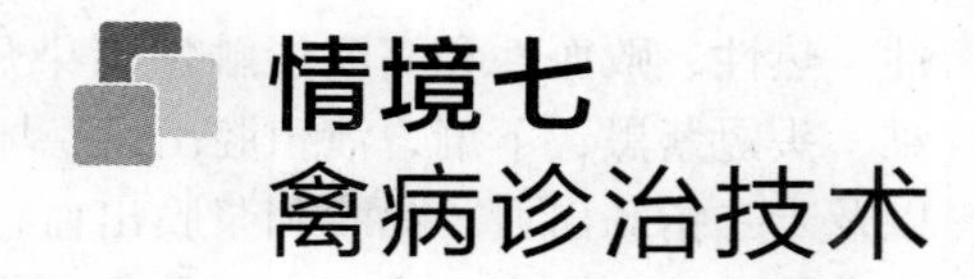

情境七 禽病诊治技术

单元一 | 禽常见病毒性传染病

【知识目标】 要求学生重点掌握常见病毒性传染病的病原、流行病学、发病机制、症状、病变、诊断、防治与公共卫生等知识。学会免疫程序制订的原则和方法。

【技能目标】 能独立剖检病禽，并正确识别各种病毒性传染病在各系统的病变表现；能独立完成病理剖检和实验室诊断，学会药敏实验的方法；能根据抗体监测结果制订不同禽种的免疫程序。

【案例导入】 2011 年 9 月，陕西西安某养殖户进购鸡苗 5000 只。在饲养到 200 日龄时，个别鸡出现站立不稳、摇头、神经性扭脖子症状，解剖后发现肠道出血、气管环出血，当地兽医诊断为新城疫。开始用了 3 倍量的 Clone30 饮水处理，但效果并不明显，后用 3 倍量干扰素和头孢噻呋钠饮水，效果不理想，鸡死亡数量不断增加。鸡群精神委顿，采食量大幅降低。现请你来确诊并提出处理方案。

【课前思考题】

1. 你能否说出鸡新城疫的主要临床症状?
2. 描述传染性支气管炎的主要病变表现。
3. 你是否知道禽流感的实验室诊断方法?
4. 给你一个养鸡场的规模和经济用途，你如何制订鸡的免疫程序?

一、新城疫

新城疫（Newcastle Disease，ND），又称亚洲鸡瘟、伪鸡瘟等，是一种急性、热性、败血性和高度接触性传染病。典型新城疫特征为发病急，呼吸困难，头冠紫黑，下痢，泄殖腔出血、坏死，腺胃乳头、腺胃黏膜和肌胃交界处以及十二指肠出血，黏膜和浆膜出血；慢性病例常有呼吸道症状或神经症状。具有很高的发病率和病死率，是危害养禽业的一种主要传染病。

（一）病原

（1）新城疫病毒（Newcastle Disease Virus，NDV）属副黏病毒科，副黏病毒亚科，腮腺炎病毒属的禽副黏病毒。该病毒一般呈球形，直径100～500nm，核衣壳呈螺旋对称，有囊膜，基因组为单分子负链单股RNA，大小为15～16kb，病毒表面有纤突，内含神经氨酸酶（N）、血凝素（H）和融合蛋白（F）。

（2）自然界中不同毒株间毒力差异很大，新城疫病毒的毒力大小可分为三大类：低毒力株（弱毒株）、中等毒力株、强毒力株，据此将新城疫病毒分为速发型（又分嗜内脏型和嗜神经型）、中发型、缓发型和无症状型。感染强毒株新城疫时，可导致典型新城疫的发生，而且死亡率很高。

（3）新城疫病毒能凝集鸡的红细胞，并可被其抗体特异性地抑制，故常用血凝抑制试验（HI）进行鸡抗体水平检测。

（4）该病毒抵抗力不强，一般消毒剂的常用浓度即可很快将其杀灭。

（二）流行病学

（1）鸡、火鸡、鸽、鹌鹑、鹅、鸟类等均易感，其中鸡的易感性最强，各种年龄鸡均可感染，但雏鸡比成年鸡更易染。

（2）患鸡、带毒鸡及其他带毒禽是本病的传染源，各种分泌物和排泄物均可排出病毒。

（3）该病毒主要经呼吸道和消化道途径进行传播，也可经受伤皮肤、结膜、交配、种蛋等途径传染。

（4）易感鸡群感染速发型病毒（特别是嗜内脏型）后，一般呈流行性，发病率和致死率均高达90%以上；但近年来典型的新城疫已不多见，其发病率占10%～30%，临床症状不明显，病理变化不典型，死亡率15%～45%。伴有呼吸症状为特征的非典型新城疫发病较多。

（5）各种年龄的鸡都可以发生该病，发病不受季节的影响，一年四季均可发生，但以冬春两季多发。

（三）临床症状

潜伏期一般3～5d，根据病程长短将其分为最急性型、急性型、慢性型和非典型性4种。

1. 最急性型

最急性型多见于雏鸡和流行初期。常突然发病，无特征性症状而迅速死亡。

2. 急性型

急性型是易感鸡群发生新城疫最多见的病型，在突然死亡病例出现后几天，鸡群内病鸡明显增加，主要表现为呼吸道、消化道、生殖系统、神经系统异常。往往以呼吸道症状开始，继而下痢。主要症状如下：

（1）患鸡体温升高达43～44℃，精神委顿，患鸡眼半闭或全闭，呈昏睡状，驱赶或惊吓不愿走动，头颈蜷缩、尾翼下垂，食欲减少或丧失，饮水增加，但随着病情加重饮水量也逐渐减少，鸡冠和肉髯呈蓝紫色或紫黑色。

（2）产蛋鸡产蛋量下降或停产，蛋的品质变差，蛋壳颜色变淡，软皮蛋、褪色蛋、沙壳蛋、畸形蛋增多，种蛋受精率和孵化率明显下降。产蛋减少甚至停止，软壳蛋增多。

（3）呼吸系统表现为咳嗽，呼吸困难，口鼻黏液增多，伸颈张口呼吸，发出"咯咯"的喘鸣声或突然出现怪叫声。

（4）嗉囊内充满液状内容物，倒提时有大量酸臭液从口中流出。

（5）发病鸡有下痢表现，粪便呈黄绿色，混有多量黏液，胃肠黏膜出血严重时粪便中混有血液。

（6）部分患鸡在后期出现神经症状，如翅、腿麻痹，站立不稳等神经症状，最后体温下降，在昏迷中死亡，死亡率达90%以上。

3. 慢性型

慢性型多见于流行后期，耐过急性型的患鸡。鸡群中陆续出现神经症状，表现为盲目前冲、后退、转圈，啄食不准确，翅膀麻痹、跛行或站立不稳，头颈向后或向一侧扭转等症状，反复发作。最后可变为瘫痪或半瘫痪，一般经10～20d，逐渐消瘦死亡，但病死率较低。也有个别鸡可以"痊愈"，但部分鸡留有神经后遗症状，未受刺激时较正常，一旦受到惊吓便出现头颈扭曲、平衡失调、倒地挣扎或呈观星姿势，有时可见神经麻痹瘫痪。

4. 非典型性

症状不典型，表现为产蛋率出现不同程度的下降，蛋的品质下降，种蛋受精率和孵化率下降。有轻微的呼吸道症状或神经症状，死亡率较低。

（四）病理变化

在急性和典型的新城疫，病死鸡鸡冠和肉髯紫黑；全身浆膜、黏膜有不同程度的出血；气管充血、出血；鼻腔、喉、气管、支气管中有浆液性或卡他性渗出物；嗉囊内充满酸臭液；腺胃黏膜潮红，腺胃乳头肿大、出血，腺胃与肌胃交界处及腺胃与食管交界处呈带状出血，肌胃角质膜下出血，严重时溃疡；小肠黏膜出血或溃疡，肠淋巴滤泡呈岛屿状或枣核状隆起、溃疡（主要表现在卵黄蒂上下10cm左右及回肠黏膜表面），表面有黄色或灰绿色纤维素膜覆盖；盲肠、扁桃体肿大、出血和坏死；泄殖腔充血、出血；心冠沟脂肪出血；输卵管充血、水肿。

非典型性新城疫病变不典型，大多数病例可见到喉头和气管黏膜不同程度的充血、出血，输卵管充血、水肿，其他系统病变不典型。

（五）诊断

1. 流行性诊断

可根据流行病学、典型临床症状和病理变化作出初步诊断，确诊需进一步作实验室诊断。

2. 鉴别诊断

鸡非典型新城疫发生较普遍，因此应加强鉴别诊断与防控工作。非典型新城疫常有呼吸道症状，应与传染性支气管炎、传染性喉气管炎和慢性呼吸道疾病等呼吸道疾病相鉴别，其鉴别要点是非典型新城疫出现神经症状，而其他呼吸道疾病无神经症状；非典型新城疫的神经症状与马立克病、鸡脑脊髓炎、维生素缺乏症、锰和钙缺乏症等有神经症状及其相似疾病的症状有所不同，鉴别要点是非典型新城疫有呼吸道症状和呼吸道病变，而上述其他疾病则没有。

3. 病原学诊断

（1）病毒分离鉴定　采集患、死鸡的气管、支气管、肺、脾等病料作为分离病毒的样品，将病毒接种 9 ~ 10d SPF 鸡胚尿囊腔，在 37℃ 恒温箱中进行培养。鸡胚在接种后 72h 内全身出血死亡，尿囊液 HA 呈阳性，有可能为强毒感染；如果鸡胚胚体轻度出血或无出血，死亡较少，HA 呈阳性，这种情况有可能是弱毒；鸡胚不死亡，HA 呈阴性，病料中可能无病毒或病毒的含量很低，可将鸡胚尿囊液再盲传 1 代。

因禽流感病毒、产蛋下降综合征等其他一些病毒也具有凝集鸡红细胞的活性，所以在 HA 呈阳性后，还必须用新城疫抗血清对分离的病毒进行红细胞凝集抑制试验（HI 试验），如果新城疫抗血清能抑制被分离物的 HA 活性，则被分离的病毒为新城疫病毒。在确定为新城疫病毒后，还必须进行病毒的毒力测定，以确定被分离的病毒是野外强毒还是疫苗株病毒。

（2）分子生物学诊断　随着新城疫病毒（NDV）分子结构与致病性关系、强弱毒株分子结构差异等研究的深入，为新城疫（ND）分子水平上的特异性诊断技术，特别是为从病原体检测角度建立特异性诊断技术奠定了基础。

（3）血清学试验　主要有红细胞凝集抑制试验（HI）、免疫荧光抗体、血清中和试验、酶联免疫吸附试验（ELISA）、单克隆抗体技术等，其中，HI 主要用于鸡群新城疫免疫状态监测，当鸡群发生新城疫时，抗体滴度会显著升高，并且离散度增大。

（六）防治

1. 平时的预防措施

免疫接种是预防新城疫的有效手段，新城疫活疫苗主要包括中等毒力苗和弱毒苗两类，灭活疫苗目前使用的主要是油乳剂灭活苗。中等毒力苗主要是 I

系（印度系）；弱毒苗主要有Ⅱ系（B系）、Ⅲ系（F系）、Clone30（克隆30）株和Ⅳ系（Lasota系）。中等毒力苗免疫力较强，但有一定毒力，一般不用于2月龄以下雏鸡的首免；弱毒苗毒力较弱，大小鸡均可接种，但免疫力较弱。同时，要做好饲养管理工作。

2. 发病后的控制措施

做好封锁、隔离、消毒工作。及时消毒被污染的物品和场地，对病死鸡进行无害化处理。封锁发病鸡场，隔离发病鸡群，紧急接种Clone30或Ⅳ系疫苗。待疫情完全停息后再过两周，经一次终末消毒后解除封锁。

二、禽流感

禽流感（Avian Influenza，AI）是由A型流感病毒（Avian Influenza Virus，AIV）引起的家禽和野生禽类的一种高度接触性传染病。根据核蛋白的抗原性分类，禽流感病毒属甲型流感病毒，甲型流感病毒是根据位于其套膜上的血凝素及神经氨酸酶的抗原性分为若干亚型。血凝素（H）有16个亚型、神经氨酸酶（N）有9个亚型。基于在家禽种群中的毒性不同，禽流感可以分为低致病性（LPAI）和高致病性（HPAI）。低致病性禽流感可使禽类出现轻度呼吸道症状，食量减少、产蛋量下降，出现零星死亡。高致病性禽流感最为严重，发病率和死亡率高，感染的鸡群常常全部死亡。世界动物卫生组织将其定为A类传染病。

（一）病原

（1）禽流感的病原为禽流感病毒，属于正黏病毒科流感病毒属的A型流感病毒。该病毒呈球形、杆状或长丝状，是单股的负链RNA，病毒粒子直径80～120nm。

（2）禽流感病毒在4～20℃可凝集人、猴、豚鼠、大鼠和禽类的红细胞，这是病毒的血凝素（HA）蛋白与红细胞表面的糖蛋白受体结合的结果，但这种凝集可被病毒的神经氨酸酶（NA）蛋白对红细胞受体的破坏而解除。由于不同禽流感病毒的HA和NA有不同的抗原性，目前已发现有15种特异的HA和9种特异的NA，分别命名为H_1～H_{15}，N_1～N_9，不同的HA和NA之间可形成200多种亚型的禽流感病毒。

（3）禽流感病毒可在鸡胚和犬肾传代细胞系中生长，病毒存在于病禽所有组织、体液、分泌物和排泄物中。

（4）病毒对乙醚、氯仿、丙酮等有机溶剂均敏感，常用消毒剂容易将其灭活。禽流感病毒对热比较敏感，65℃加热30min或煮沸（100℃）2min以上可灭活。病毒在粪便中可存活1周，在水中可存活1个月。病毒对低温抵抗力较强，在有甘油保护的情况下可保持活力1年以上。病毒在直射阳光下40～48h即可灭活，如果用紫外线直接照射，可迅速破坏其传染性。

（二）流行病学

1. 易感动物

禽流感在家禽中以鸡和火鸡的易感性最高，其次野鸡、孔雀、鸭、鹅、鸽、鹧鸪也能感染。人可通过消化道、呼吸道、损伤的皮肤和黏膜等途径感染该病毒，引起发病甚至死亡。

2. 传播方式

禽流感的主要传播方式是水平传播，病毒可以随病禽的呼吸道、眼鼻分泌物、粪便排出病毒来感染易感鸡群。被病禽粪便、分泌物污染的任何物体，如饲料、禽舍、笼具、饲养管理用具、饮水、空气、运输车辆、人、昆虫等都可能传播病毒，也可通过损伤的皮肤、黏膜和眼结膜等途径传播。

3. 发病速度减慢

过去禽流感发生速度比较快，经常传播速度为1周之内全群迅速死亡，而现在发生的禽流感由于疫苗免疫的结果，传播速度减慢，甚至达1个月以上。

（三）临床症状

目前禽流感发生较大变化，在疫苗的频繁免疫下已经由过去临床的典型烈性暴发转变为温和性，即非典型性。典型的高致病性禽流感往往表现为最急性和急性，具有暴发性，最急性鸡群往往不出现任何症状即大批死亡，死亡率高达90%以上，甚至全群死亡。死亡鸡常无典型症状，剖检可见全身性出血。潜伏期从几小时到5d不等，其长短与病毒致病性的高低、感染强度、传播途径和易感禽的种类有关。

1. 高致病性禽流感

高致病性禽流感主要表现为发病鸡精神差、发蔫，采食减少甚至废绝，体温升高，产蛋鸡产蛋停止，有轻微呼吸道症状，如咳嗽、喷嚏、呼吸困难等。头、脸、颈部浮肿，冠、肉髯、脚等发绀、肿胀、出血甚至坏死。患鸡出现白绿色下痢，腿部鳞片出血等。发病后期患鸡出现神经症状、共济失调、不能站立，发病率100%，死亡率30%～100%不等。鸽、雉、珍珠鸡、鹌鹑等家禽感染高致病力禽流感病毒后的临床症状与鸡相似。

2. 低致病性禽流感

随着鸡群强制免疫的实施，临床病例出现非典型性，危害对象主要是处于产蛋期的蛋鸡和肉种鸡，高峰期鸡群易发，鸡群总体情况尚好，但突然出现死亡，并出现打蔫的鸡，呈现明显病症，饮食明显减少，体温升高，部分患鸡发生头部和面部水肿，皮肤、冠和肉髯发绀，患鸡下痢，个别鸡出现神经症状，产蛋量下降严重，可由90%下降至20%，甚至绝产。蛋壳质量下降，软皮蛋、薄皮蛋和小蛋明显增多。死亡鸡通常在发病1周后达到高峰，死亡率通常为10%～40%，且生产性能恢复缓慢，最多可恢复至50%～60%，持续时间一般为1～2个月。

(四) 病理变化

1. 高致病性禽流感

典型剖检病变为消化道口腔黏膜、腺胃乳头、肌胃角质膜下及十二指肠出血，腺胃有大量黏性分泌物，肌胃黏膜易剥离并有肌层出血；呼吸道喉头、气管出血；生殖道病变为卵巢及输卵管充血或出血，卵巢退化，卵泡变形、萎缩，卵黄破裂流入腹腔引起卵黄性腹膜炎。急性死亡的鸡常见卵黄性腹膜炎，慢性死亡的鸡常见腹腔里有干酪样物，且腹腔内器官粘连，输卵管萎缩、质脆、易破裂，输卵管壁和输卵管周围组织常发生水肿；头、颈、胸部水肿，胸部肌肉、胸骨内面、心脏及腹部脂肪有散在性的小出血点；肝、脾、肾、肺有灰黄色小坏死灶，腹腔及心包囊有纤维素性渗出物，脾脏、肝脏肿大、出血，肾脏肿大，尿酸盐沉积。

2. 低致病性禽流感

常见的剖检病变为全身出血性变化，气管、喉头有充血，肺部病变不明显，输卵管内有大量出血坏死和蛋清样分泌物，腺胃乳头出血，肠道出血，并伴有卵黄性腹膜炎。

(五) 诊断

1. 临床诊断

由于本病的临床症状和病理变化差异较大，所以确诊必须依靠病毒的分离、鉴定和血清学试验。本病在临床上与新城疫的症状及剖检变化相似，应注意鉴别。

2. 实验室诊断

对于禽流感，传统的病原学诊断方法是用鸡胚或者狗肾细胞、鸡胚成纤维细胞等进行病毒分离，采用血凝和血凝抑制进行鉴定，血清学的诊断方法包括中和试验和琼脂扩散试验等。近年来，随着免疫学和分子生物学技术的飞速发展，禽流感的诊断技术也越来越完善，现在已经有免疫荧光、ELISA、RT-PCR 技术、荧光 RT-PCR 技术、NASBA 技术等。

(1) 病原学诊断　以无菌拭子采集气管或泄殖腔病料或病变组织，研磨制成10%悬液，经处理后接种 9~11 日龄 SPF 鸡胚，收获尿囊液测定血凝活性，若为阴性则应继续盲传 2~3 代。对具有血凝活性的尿囊液需先用 ND 抗血清做 HI 试验，以排除新城疫的可能，即使 ND 阳性也应采用中和法继续传代，看是否为 ND 与 AIV 混合感染。然后用免疫扩散等方法来检测特异性核心抗原 NP 或 MP，用血凝抑制试验和神经氨酸酶抑制试验鉴定 A 型流感病毒亚型。分离鉴定的同时，进行致病力试验，确定毒力的强弱。

(2) 血清学诊断　血凝（HA）试验和血凝抑制（HI）试验：在证实鸡胚液有 HA 活性后，首先应排除鸡新城疫病毒。可取 1 滴 1:10 稀释的正常鸡血清（最好是 SPF 鸡血清）和 1 滴鸡新城疫病毒抗血清，分别置于一块玻璃板或瓷板上，再各滴加 1 滴有 HA 活性的鸡胚液，混匀后各滴加 1 滴 5% 鸡红细胞悬液，若两份血清都出现 HA 活性，则表明鸡胚液中不含新城疫病毒。若新城疫病毒抗血清抑制其 HA 活性，则证明鸡胚液中存在新城疫病毒。在排除新城疫后，需进一步确定分离的病毒是否为 A 型流感病毒，这可用 A 型特异性抗血清进行琼脂扩散试验来鉴定。若需进行亚型鉴定，还需要用特异的 $H_1 \sim H_{16}$ 亚型的抗血清进行交叉 HI 试验来进行鉴定。HI 试验操作方法参考技能训练部分。

酶联免疫吸附试验（ELISA）：本试验具有较高的敏感性（敏感性高于 AGP 和 HI 试验），既可以检测抗体，又可以检测抗原，适于大批样品的血清学调查，且结果易于分析。其次，琼脂扩散试验、中和试验、免疫荧光技术也被用于流感病毒的检测。

（六）防治

1. 预防

（1）加强饲养管理　严格执行生物安全措施，加强禽场的防疫管理和消毒工作。建立严格的检疫制度，种蛋、雏禽等产品的调入，要经过兽医检疫；新进的雏禽应隔离饲养一定时期，确定无病者方可入群饲养；严禁从疫区或可疑地区引进家禽或禽制品。加强饲养管理，避免寒冷、长途运输、拥挤、通风不良等因素的影响，增强家禽的抵抗力。

（2）免疫预防　选择好的禽流感疫苗进行免疫，制订科学的免疫程序。目前能做到的主要是增加接种疫苗的次数，另外也可以考虑适当增加每次接种疫苗的剂量。

（3）做好免疫检测　定期对鸡群进行抗体水平检测，及时关注监测结果。现在常用的检测方法有 HA、HI 和 ELISA 等。

2. 发病后处理

该病属法定的畜禽一类传染病，危害极大，故确诊后应坚决彻底销毁疫点的禽只及有关物品，执行严格的封锁、隔离和无害化处理措施。严禁外来人员及车辆进入疫区，禽群处理后，禽场要全面清扫、清洗、消毒空舍至少 3 个月。

三、传染性支气管炎

鸡传染性支气管炎（Avian Infectious Bronchitis，IB）是由传染性支气管炎病毒（Avian Infectious Bronchitis Virus，IBV）引起的鸡的一种急性高度接触性呼吸道传染病。患鸡表现为咳嗽、喷嚏、呼吸啰音、流鼻涕等呼吸道症状，或表现为肾脏肿大、尿酸盐沉积等肾损害症状。产蛋鸡感染通常表现为产蛋量降低，蛋的品质下降。本病广泛流行于世界各地，是养鸡业的重要疫病。

（一）病原

传染性支气管炎病毒属冠状病毒科冠状病毒属的成员。本病毒对环境抵抗力不强，对常见消毒剂敏感，对低温有一定的抵抗力。该病毒具有很强的变异性，目前世界上已分离出30多个血清型，各血清型之间不能完全交叉保护。通过基因系列分析，可将病毒株分为5个不同类群：荷兰型、美国型、欧洲型、Mass型和澳大利亚型。传支病毒各毒株在致病性上有很大差异，有些毒株主要侵害呼吸系统，引起呼吸型传支；有些毒株引起肾型传支；有些毒株主要侵害生殖系统，引起生殖型传支。雏鸡感染传支后，病毒导致输卵管发生永久性的损伤，使鸡群无产蛋高峰出现。我国鸡传染性支气管炎流行株为：Mass、T、Hotle株、Gray株，以及大量的变异毒株。

（二）流行病学

主要感染鸡，各种日龄的鸡都易感，但5周龄内的鸡症状较明显。发病季节多见于秋末至次年春末，且以冬季最为严重。环境因素主要是冷、热、拥挤、通风不良，特别是强烈的应激作用，如疫苗接种、转群等可诱发该病发生；患鸡和带毒鸡是传染源。康复带毒可达49d；主要经呼吸道传染，也可经眼结膜、消化道传染；本病传染性强，在易感鸡群中1~2d内传遍全群。发病率和致死率不定，取决于病毒毒力和其他应激因素。肾病变型致死率较高。

（三）临床症状及病理变化

本病感染鸡，无明显的品种差异。主要通过空气传播。此外，人员、用具及饲料等也是传播媒介。本病传播迅速，常在1~2d内波及全群。潜伏期36h或更长。有呼吸道型和肾病变型两种病型；呼吸道型，咳嗽，打喷嚏，呼吸困难，呼吸啰音，有的鸡流鼻涕、流泪，病程1~3周，死亡率不高。病变主要是气管、支气管的卡他性炎症，有时有干酪样渗出物，严重病例可波及鼻腔和气囊；肾病变型的呼吸道症状不明显或完全没有，主要表现为精神委顿，下痢，粪便中有多量白色尿酸盐，病程3~4d，死亡率较高。病变主要是花斑肾，即肾脏肿大，由于尿酸盐沉积而发白，表面呈斑驳状。输尿管充满尿酸盐；成年鸡以上症状均不明显或完全没有，主要表现为产蛋减少，出现软壳蛋、粗壳蛋、畸形蛋等异常蛋，蛋清稀薄并与蛋黄分离。

（四）诊断

1. 临床诊断

根据流行病学、症状及病变特点可怀疑或初步诊断。

2. 实验室诊断

（1）病毒分离鉴定　病料采取气管渗出物、肺组织或有病变的肾组织。

（2）血清学诊断　主要有血凝抑制试验、中和试验、琼脂扩散试验等。

（五）防治

1. 预防措施

（1）免疫接种　对呼吸型传染性支气管炎，首免可在7~10日龄用传染性支气管炎H_{120}弱毒疫苗点眼或滴鼻；二免可于30日龄用传染性支气管炎H_{52}

弱毒疫苗点眼或滴鼻；开产前用传染性支气管炎灭活油乳疫苗肌注，每只0.5mL。对肾型传染性支气管炎，可于4~5日龄和20~30日龄用肾型传染性支气管炎弱毒苗进行免疫接种，或用灭活油乳疫苗于7~9日龄颈部皮下注射，而对于传染性支气管炎病毒变异株，可于20~30日龄、100~120日龄接种4/91弱毒疫苗或皮下及肌注灭活油乳疫苗。由于鸡传染性支气管炎病毒血清型多且交叉保护力弱，单一疫苗只能对同型鸡传染性支气管炎病毒感染产生免疫力，而对异型鸡传染性支气管炎病毒只能提供部分保护或根本不保护，故在生产中经常出现免疫鸡群仍然发病的现象，尤其以肾病变型更为多见，对于此种情况应考虑采用新的疫苗。

（2）加强饲养管理和各项兽医卫生工作　加强饲养管理和消毒工作，降低饲养密度，避免鸡群拥挤，注意温度、湿度变化，避免过冷、过热、加强通风，防止有害气体刺激呼吸道，合理配比饲料，防止维生素缺乏，尤其是维生素A的缺乏，以增强机体的抵抗力。

2. 发病后的控制措施

对发病鸡群应采取隔离措施，病死鸡进行无害化处理，彻底消毒污染环境。

四、传染性喉气管炎

传染性喉气管炎（Infectious Laryngotracheitis，ILT）是以危害育成鸡和成年产蛋鸡为主的一种急性、高度接触性上呼吸道传染病，病原是传染性喉气管炎病毒（Infectious Laryngotracheitis Virus，ILTV）。该病传播快，死亡率高，对养鸡业危害较大。

（一）病原

传染性喉气管炎病毒是疱疹病毒科的一个成员。病毒颗粒呈球形，直径为195~250nm，二十面体对称，有囊膜，其上有病毒糖蛋白纤突构成的细小突起，核衣壳上有162个壳粒。为双链DNA病毒。ILTV的抵抗力很弱，55℃只能存活10~15min，37℃存活22~24h，但在13~23℃条件下能存活10d，低温冻干后在冰箱中可存活10年。本病毒对一般消毒剂都敏感，如3%来苏儿或1%氢氧化钠溶液1min即可杀灭。气管分泌物中的病毒在暗光的鸡舍最多可存活1周。病毒在甘油盐水中保存良好，37℃可存活7~14d。

（二）流行病学

传染性喉气管炎一年四季均可发生，尤以秋、冬、春季多发。病鸡和带毒鸡是主要的传染源，各种年龄均可感染，但成年鸡发病较多且症状严重，其他禽类也可感染，如鸟、野鸡、孔雀等。主要经呼吸道传染，也可经结膜和消化道传染。本病通常突然暴发，在易感鸡群中传播很快，2~3d内可波及全群，感染率可达90%~100%，致死率5%~70%。产蛋鸡群感染后，其产蛋下降可达35%或停产。实际生产中死亡率与鸡群健康状况、鸡舍环境条件、有无继发感染及控制程度，以及病毒毒力强弱有一定关系。

（三）临床症状

近年来，该病的温和型感染逐渐增多，发病率和致死率都很低（0.2%～2%），主要表现为感染鸡的黏液性气管炎、窦炎、结膜炎、消瘦和低死亡率。

（1）急性型（喉气管型）　由高致病性ILTV毒株侵染鸡的呼吸道表皮细胞导致其发生炎症。自然感染潜伏期为6～12d，初期，感染鸡鼻孔有分泌物，眼流泪，伴有结膜炎。特征性临床表现是呼吸困难，鸡群中不断出现病鸡甩头症状，咳嗽，严重的患鸡表现出高度呼吸困难，伴随着剧烈、痉挛性咳嗽，咳出带血的黏液或血凝块，在患鸡喙角、头部羽毛、鸡舍墙壁、鸡笼或邻近鸡身上可见血痕。当鸡群受到惊扰时，咳嗽更为明显。患鸡精神痛苦，体温上升，鸡冠肉髯发紫，食欲废绝，拉绿色稀粪，死亡率高，病程后期患鸡的喉头附着黄白色的干酪样物并引发窒息死亡。产蛋鸡群发病可导致产蛋量下降或停止，康复后1～2个月才能恢复产蛋。

（2）温和型　由低致病性ILTV毒株引起，感染鸡的结膜导致结膜红肿发炎，流行比较缓和，症状较轻。

（四）病理变化

（1）急性型的病理变化主要集中在喉头和气管前半段。病死鸡剖检可见喉头和气管黏膜明显充血、出血、肥厚甚至坏死，喉头气管可见带血的黏性分泌物或条状血凝块。严重患鸡可见喉气管内附着黄白色的干酪样物并堵塞喉头，使患病鸡多因窒息而死亡。严重时，炎症可扩散到支气管、肺和气囊或眶下窦。病死鸡肺脏、肠道、卵泡出现不同程度的淤血。产蛋鸡卵泡发育异常，变软、变形。后期死亡鸡常继发感染其他疾病。

（2）温和型的病鸡有的单独侵害眼结膜，有的则与喉气管病变并发感染，病死鸡结膜病变主要表现为浆液性结膜炎，结膜充血、水肿，眶下窦肿胀以及鼻腔有多量黏液。

组织病理学变化主要见喉头、气管结膜。特征性组织病理变化为气管上皮细胞混浊肿胀，纤毛脱落，气管黏膜和黏膜下层可见淋巴细胞、组织细胞和浆细胞浸润，黏膜细胞变性。

（五）诊断

1. 临床诊断

依据流行病学、症状及病变特点，可以做出初步诊断，确诊需要进行实验室诊断。

2. 实验室诊断

（1）病毒分离与鉴定

①鸡胚接种：采集气管或气管渗出物，接种9～12日龄鸡胚绒毛尿囊膜或尿囊腔，发现绒毛尿囊膜增厚，其上可见到灰白色的痘斑样坏死灶，在周围细

胞内可检出核内包涵体。

②包涵体的检查：在发病的早期（1 ~ 5d），取下患鸡喉气管一段，用细绳扎紧两端，送实验室镜检。经无菌处理后取气管黏膜黏液涂片，经姬姆萨染色可检出典型的核内嗜酸性包涵体。后期因上皮会脱落，查不到包涵体。

③细胞培养：病毒接种鸡胚肾细胞，24h 后出现细胞病变，可检出核内包涵体。

④病毒中和试验：用已知抗血清与病毒分离物做中和试验。

（2）动物接种　采集病死鸡的气管分泌物，按常规方法处理并设立实验组和对照组。分别点眼接种分泌物和生理盐水，3d 后实验组鸡出现呼吸道症状，眼角积泡沫样浆液，5d 后出现典型的传染性喉气管炎症状及病理变化，而对照组鸡群没有出现任何症状。

（3）血清学诊断　目前已经建立的用于检测 ILTV 抗体的血清学方法有病毒中和试验、琼脂扩散试验 ELISA 方法等；用于检测病料中抗原的方法有免疫过氧化物酶技术（IP）、免疫荧光抗体技术、双抗体夹心 ELISA 等。

（4）分子生物学方法　目前已经建立的检测 ILTV 和区分强弱毒的分子生物学技术有聚合酶链式反应（PCR）、核酸探针技术等，这些方法可以快速检测出早期感染和潜伏感染。

（六）防治

1. 平时的预防措施

加强饲养管理，搞好环境卫生。定期对鸡舍内外进行彻底消毒，控制饲养密度，经常通风换气，防止有害气体蓄积。在存在本病的鸡场进行疫苗接种。目前使用的主要是活疫苗，一般首免时间为 4 周龄左右，在 6 周后进行第二次免疫，种鸡或蛋鸡可在开产前 20 ~ 30d 再接种一次，所用疫苗为鸡传染性喉气管炎弱毒疫苗，1 羽份 / 只，点眼或滴鼻，免疫期可达半年至 1 年。

2. 发病后的控制措施

对发病鸡群目前尚无特异的治疗方法，主要是加强管理，在做好消毒工作的同时，用一些抗菌药物控制发病鸡群的细菌性继发感染，同时给鸡群投喂电解多维，可增强鸡只抵抗力，降低死亡率。结合鸡群的状况，应用 ILT 弱毒疫苗进行紧急接种，一般紧急接种疫苗后 7 ~ 14d 病情就能基本控制。耐过的康复鸡在一定时间内可带毒和排毒，因此需严格控制康复鸡与易感鸡群的接触，最好将病愈鸡只做淘汰处理。

五、鸡马立克病

鸡马立克病（MD）是由鸡马立克病病毒（MDV）引起的鸡的一种淋巴细胞增生性肿瘤疾病。主要病变特点是在外周神经、各种脏器、虹膜、肌肉和皮肤发生淋巴样细胞浸润和增生，形成肿瘤。根据症状和病变发生的主要部位，在临床上分为4种类型：神经型、内脏型、眼型和皮肤型，有时可以混合发生。

（一）病原

鸡马立克病属于疱疹病毒的B亚群（细胞结合毒），共分3个血清型：即血清1型、2型和3型。血清1型包括所有致瘤的马立克病毒，含强毒及其致弱的变异毒株；而血清2型包括所有不致瘤的马立克病毒；血清3型包括所有的火鸡疱疹病毒及其变异毒株。该病毒能在鸡胚绒毛尿囊膜上产生典型的痘斑，卵黄囊接种较好。MDV对环境中许多因素有较强的抵抗力。在垫料和粪便中感染性可保持16周，在病鸡羽毛中可保持8个月，在4℃条件下至少可保持7年。该病毒对化学药物敏感，常用的消毒剂可在10min内将其灭活。

（二）流行病学

本病一般发生于2～5月龄，肉鸡可早在45日龄发生。发病率5%～10%，严重时达30%～60%。180～200日龄产蛋鸡仍有发病。鸡年龄越小易感性越强，性成熟以后一般不再感染发病，故称有年龄抵抗力。传染源为患鸡和带毒鸡（感染马立克病的鸡大部分为终生带毒），其脱落的羽毛囊上皮、皮屑和鸡舍中的灰尘是主要传染源。此外，患鸡和带毒鸡的分泌物、排泄物也具有传染性。经疫苗免疫的鸡也可再感染强毒，并可长期带毒。本病主要通过空气传染经呼吸道进入体内，污染的饲料、饮水和人员也可带毒传播。此外，吸血昆虫也可能是本病的传播媒介。鸡是主要易感动物，其他禽类也可感染，但发病较少。

（三）临床症状

本病的潜伏期常为3～4周，自然感染鸡群一般在50日龄以后出现症状，70日龄后陆续出现死亡，90日龄以后达到高峰，30周龄才出现症状的很少。根据受侵害组织器官的不同，可将本病分为神经型、内脏型、皮肤型和眼型4种病型。

神经型主要侵害外周神经，侵害神经部位不同，症状也不同。侵害坐骨神经最为常见，表现为一侧较重，另一侧较轻。患鸡步态不稳，发生不完全麻痹，后期则完全麻痹，蹲伏在地上，形成一腿伸向前方，一腿伸向后方的“劈叉”姿态；臂神经受侵害时则被侵侧翅膀下垂；当侵害支配颈部肌肉的神经时，患鸡发生头下垂或头颈歪斜；当迷走神经受侵时则可引起失声、嗉囊扩张（俗称大嗉子）以及呼吸困难；腹神经受侵时则常有腹泻症状。患鸡采食困难，饥饿、脱水、消瘦，最后衰竭死亡。

内脏型临床症状随受侵器官和组织的不同而异，患鸡多呈急性死亡，开始以大批鸡精神委顿为主要特征，几天后部分患鸡出现共济失调，随后出现单侧或双侧肢体麻痹。部分患鸡死前无特征临床症状，很多患鸡表现脱水、消瘦和昏迷。

皮肤型是以皮肤毛囊形成小结节或肿瘤为特征。最初见于颈部及两翅皮肤，以后遍及全身皮肤。

眼型呈单侧或双眼发病，视力减弱，甚至失明。虹膜失去正常色泽，变为灰白色，或出现灰白色斑或环，俗称灰眼病，瞳孔收缩，边缘不整呈锯齿状。

（四）病理变化

神经型病变表现在外周神经，坐骨神经丛、臂神经丛、腹腔神经丛和内脏大神经肿胀，受害神经增粗，灰白或灰白黄色，横纹消失。病变往往只侵害单侧神经，故一粗一细。

内脏型经常受侵的组织器官有卵巢、肾、脾、肝、心、肺、胰、胃肠、肌肉等。上述内脏器官出现结节性肿瘤，肿瘤结节略突出于脏器表面，灰白色，切面呈脂肪样。卵巢肿瘤比较常见，呈花菜样肿大。有的病例肝脏上不具有结节性肿瘤，但肝脏异常肿大，比正常大5~6倍，表面呈粗糙或颗粒性外观。法氏囊一般萎缩。

眼型出现于单眼或双眼，瞳孔变小，边缘不整齐，虹膜褪色，从正常的黄色变为灰青色混浊，视力减退或消失。

皮肤型表现为大腿部、颈部及躯干背面生长粗大羽毛的毛囊增大，形成淡白色小结节或瘤状物。

临床上以神经型和内脏型多见，有的鸡群发病以神经型为主，一般死亡率较低；有的鸡群发病以内脏型为主，兼有神经型，常造成较高的死亡率。

（五）诊断

根据流行病学，临床症状和病变可以初步诊断，对于疑似病例可进行实验室诊断。该病的主要检测方法是琼脂扩散试验，是用马立克病的标准阳性血清判定病鸡羽毛囊中是否有马立克病毒存在。

（六）防治

1. 平时的预防措施

（1）免疫接种　本病是由病毒引起的肿瘤性疾病，一旦发生没有任何措施可以控制它的流行和蔓延，更没有特效的治疗药物。因此，防治该病的关键是做好切实的免疫。

（2）加强饲养管理，做好综合防控和消毒工作。

（3）采用全进全出的饲养制度，坚持自繁自养，防止不同日龄的鸡混养于同一鸡舍。

2. 发病后的控制措施

一旦发生本病，在感染的场地清除所有的鸡，将鸡舍清洁消毒后，空置数周再引进新雏鸡。

六、传染性法氏囊病

传染性法氏囊病（Infectious Bursal Disease，IBD）是由传染性法氏囊病毒

（Infectious Bursal Disease Virus，IBDV）引起的幼龄鸡的一种高度传染性的急性传染病。本病的特点是发病率高、病程短。主要症状是腹泻和精神委顿，主要病变是法氏囊出血、水肿，并进一步坏死，腿肌和胸肌出血，腺胃和肌胃交界处呈条状出血，肾脏肿胀及尿酸盐沉积。本病一方面由于死亡率较高、影响增重造成直接经济损失；另一方面可导致免疫抑制，诱发多种疾病或使多种疫苗免疫失败（发病后期易继发新城疫），给养鸡业造成巨大损失。

（一）病原

传染性法氏囊病毒属于双核糖核酸病毒，能在鸡胚及鸡胚成纤维细胞、肾细胞、非洲绿猴肾细胞及幼素领猴肾细胞等各种细胞上生长良好。IBDV 分为 2 个血清型，即血清Ⅰ型（鸡源性病毒）和血清Ⅱ型（火鸡源性病毒），血清Ⅰ型对鸡致病。血清Ⅰ型又分许多亚型，目前已发现有 6 个亚型，各亚型之间有一定的交叉保护性。IBDV 特别容易变异，所以经常有变异毒株出现。本病毒对环境因素抵抗力较强，病毒污染鸡体羽毛后，可存活 3～4 个月。能耐受乙醚、氯仿、高温及胰酶的处理，对紫外线有抵抗力，56℃ 5h、60℃ 30min 均不能使其失活。

（二）流行病学

本病一年四季均可发生，5～8 月份为发病高峰。自然条件下，本病只感染鸡，所有品种的鸡均易感。幼鸡主要在 2～15 周龄发病，以 3～6 周龄的鸡发病最多。有母源抗体的雏鸡多在母源抗体下降至 1∶8 时感染发病。鸭可感染并可分离出病毒，鹅在接种后 6～8 周既无症状也不产生免疫应答。患鸡和带毒鸡是主要传染源。患鸡的粪便中含有大量病毒，可通过直接接触和污染的饲料、饮水、垫料、尘埃、用具、车辆、人员、衣物等间接传播。主要经消化道传染，也可经呼吸道、可视黏膜传染。该病传染性强，传播速度快，在易感雏鸡群中常造成暴发，突然几乎所有雏鸡发病，发病严重的鸡群死亡率可达 70%。

（三）临床症状

鸡群突然发病，2～3d 内可波及 60%～70% 的鸡，发病后 3～4d 死亡达到高峰，7～8d 后死亡基本停止，发病鸡群呈尖峰式死亡曲线。患鸡精神不振，翅膀下垂，羽毛蓬乱，怕冷，饮食下降或不食，饮水增多，发病初期见到有些鸡啄自己肛门周围的羽毛，随即排白色水样稀粪，重者脱水，卧地不起，最后死亡。患鸡产生免疫抑制，具体表现为容易感染其他疫病和疫苗免疫效果下降，发病后易继发新城疫。

（四）病理变化

因患鸡大量水泻，病死鸡出现严重脱水。主要病变有法氏囊呈黄色胶冻样水肿，内褶肿胀、出血，严重时呈紫葡萄样。感染中期，法氏囊内有炎性分泌物或黄色干酪样物，感染后期法氏囊萎缩。剖检可见胸肌和腿肌有条纹状或斑状出血。腺胃和肌胃交界处经常出现出血带。肾脏肿大，由于尿酸盐沉积而发白，呈典型花斑肾。输尿管增粗，内部充满白色尿酸盐。

（五）诊断

根据流行病学、症状及病变特点可作出初步诊断。确诊须进行病毒的分离与鉴定，以及血清学试验来完成。血清学方法主要有琼脂扩散试验和中和试验。前者操作简单，但不能区别血清型，后者可进行血清型、亚型鉴别。

（六）防治

1. 平时的预防措施

（1）免疫接种　目前IBD疫苗主要有活毒苗和油乳剂灭活苗两类，前者又分弱毒苗（如PBG98、LKT、Bu－2等）和中毒苗（如D78、B87、TAD、BJ836等）。免疫程序的制订应根据当地该病的流行特点、饲养条件、鸡群状况和鸡母源抗体水平进行考虑。通过琼脂双向扩散试验，用标准IBD抗原测母源抗体来确定首免日龄。若1日龄抗体阳性率低于80%，可在12～13日龄首免；若抗体阳性率高于80%，在6～9日龄后再采血测1次，此时阳性率如低于50%，可于15～21日龄首免，若抗体阳性率高于50%，可于20～24日龄首免。

（2）严格执行兽医卫生措施　做好消毒工作，防止病原传入，一旦发生本病，做好隔离和消毒工作，及时处理患鸡。

2. 发病后的控制措施

对发病鸡群紧急接种高免卵黄液或高免血清，间隔注射1～2次即可，疗效显著。接种完高免卵黄液或高免血清后7～8d，应对鸡群进行疫苗免疫。也可选择一些对肝肾损伤较小的中药进行抗病毒处理。为了防止大肠杆菌的继发感染，可在饮水中加一些抗生素，但不能用磺胺类药物。为了缓解鸡脱水引起的死亡，可以加一些口服补液盐，让鸡自由饮用3d；为了减少肾脏和输尿管内尿酸盐的形成，晚上加0.1%～1%碳酸氢钠1～3d，同时降低饲料中蛋白质含量（在全价料中增加玉米饲喂量），保护肾脏。

七、产蛋下降综合征

产蛋下降综合征（Egg Drop Syndrome，EDS－76）是一种由禽腺病毒引起的能使蛋鸡产蛋率大幅下降的病毒性传染病，任何年龄的鸡都易感。病毒存在于病鸡的输卵管、咽喉部及病鸡粪便和蛋内，主要表现为鸡产蛋骤然下降，蛋壳异常（软壳蛋、薄壳蛋、破损蛋）、蛋体畸形、蛋质低劣。本病近年来在我国流行日趋严重，已造成了巨大经济损失。

（一）病原

产蛋下降综合征病毒属于腺病毒科禽腺病毒属的成员。病毒呈二十面体对称，是无囊膜的双股DNA病毒。目前病毒只有1个血清型。EDS－76病毒含有血凝素（HA），能凝集鸡、火鸡、鸭、鹅、鸽的红细胞，并可被其抗体特异性地抑制，故可通过血凝抑制试验进行诊断。本病毒对氯仿和 pH 3~10 的处理表现稳定，60℃ 30 min 灭活，但 56℃ 3h 仍可存活。经 0.5% 甲醛或 0.5% 戊二醛处理可灭活病毒。

（二）流行病学

鸡易感并可发病，主要侵害 26~32 周龄的产蛋母鸡，35 周龄以上很少发病。鸭、鹅和野鸭是本病的自然宿主，但很少发病。患鸡和带毒的鸡、鸭、鹅及野鸭是本病的主要传染源，病毒经粪便等途径排出，蛋中可带毒。本病主要经种蛋垂直传播，通过胚胎感染小鸡；也可水平传播，从患鸡的输卵管、肠内容物、泄殖腔、粪便、咽黏膜和白细胞中都可分离到 EDS-76 病毒。在饲养管理正常的情况下，产蛋前本病呈隐性感染；产蛋开始后，本病由隐性转为显性，产蛋母鸡群突然发生群体性产蛋下降，初期蛋壳色泽消失，产薄壳、软壳或无壳蛋。7~20 d 后病毒在输卵管峡部蛋壳分泌腺中大量复制，导致腺体的明显炎症和卵子及蛋壳形成功能紊乱，产生蛋壳异常。患鸡没有其他症状，发病期可持续 4~10 周。

（三）临床症状和病理变化

潜伏期为 1 周左右，患病母鸡无明显的全身症状，主要表现为产蛋突然下降，产蛋率可下降 20%~50%，并出现大量薄壳蛋、软壳蛋、无壳蛋、小蛋，蛋体畸形，蛋壳表面粗糙。褐壳蛋颜色变浅，蛋白呈水样，蛋黄色淡，有时蛋白中混有血液。病程持续 4~10 周，但产蛋率往往恢复不到正常水平。患病鸡很少死亡。本病无特征性病变，可能出现卵巢轻度萎缩，卵泡稀少或软化，偶见输卵管及子宫黏膜水肿、肥厚，内有白色渗出物或干酪样物。

（四）诊断

依据流行病学、症状和病变特点可以怀疑或初步诊断。血清学试验主要有血凝抑制试验。对于未接种疫苗的鸡，血凝抑制效价达 1:8 以上时可认为感染了病毒。本试验主要用于接种疫苗后的免疫监测。

（五）防治

加强饲养管理和兽医卫生，减少或避免应激因素，防止强毒传入鸡群。鸡群在刚开产时（110~130d）接种油乳剂灭活疫苗，可获得 10~12 个月的免疫力。

八、禽痘

禽痘（Avipox）是由禽痘病毒（Avipox Virus）引起的家禽和鸟类的一种急性、高度接触性传染病。该病毒大量存在于病禽的皮肤和黏膜病灶中，以体表无羽毛部位出现结节状的增生性皮肤病灶为特征（皮肤型），也可表现为上呼吸道、口腔和食管部黏膜的纤维素性坏死性增生病灶（白喉型），部分病例在皮肤和黏膜上都有病变表现，称为混合型。此病在我国南方潮湿地区多发，主要引起幼鸡和幼鸽发病，根据感染鸡的龄期、病型及有无混合感染，死亡率为5%～60%，造成较严重的经济损失。

（一）病原

禽痘病毒属痘病毒科禽痘病毒属。禽痘病毒在患部皮肤或黏膜上皮细胞和感染鸡胚的绒毛尿囊膜上皮细胞的细胞质内形成包涵体，包涵体中可以看到大量的病毒粒子。禽痘病毒大量存在于感染皮肤和黏膜的斑痕组织中，有时也扩展到血液和内脏。禽痘病毒可在鸡胚的绒毛尿囊膜上增殖，并在鸡胚的绒毛尿囊膜上产生致密的增生性痘斑。痘病毒对外界的抵抗力相当强，特别是对干燥的耐受力，上皮细胞和痘结节中的病毒可抗干燥数年之久，痂皮内的病毒在60℃经90min的处理仍有活力，但病毒对一般消毒药敏感，在常用浓度下均能迅速使病毒灭活。

（二）流行病学

本病一年四季都可发生，夏秋季（7～11月份）蚊虫较多，气候潮湿时多发。主要发生于鸡和火鸡，各种日龄、性别和品种的鸡都能感染，但以雏鸡和中雏最常发病，死亡率较高。发病经过通常为3～4周，并逐渐恢复，而发生混合感染时病程延长。该病易继发葡萄球菌感染。

（三）临床症状及病理变化

根据病毒侵害禽体部位的不同，可将禽痘分为皮肤型、黏膜型和混合型3种类型。

1. 皮肤型

皮肤型鸡痘和鸽痘的特征是在身体的无羽毛部位形成一种特殊的灰白色痘疹。最初痘疹为细小的灰白色小点，稍突出于皮肤表面，随后体积迅速增大，形成如豌豆大、灰色或灰黄色的结节。痘疹表面凹凸不平，且可互相连接而融合，产生痂皮，痂与痂连接扩大。如果痘痂发生在眼部，可使鸡失明。这些痘痂突出于皮肤表面，在皮肤表面存在大约2周或稍短的时间之后，在病变部位产生炎症并有出血，痘痂从形成至脱落需3～4周，脱落后留下一个平滑的灰白色瘢痕而痊愈。如有葡萄球菌侵入痘痂内，引起感染、坏死，病鸡出现精神委顿，食欲不振，体重减轻，生长受阻，产蛋鸡则产蛋减少，严重的病例还可引起死亡。

2. 黏膜型

黏膜型鸡痘和鸽痘的痘疹多发生于口腔、咽部、喉部、鼻腔、气管及支气管等黏膜表面，病鸡表现为精神委顿、厌食，眼和鼻孔流出的液体初为浆液黏性，以后变为淡黄色的脓液。时间稍长，若波及眶下窦和眼结膜，则眼睑肿胀，结膜充满脓性或纤维蛋白性渗出物，此时病鸡易出现真菌的继发感染。在口腔和咽喉等处的黏膜发生痘疹，痘疹逐渐形成一层黄白色的假膜，覆盖在黏膜表面。这些假膜是由坏死的黏膜组织和炎症蛋白渗出物凝固而成的，很像人的“白喉”，故又称白喉型鸡痘或鸽痘。用镊子撕去假膜，则露出红色的溃疡面。随着病程的发展，口腔和喉部黏膜的假膜不断扩大和增厚，阻塞口腔和喉部，导致病禽的吞咽和呼吸困难，甚至窒息死亡。

3. 混合型

有些病禽在皮肤、口腔和咽喉黏膜同时发生痘斑，产生病变，称为混合型。

（四）诊断

根据禽痘发生的季节特点、典型的痘疹症状和病变表现即可做出初步诊断，确诊需进行实验室诊断。黏膜型禽痘较难诊断，可用病料接种鸡胚或人工感染易感鸡。病料可用痘痂或口咽的假膜，制成1:5~10的悬浮液，将病料擦入已划破的冠、肉垂、无毛部皮肤或拔去羽毛的毛囊内，当接种鸡在5~7d内出现典型的皮肤痘疹时，即可确诊。此外，也可采用琼脂扩散沉淀试验、血凝试验、中和试验等方法进行诊断。

（五）防治

（1）改善鸡群饲养环境，消灭和减少蚊、蝇等吸血昆虫的危害。要经常清除鸡舍周围的杂草，并经常喷洒杀蚊蝇剂，减少吸血昆虫的传播。

（2）免疫接种鸡痘疫苗　在种禽场和经常有本病发生的养禽场，应对易感雏鸡进行接种。疫苗的接种方法可采用翼膜刺种法，组织培养弱毒疫苗还可供饮水免疫。在接种后3~5d即可发痘疹，以后逐渐形成痂皮，痂皮3周内完全脱落。一般情况下，疫苗接种后2~3周产生免疫力，免疫期可持续5个月。

九、鸭瘟

鸭瘟（Duck Plapeo，DP）又称鸭病毒性肠炎（Duck Virusenteritis，DVE），是鸭、鹅和其他雁形目禽类的一种急性、热性、败血性传染病。其临床特点是流行广泛，传播迅速，主要表现为肿头、流泪，两脚麻痹，排绿色稀粪，体温升高。其发病率和死亡率都较高。病变特征为食管有假膜性坏死性炎症，泄殖腔充血、水肿和坏死，肝有大小不等的出血点和坏死灶。本病在我国多个省份都有发生，给我国养鸭业造成了巨大损失。

（一）病原

鸭瘟病毒（Duck Plague Virus，DPV）属于疱疹病毒科的成员之一。病毒粒子呈球形，有囊膜，直径为156~384nm，病毒核酸型为DNA。病毒在患鸭体内分散于各内脏器官、血液、分泌物和排泄物中，其中以肝、肺和脑的病毒含量最高。本病毒无血凝活性和血细胞吸附作用。病毒能在9~14d的鸭胚绒毛尿囊上生长，接种后多数鸭胚在4~6d死亡，死亡的鸭胚全身呈现水肿、出血，绒毛尿囊膜有灰白色坏死点，肝脏有坏死灶。病毒对外界抵抗力不强，一般消毒剂能很快将其杀死。病毒在56℃下10min即杀死；在污染的禽舍内（4~20℃）可存活5d；对乙醚和氯仿敏感，5%生石灰作用30min也可灭活。

对低温抵抗力较强，在 -7 ~ -5℃经 3 个月毒力不减弱，在 -20 ~ -10℃经 1 年仍有致病力。

（二）流行病学

在自然条件下，本病主要发生于鸭，对不同年龄、性别和品种的鸭都有易感性。潜伏期通常为 2 ~4d，30d 以内雏鸭较少发病。与患鸭直接接触的其他禽类，如鸡、火鸡、鸽以及哺乳动物等不会被感染。在自然流行中，成鸭（特别是盛产期的母鸭和种鸭）发病较多，而以舍饲为主的 1 月龄以内的雏鸭则少见有大批发病，可能是因小鸭放牧较少，接触病毒的机会较少或有母源抗体。母鸭和公鸭对本病同样易感，但公鸭抵抗力较母鸭高，发病后较易耐过，病程长，死亡率也略低些。患鸭和隐性带毒鸭是主要传染来源。鸭瘟可通过患禽与易感禽的接触而直接传染，也可通过与污染环境的接触而间接传染。本病一年四季皆可发生，但以春、秋两季流行较为严重。当鸭瘟传入易感鸭群后，一般 3 ~7d 开始出现零星患鸭，再经 3 ~5d 陆续出现大批患鸭，鸭群整个流行过程一般为 2 ~6 周。鸭群中有免疫鸭或耐过鸭时，可延至 2 ~3 个月或更长。

（三）临床症状

自然感染的潜伏期为 3 ~5d，人工感染的潜伏期为 2 ~4d。病初体温升高达 43℃以上，高热稽留。患鸭精神沉郁，离群独处，头颈蜷缩，羽毛松乱，不愿下水，驱赶入水后也很快挣扎回岸；食欲减退或废绝，饮欲增加；两腿麻痹无力，伏坐地上不愿移动，强行驱赶时常以双翅扑地行走，走几步即行倒地；出现腹泻，排出绿色或灰白色稀粪；肛门周围的羽毛被沾污或结块；肛门肿胀，严重者外翻，翻开肛门可见泄殖腔充血、水肿、有出血点，严重患鸭的黏膜表面覆盖一层假膜，不易剥离；病初眼内流出浆液性分泌物，使眼睑周围羽毛沾湿，而后变成黏稠或脓样，常造成眼睑粘连、水肿甚至外翻，眼结膜充血或小点出血，甚至形成小溃疡。部分患鸭在疾病明显时期，可见头和颈部发生不同程度的肿胀，触之有波动感，俗称大头瘟。公鸭死亡时伴有阴茎脱垂；产蛋鸭群的产蛋率下降 25% ~40%。病程后期，体温降至常温以下，精神衰竭，不久死亡。鹅感染鸭瘟的临床症状一般与患鸭相似。

（四）病理变化

鸭瘟的病变表现为急性败血症，全身浆膜、黏膜和内脏器官有不同程度的出血斑点或坏死。大头瘟的典型病例，头和颈部的皮肤肿胀，切开时流出淡黄色的透明液体。皮下组织发生不同程度的炎性水肿。舌根、咽部、腭部及食管、肠道、泄殖腔黏膜表面常有淡黄、灰黄或草黄色、不易剥离的假膜覆盖，刮落后即露出鲜红色、大小不一、外形不规则的出血溃疡灶。腺胃黏膜有出血斑点，有时在腺胃与食管膨大部交界处有一条灰黄色坏死带或出血带，肌胃角质膜下充血或出血。肝脏有出血斑点，肝表面和切面有针尖大至小米粒大的灰白色坏死斑点，及胆囊肿大等变化，脾体积缩小、呈黑紫色，心内、外膜上有出血点，胸腺和法氏囊出血，卵泡常有变形和泡内出血性病变。鹅感染鸭瘟病毒后的病变与鸭相似。

（五）诊断

根据流行病学特点、症状及病变可做出初步诊断，确诊需依据实验室诊断。

1. 病原分离鉴定

取患鸭或刚死亡鸭的肝脏或脾脏制成病料，将病料接种于10～14日龄鸭胚，每胚尿囊腔内接种0.2 mL，置37℃继续孵育。鸭胚接种后3～6d有部分鸭胚死亡，见胚体全身出血，一般盲传2～3代后鸭胚死亡较规律。鸭胚死亡后收集鸭胚尿囊液，采用血清中和试验进行病毒的鉴定。

2. 血清学试验

常用于诊断鸭瘟的血清学方法包括中和试验、琼脂凝胶沉淀试验、ELISA和Dot－ELISA等。

3. 分子生物学方法

除了传统的检测方法外，目前还可采用分子生物学方法进行检测。

4. 鸭霍乱和鸭瘟的鉴别诊断

从临床症状的特点比较，鸭霍乱最急性病例可无任何症状而突然死亡。急性病例呈现精神委顿，食欲停止，呼吸困难，口腔和鼻孔有时流出带泡沫黏液，有时流出血水，频频摇头，很快死亡，俗称摇头瘟。鸭瘟特征性症状是流泪、眼睑肿胀，两脚发软不能站立，下痢、头颈部肿大，俗称大头瘟。从剖检病变比较，鸭霍乱在胸膜腔的浆膜，尤其是心冠沟和心外膜有大量出血点，脾脏常呈樱桃红色。最具特征的是整个肝脏表面散布着灰白色、针头大、较规则的坏死点，肺脏常呈现弥散性充血、出血和水肿。鸭瘟病例食管和泄殖腔黏膜有黄褐色假膜覆盖，腺胃黏膜出血或坏死。

（六）防治

（1）应采取综合性预防措施，避免从疫区引进雏鸭，如必须引进，一定要经过严格检疫，并经隔离饲养2周以上，证明健康后才能合群饲养。平时对禽场和工具进行定期消毒。发生鸭瘟时应立即采取隔离和消毒措施，用疫苗对鸭群进行紧急预防接种。发现本病时，按照实际情况上报疫情，划定疫区，并立即采取封锁、隔离、消毒和紧急免疫接种等综合措施。

（2）预防接种　鸭瘟鸡胚化弱毒活疫苗，2月龄以上鸭按瓶签注明的头份，加生理盐水稀释，每只鸭肌内注射1mL，注射后3～4d即可产生免疫力，免疫期为9个月。2月龄以下雏鸭腿部肌内注射0.25mL，免疫期为1个月，但到3月龄时，须重复注射1mL方可获得确实的免疫力。本病可用抗鸭瘟高免血清进行早期治疗，每只鸭肌内注射0.5mL，有一定疗效；还可用聚肌胞进行早期治疗，每只成鸭肌内注射1mL，3d 1次，连用2～3次，也可收到一定疗效。

十、小鹅瘟

小鹅瘟，又称鹅细小病毒（Goose Parvovirus，GPV）感染，是雏鹅的一种急性败血性传染病，以精神委顿、食欲废绝、严重下痢，有时出现神经症状，死亡率高为临诊特点，主要经消化道感染，也可经卵垂直传播，发病后常引起雏鹅大批死亡，对养鹅业的发展影响极大。

（一）病原

鹅细小病毒为细小病毒科细小病毒属成员。病毒对外界环境因素具有很强的抵抗力，在 -20 ~ -15℃下能存活 4 年，但病毒对 2% ~5% 氢氧化钠、10% ~20% 的石灰乳敏感。

（二）流行病学

本病全年均有发生，且多发生于冬末春初，主要侵害 3 ~20d 的雏鹅，但近几年发现有个别患病鹅群发病日龄最迟的持续至 33d，死亡率极低。40d 以上的鹅未见发生本病。传染源为患病雏鹅及带毒鹅，主要经消化道感染，也可垂直传播。鹅群发病呈暴发流行，发病突然，传播迅速，具有高度的传染性和死亡率。

（三）临床症状

本病自然感染潜伏期 3 ~5d，以消化系统和中枢神经系统紊乱为主要表现。临床上可分最急性型、急性型、亚急性型 3 型。

最急性型多见于流行初期和 1 周龄内的雏鹅，发病突然，迅速死亡，或在发生精神呆滞后数小时即呈现衰弱，倒地划腿，挣扎几下死亡，病势传播迅速，数日内即可传播全群。

急性型多发生于 15d 左右的雏鹅，具有典型的消化系统紊乱和神经症状特征。患病雏鹅表现为精神沉郁，食欲减退或废绝，羽毛松乱，头颈缩起，闭眼呆立，离群独处，不愿走动；眼和鼻有多量分泌物，患鹅不时甩头，食管膨大有多量气体和液体；进而饮水量增加，逐渐出现拉稀，排灰白色或灰黄色的水样稀粪，常为米浆样混浊且带有气泡或有纤维状碎片，肛门周围绒毛被沾污；喙端和蹼色变暗（发绀）；有个别患病雏鹅临死前出现颈部扭转或抽搐、瘫痪等神经症状。病程 1 ~2d，多以死亡为转归。

亚急性型多见于流行的末期或 20d 以上的雏鹅，其症状轻微，病程一般 4 ~7d，有少数患鹅可以自愈，但雏鹅吃料不正常，生长发育受到严重阻碍，成为“僵鹅”。

（四）病理变化

本病的主要病变在消化道，尤其是小肠部分。死于最急性的患鹅，十二指肠黏膜充血，呈弥漫红色，外表附着多量黏液；病程在 2d 以上的雏鹅，肠道常发生特征性病变，小肠的中段和后段（尤其是在卵黄蒂与回盲部的肠段）

明显膨大，肠道黏膜充血、出血、坏死，脱落的肠黏膜与纤维素性渗出物凝固形成栓子，肠体积增大，形如腊肠，栓子质地坚实，剪开肠道后可见肠壁变薄，肠腔内充满灰白色或淡黄色的栓子状物，这是小鹅瘟的一个特征性病理变化。部分患鹅的小肠并不形成典型的凝固栓子，肠道也不出现明显的膨大，但全体肠腔中充满黏稠内容物，肠黏膜充血发红，肝脏肿大，呈深紫红色或黄红色，胆囊极度胀满，脾脏和胰腺充血，偶见有灰白色坏死点、气囊膜混浊、心脏松弛。

（五）诊断

根据临床症状和病理变化可做出初步诊断，确诊需进一步做实验室诊断。

（六）防治

平时应加强饲养管理，做好消毒工作。小鹅瘟病毒可经母鹅垂直传播，所以预防的关键是做好母鹅的免疫接种。母鹅产蛋前 25 ~ 30d 和开产后的 15 ~ 20d 应分别注射小鹅瘟疫苗，1mL/羽，有很好的预防效果。

单元二 | 禽常见细菌性传染病

【知识目标】 要求学生重点掌握禽常见细菌性传染病的病原和流行病学特点，临床症状、病理变化和实验室诊断方法；充分理解加强饲养管理和消毒的重要性，能制订预防疾病的综合防治措施。

【技能目标】 能准确地描述家禽的临床诊断依据；能独立剖检病鸡，并正确识别各系统的病变表现；能鉴别诊断病理变化相近的细菌性疾病。

【案例导入】 某养殖户饲养了6000只肉鸡，在5d时发病，每天死亡20~30只，每天的死亡量还在增加；大群肉鸡不断出现腹水，张口伸颈呼吸，喘鸣；脐带发炎（看像血凝物）。鸡舍的通风没问题。该批鸡开口时用了乳酸环丙沙星，目前正在饮水中添加硫酸安普霉素和阿莫西林的复方制剂，用药2d后死亡有所减少。作为执业兽医，你如何进行下一步诊断和治疗？

【课前思考题】

1. 你能说出大肠杆菌病的典型病理变化吗？
2. 你能说出鸡沙门菌的主要临床症状吗？
3. 你熟悉鸭疫里默杆菌的特点和鸭疫里默杆菌病鹅流行病学特点吗？

一、大肠杆菌病

禽大肠杆菌病是由埃希大肠杆菌引起的多种病的总称，包括大肠杆菌性肉芽肿、腹膜炎、输卵管炎、脐炎、滑膜炎、气囊炎、眼炎、卵黄性腹膜炎等疾病，对养禽业危害严重。大肠杆菌是禽类肠道的常在菌，是构成禽类正常菌群的一部分，其中10%~15%是潜在的致病血清型。垫料和粪便中存有大量的大肠杆菌，种蛋被污染时，细菌穿过蛋壳和壳膜感染是最重要来源。其次，饲料、饮水也常被致病性大肠杆菌污染，是雏鸡感染的重要原因。鸡敏感的大肠杆菌O157：H7，该血清型菌株也是引起人肠道出血的重要致病因子。因此，该病作为一种潜在的人畜共患病，具有重要的流行病学及公共卫生意义。

（一）病原

大肠杆菌是革兰阴性、非抗酸性染色、不形成芽孢的杆菌；大小通常为2~3μm，本菌在病料和培养物中均无特殊排列，具有周身鞭毛，可活泼运动。

本菌对培养营养要求不高，在普通培养基中即可生长。在琼脂平板上经37℃培养24h后，形成表面光滑、边缘整齐、直径为1~3mm、不产生色素、透明或半透明的微隆起菌落。在肉汤中生长良好，呈均匀混浊生长。在肠道鉴别培养基上形成有色菌落，有助于与肠杆菌科的其他细菌做初步鉴别。在麦康凯琼脂平板上，多数大肠杆菌呈中央凹陷的粉红色菌落；在伊红美蓝琼脂培养基上，菌落为紫黑色带金属光泽。

从禽类分离获得的大肠杆菌与其他来源的大肠杆菌的生化特性相似。本菌分解多种糖类产酸并产气。与本科其他细菌特征性的生化区别是：分解乳糖、甘露醇、阿拉伯糖，产酸产气；不分解糊精、淀粉或肌醇；蔗糖、卫矛醇发酵不定；甲基红试验阳性，V－P 试验阴性，H_2S 试验阴性，靛基质试验阳性，柠檬酸盐利用试验阴性。

根据大肠杆菌的 O 抗原、K 抗原、H 抗原等表面抗原的不同，可将本菌分成很多血清型。目前，已知有 173 个 O 抗原，74 个 K 抗原，53 个 H 抗原。一个完整的血清型应为这 3 种抗原的组合。目前，已知有些血清型是对动物有致病性的，而有些血清型是非致病性的，并且不同动物及不同地区流行的主要血清型不完全相同。世界许多地区的有关血清型的调查结果表明，与禽病相关的大肠杆菌血清型有 70 余种，我国已发现 50 余种，其中最常见的血清型是 O_1、O_2、O_{35}及 O_{78}。

（二）流行病学

各种年龄的鸡都可感染大肠杆菌病，发病率和死亡率受各种因素影响有所不同。在雏鸡和青年鸡多呈急性败血症，而成年鸡多呈亚急性气囊炎和多发性浆膜炎。本病感染途径有经蛋传染、呼吸道传染和经口传染。

本病一年四季均可发生，且以多雨、闷热、潮湿季节多发，饲养管理不善、卫生状况差、营养不良以及感染其他疾病等都会诱发本病，本病常继发或并发鸡支原体病、鸡白痢、传染性支气管炎、传染性喉气管炎、马立克病和鸡新城疫。

（三）临床症状和病理变化

1. 大肠杆菌败血症

6～10 周龄的肉鸡多发，尤其在冬季发病率高，死淘率通常在 5%～20%，严重的可达 50%。雏鸡在夏季也较多发，患鸡精神不振，采食减少，衰弱和死亡。患鸡腹部膨满，排出黄绿色的稀粪。特征性的病变是纤维素性心包炎，气囊混浊肥厚，有干酪样渗出物。肝包膜呈白色混浊，有纤维素性附着物，有时可见白色坏死斑。脾充血肿胀。

2. 死胚、初生雏卵黄囊感染和脐带炎

种蛋内的大肠杆菌来自种鸡卵巢和输卵管及蛋壳被粪便的污染。侵入种蛋内的大肠杆菌在孵化过程中进行增殖，致使孵化率降低，胚胎在孵化后期死亡，死胚增多。孵出的雏鸡体弱，卵黄吸收不良，脐带炎，排出白色、黄绿色或泥土样的稀粪。腹部膨满，出生后 2～3d 死亡，一般 6d 过后死亡率降低。即使不死的鸡，也是发育迟滞。死胚和死亡雏鸡的卵黄膜变薄，呈黄泥水样或混有干酪样颗粒状物，脐部肿胀发炎。4d 以后感染常见心包炎，其中急性死亡的患雏几乎见不到病变。

3. 卵黄性腹膜炎及输卵管炎

腹膜炎可由气囊炎发展而来，也可由慢性输卵管炎引起。发生输卵管炎时，输卵管变薄，管内充满恶臭的干酪样物，阻塞输卵管，使排出的卵落到腹腔而引起腹膜炎。

4. 出血性肠炎

大肠杆菌引起的肠炎，剖检病变，主要表现在肠道的上 1/3 ~ 1/2，肠黏膜充血、增厚，严重者血管破裂出血，形成出血性肠炎。患鸡羽毛粗乱，翅膀下垂，精神委顿，腹泻。雏鸡由于腹泻糊肛，容易与鸡白痢混淆。

5. 其他器官受侵害的病变

大肠杆菌引起滑膜炎和关节炎，患鸡跛行或呈伏卧姿势，一个或多个腱鞘、关节发生肿大。发生大肠杆菌肉芽肿时，沿肠道和肝脏发生结节性肉芽肿，病变似结核。此外，大肠杆菌还可引起全眼球炎、脑炎等。

6. 慢性呼吸道综合征

鸡先感染支原体，呼吸道黏膜被损害，后继发大肠杆菌的感染。患病早期，上呼吸道炎症，鼻、气管黏膜有湿性分泌物，发生啰音、咳音，发展严重时，发生气囊炎、心包炎，有纤维素渗出，肝脏也被纤维素物质包围，肺有肺炎，呈深黑色，硬化。

7. 皮下感染头部肿胀

由于表皮损伤，病原侵入，感染扩散到关节和骨部，引起这些部位的炎症。有一些病毒感染后，继发大肠杆菌急性感染，造成头部肿胀，即肿头综合征，双眼和整个头部肿胀，皮下有黄色液体及纤维素渗出，可从局部分离出大肠杆菌。

（四）诊断

根据流行病学、患鸡的临床症状和特征性的病理变化可做出初步诊断。要确诊此病须做细菌分离、致病性试验及血清鉴定。

（1）涂片镜检　进行革兰染色，典型者可见单在的革兰阴性小杆菌，但有时在病料中很难看到典型的细菌。

（2）分离培养　如病料没有被污染，可直接用普通平板或血平板进行划线分离，如病料中细菌数量很少，可用普通肉汤增菌后，再行划线培养。如果病料污染严重，可用鉴别培养基划线分离培养后，挑取可疑菌落，除涂片镜检外，做纯培养进一步鉴定。

（3）种属鉴定　符合下述主要性状者可确定为大肠杆菌：形态染色，革兰阴性小杆菌；运动性，阳性；吲哚产生试验，阳性；柠檬酸盐利用，阴性；H_2S 产生试验，阴性；乳糖发酵试验，阳性。

对于已确定的大肠杆菌，可通过动物试验和血清型鉴定确定其病原性。在排除其他病原感染（病毒、细菌、支原体等），经鉴定为致病血清型大肠杆菌，或动物试验有致病性者方可认为是原发性大肠杆菌病；在其他原发性疾病中分离出大肠杆菌时，应视为继发性大肠杆菌病。

（五）防治

禽大肠杆菌病病因错综复杂，必须采取综合性防治措施才能加以控制。

治疗时许多抗生素对大肠杆菌均有疗效，但在生产中由于长期使用或大剂量使用抗菌药物，以及其他诸多原因造成抗药性菌株不断出现。为了有效地防治本病，治疗前首先应进行药物敏感性试验，避免无效用药。可采取两种以上敏感药物交叉使用，不宜长时间使用一种药物，更不宜无限加大用药剂量。

预防应采取综合性防治措施。主要是搞好环境卫生，对禽舍和用具经常清洁和消毒，注意通风，控制鸡舍氨气、粉尘、温度、湿度，减少应激诱因。加强饲养管理，勤换饮水，认真检查水源是否被大肠杆菌污染。对大肠杆菌病发病严重的鸡场应及时用疫苗进行免疫注射，最好使用本场分离细菌制作的疫苗，效果理想。

二、沙门菌病

禽沙门菌病是由沙门菌属中的某一种或多种沙门菌引起的禽类急性或慢性疾病的总称。沙门菌是肠杆菌科中的一个大属，有2000多个血清型，它们广泛存在于人和各种动物的肠道内。禽沙门菌病依病原体的抗原结构不同可分为3类：由鸡白痢沙门菌引起的疾病，称为鸡白痢；由鸡伤寒沙门菌引起的疾病，称为禽伤寒；由其他有鞭毛、能运动的沙门菌引起的疾病，称为禽副伤寒。以上三者统称为禽沙门菌病。

（一）鸡白痢

鸡白痢（Pullorum Disease）是由鸡白痢沙门菌引起的鸡的传染病。本病特征为幼雏感染后常呈急性败血症，发病率和死亡率都高，成年鸡感染后，多呈慢性或隐性带菌，可随粪便排出，因卵巢带菌，严重影响孵化率和雏鸡成活率。目前，在所有饲养鸡和火鸡的地区均有本病的发生和存在。

1. 病原

鸡白痢是指由鸡白痢沙门菌引起的禽类感染。鸡白痢沙门菌具有高度宿主适应性。本菌为两端稍圆的细长杆菌（$0.3\sim0.5\mu m\times1\sim2.5\mu m$），对一般碱性苯胺染料着色良好，革兰阴性。细菌常单个存在，很少见到两菌以上的长链。在涂片中偶尔可见到丝状和大型细菌。本菌不能运动，不液化明胶，不产生色素，无芽孢，无荚膜，兼性厌氧。分离培养时应尽量避免使用选择性培养基，因为某些菌株特别敏感。沙门菌在下列培养基中生长良好，如营养肉汤和琼脂平板。在普通琼脂、麦康凯培养基上生长，形成圆形、光滑、无色半透明、露珠样的小菌落。在普通肉汤培养基中生长呈均匀混浊。由于本菌对煌绿、胆盐有较强的抵抗力，故常将这类物质加入培养基中用以抑制大肠杆菌，有利于本菌的分离。鸡白痢沙门菌在煌绿琼脂上的菌落呈粉红色至深红色，周围的培养基也变为透明的红色；在SS琼脂上形成无色透明，圆整光滑或略粗的菌落，少数产H_2S的菌株会形成黑色中心；在亚硫酸铋琼脂上形成黑色有金属光泽的菌落；在伊红美蓝琼脂上生长为淡蓝色菌落，不产生金属光泽。本菌能分解葡萄糖、木胶糖、甘露醇等，产酸产气或产酸不产气；不分解蔗糖、乳糖等；能还原硝酸盐，不能利用柠檬酸盐，吲哚阴性，少数菌株产生H_2S，氧化酶阴性，接触酶阳性，鸟氨酸脱羧酶阳性，M. R. 试验阳性，V－P试验阴性。

本菌有O抗原，无H抗原。其O抗原组合为O_1、O_9、O_{121}、O_{122}、O_{123}，抗原型的变异发生在122和123抗原上。由于禽类在感染后3～10d能产生相应的凝集抗体，因此临床上常用凝集试验检测隐性感染和带菌者。需指出的是，鸡白痢沙门菌与鸡伤寒沙门菌具有很高的交叉凝集反应性，可使用一种抗原检出另一种病的带菌者。

2. 流行病学

各品种的鸡对本病均有易感性，以2～3周龄以内雏鸡的发病率与病死率为最高，呈流行性。随着日龄的增加，鸡的抵抗力也增强。成年鸡感染常呈慢性或隐性经过。火鸡对本病有易感性，但次于鸡。鸭、雏鹅、珍珠鸡、野鸡、鹌鹑、麻雀、欧洲莺和鸽也有自然发病的报告。芙蓉鸟、红鸠、金丝雀和乌鸦则无易感性。

3. 临床症状及病理变化

（1）成年鸡　成年鸡感染后一般呈慢性经过，无任何症状或仅出现轻微的症状。患鸡表现为精神不振，食欲降低，但渴欲增加，冠和眼黏膜苍白，常有腹泻，有些因卵巢或输卵管受到侵害而导致卵黄性腹膜炎，出现“垂腹”现象，母鸡的产蛋率下降，死淘率增加。慢性经过的患鸡主要表现为卵巢和卵泡变形，卵泡的内容物变成油脂样或干酪样。病变的卵泡常可从卵巢上脱落下来，造成广泛性卵黄性腹膜炎。大鸡还常见腹水和心包炎。剖检可见肝脏明显肿大，呈黄绿色，表面凹凸不平及有纤维素渗出物被覆，胆囊充盈；纤维素性心包炎，心肌偶尔见灰白色小结节；肺淤血、水肿；脾、肾肿大及点状坏死；胰腺有时出现细小坏死。公鸡感染常见睾丸萎缩和输精管肿胀、渗出物增多或化脓。

（2）雏鸡　蛋内感染者大多在孵化过程中死去或孵出病弱雏，出壳后不久死亡。出壳后感染者见于4～5d，常呈无症状急性死亡。7～10d者发病日渐增多，至2～3周龄达到高峰。患鸡精神沉郁，绒毛松乱，怕冷扎堆，食欲下降甚至废绝。特征性表现是拉白色糊状稀粪，沾污肛门周围的绒毛，有的因粪便干燥封住肛门而影响排粪，并时常发出尖锐的叫声。耐过的患雏多生长发育不良。急性死亡的雏鸡无明显肉眼可见的病变。病程稍长的死亡雏鸡可见心肌、肺、肝、肌胃等脏器出现黄白色坏死灶或大小不等的灰白色结节；肝脏肿大，有条状出血，胆囊充盈；心脏常因结节而变形，有时还可见心包炎和肠炎，盲肠内有干酪样物充满，形成所谓的“盲肠芯”；卵黄吸收不良，内容物变质；脾有时肿大，常见有坏死；肾脏充血或出血，输尿管充满灰白色尿酸盐。若累及关节，可见关节肿胀、发炎。

4. 诊断

鸡白痢依据本病在不同年龄鸡群中发生的特点，以及病死鸡的主要病理变化，不难做出诊断。但只有在鸡白痢沙门菌分离和鉴定之后，才能做出确切诊断。

5. 防治

挑选健康种鸡、种蛋，建立健康鸡群，坚持自繁自养，慎重从外地引进种蛋。在健康鸡群，定期用血清凝集试验抽查检疫。孵化时，用季铵类消毒剂喷雾消毒孵化前的种蛋，拭干后再入孵。加强药物预防，在鸡白痢易感日龄期间，用少量抗生素预防本病的发生。

（二）禽副伤寒

1. 病原

引起本病的沙门菌约有60多种150多个血清型，其中最常见的为鼠伤寒沙门菌（*S. typhimurium*）、肠炎沙门菌（*S. enteritidis*）、鸭沙门菌（*S. anatum*）、乙型副伤寒沙门菌（*S. pafatyphi* B）、猪霍乱沙门菌（*S. cholerae-suis*）、德尔俾沙门菌（*S. derby*）、海德堡沙门菌等。副伤寒沙门菌有周鞭毛、能运动，不形成荚膜和芽孢。但在自然条件下，也可遇到无鞭毛或有鞭毛而不能运动的变种。副伤寒沙门菌为兼性厌氧菌，10～42℃能生长，最适生长温度为35～37℃，最适生长pH为6.8～7.8。该菌在营养琼脂上可形成圆形、光滑、湿润、微隆起、闪光、边缘光滑、直径1～2mm的菌落。本菌的致病性与菌体的内毒素有关。有些菌型在注射体内后能迅速被溶解，并释出大量内毒素，而引起幼禽的急性死亡，另外一些菌则需经过较多天的大量繁殖后才能释放出足够的内毒素使家禽死亡。

2. 流行病学

在家禽中，副伤寒感染最常见于鸡和火鸡。常在孵化后2周内感染发病，6～10d达最高峰。呈地方流行性，病死率从很低到10%～20%不等，严重者高达80%以上。1月龄以上的家禽有较强的抵抗力，一般不引起死亡。成年禽往往不表现临诊症状。

3. 临诊症状及病理变化

中鸡和成年鸡的急性经过者突然停食，精神沉郁，羽毛松乱，排黄泥色稀粪，鸡冠和肉垂苍白，贫血、萎缩。体温上升1～3℃。患鸡迅速死亡，或在发病后4～10d死亡，死亡率为10%～15%或更高。2周龄以内的雏鸡发病症状与鸡白痢相似，但死亡率更高。剖检发现急性病例的肝、肾肿大，暗红色。亚急性和慢性病例肝肿大，青铜色。脾脏肿大，表面有出血点，肝和心肌有灰白色粟粒状坏死灶，心包炎。小肠黏膜弥散性出血，慢性病例盲肠内有土黄色栓塞物，肠浆膜面有黄色油脂样物附着。雏鸡感染见心包膜出血，脾轻度肿大，肺及肠呈卡他性炎症。成年鸭感染后，卵巢和卵黄与成年母鸡相似，都与成年鸡白痢相似。

4. 诊断

根据流行病学、临床症状和病理变化可以做出初步的诊断。确诊需做病原分离与鉴定。

5. 防治

药物治疗可以降低禽副伤寒的病死率，并可控制该病的发展和扩散。治疗方法与鸡白痢相同。但治愈后家禽可成为长期带菌者，因此治愈的幼禽不能留作种用。

（三）禽伤寒

禽伤寒是由鸡伤寒沙门菌引起的鸡、鸭和火鸡的一种急性或慢性败血性传染病。特征是黄绿色下痢及肝脏肿大，呈青铜色（尤其是生长期和产蛋期的母鸡）。

1. 病原

鸡沙门菌也称鸡伤寒沙门菌，是沙门菌属成员。本菌为革兰阴性、兼性厌氧、无芽孢菌，菌体两端钝圆、中等大小、无荚膜、无鞭毛、不能运动。本菌对干燥、腐败、日光等环境因素有较强的抵抗力，在水中能存活 2 ~ 3 周，在粪便中能存活 1 ~ 2 个月，在冰冻的土壤中可存活过冬，在潮湿温暖处虽只能存活 4 ~ 6 周，但在干燥处则可保持 8 ~ 20 周的活力。该菌对热的抵抗力不强，60℃ 15min 即可被杀灭。对各种化学消毒剂的抵抗力也不强，常规消毒药及其常用浓度均能达到消毒的目的。

2. 流行病学

患鸡和带菌鸡是主要传染源。主要经消化道感染和通过感染种蛋垂直传播，也可通过眼结膜感染。本病主要感染鸡，尤以 1 ~ 5 月龄青年鸡及成年鸡最易感，雏鸡发病与鸡白痢不易区别。火鸡、鸭、珍珠鸡、孔雀、鹌鹑等也可感染。

3. 临床症状及病理变化

潜伏期 4 ~ 5d。发病率高，死亡率 10% ~ 15%，有的达 90%。患禽冠、髯苍白，食欲废绝，渴欲增加，体温升至 43℃ 以上，呼吸加快，腹泻，排淡黄绿色稀粪。发生腹膜炎时，呈直立姿势。雏禽肺部受侵害时，呈现喘气和呼吸困难，排白色稀粪，精神委顿，食欲消失。死亡率为 10% ~ 50%。急性病例常无明显病变，亚急性、慢性病例以肝肿大呈绿褐色或青铜色为特征。此外，肝脏和心肌有粟粒状坏死灶。母鸡可见卵巢、卵泡充血、出血、变形及变色，并常因卵子破裂而引起腹膜炎。雏鸡感染后，肺、心和肌胃可见灰白色病灶。

4. 诊断

根据流行病学、临床症状及病理变化可以做出初步诊断，但确诊必须通过病原菌的分离培养鉴定、生化试验以及血清学试验，其方法与鸡白痢沙门菌病的诊断相同。

5. 防治

本病的防治措施可参考鸡白痢进行，其关键在于：加强饲养管理，搞好环境卫生，最大限度地减少外来病菌的侵入；通过一系列净化措施，建立起健康种鸡群，从根本上切断本病传播的途径；合理使用药物进行预防和治疗。

三、禽霍乱

禽霍乱又称禽巴氏杆菌病、禽出血性败血症，俗称禽出败，是由多杀性巴氏杆菌引起的一种主要侵害鸡、鸭、鹅、火鸡等禽类的接触性传染病。急性病例主要表现为突然发病、下痢、败血症症状及高死亡率，剖检特征是全身黏膜、浆膜小点出血，出血性肠炎及肝脏的坏死点；慢性病例的特点是鸡冠、肉髯水肿，关节炎，病程较长，死亡率低。该病在世界上大多数国家都有分布，呈散发性流行，是家禽常见病之一。

（一）病原

禽霍乱的病原体为多杀性巴氏杆菌，无鞭毛，革兰染色阴性，多呈单个或成对存在。本菌为卵圆形的短小杆菌，少数近球形。在组织、血液和新分离培养物中的菌体呈明显的两极着色，许多血清型菌株有荚膜，用美蓝、瑞氏染色均可着色。人工培养后的有荚膜菌株及弱毒株，荚膜不明显或消失。巴氏杆菌为需氧兼性厌氧菌。在普通培养基上可生长，经37℃培养18～24h，可见灰白色、半透明、光滑、隆起、湿润、边缘整齐的露滴状小菌落。在鲜血琼脂、血清琼脂上培养，生长良好，不溶血。在肉汤中培养时，初期呈均匀混浊，24h后上清清亮，管底有灰白色絮状沉淀，轻摇时呈絮状上升。新分离的细菌接种在马丁琼脂平皿上，通过45°折光观察，可见菌落有荧光，菌落呈橘红色带金光，边缘有乳白色光带，边缘整齐，称为Fo型菌落，致病力强；另一类菌落呈蓝绿色而带金光，边缘有红黄色光带，称为Fg菌落，致病力较弱。该菌可分解果糖、甘露糖、蔗糖，产酸不产气；不能分解肌醇、鼠李糖、乳糖。靛基质、过氧化氢酶、氧化酶和硝酸盐还原阳性，尿素酶阴性，不液化明胶。

巴氏杆菌根据不同株的荚膜抗原提取物附于红细胞上，做细胞被动凝集试验，可将其分为A、B、C、D、E 5型。禽霍乱主要由A型所致。巴氏杆菌对外界环境抵抗力不强。60℃加热20min死亡，阳光直射下10min则被杀死。在5%的生石灰水、1%的漂白粉中1min即被杀死。本菌对大多数抗菌药物敏感，可用于防治本病。

（二）流行病学

各种家禽都能感染，以鸡、鸭最易感，鹅易感性较差。成年禽与幼禽都可感染，且以成年禽多发。患禽和带菌禽是本病的主要传染源，其排泄物和分泌物都含有大量病菌。患禽和带菌禽的排泄物和分泌物，如污染的饲料、饮水经消化道传染，也可通过患禽咳出的飞沫经呼吸道和创伤传染。该病发病季节不明显。

（三）临床症状及病理变化

自然感染的潜伏期为2～9d。按病程一般分为最急性、急性和慢性3型。

最急性型常于流行初期发现禽群突然死亡，有时只见患禽沉郁，不安，倒地挣扎，拍翅抽搐而死。病程短者数分钟。剖检常无特征性变化，有时仅见心外膜有小出血点，肝脏有少量针尖大灰黄色坏死点。

急性型最为常见，患鸡体温升高到43～44℃，精神不振，缩头闭眼，离群呆立，羽毛松乱，不食，口渴。冠、髯青紫，口、鼻分泌物增多，呼吸困难，张口吸气时发出“咯咯”声；患鸡腹泻，排出污黄色、灰白色或绿色，甚至混有血液的腥臭稀粪。最终衰竭死亡，病程仅1～3d。患鸭还表现为不愿下水，常常摇头企图排出积在喉头的黏液，故有“摇头瘟”之称。个别患鸭两脚瘫痪，不能行走，一般于发病后1～3d死亡。剖析可见肝脏有许多小出血点；心外膜、腹膜、肠系膜、皮下等处有出血斑点，心包内积有渗出液；肺有点状出血和暗红色肝变区；出血性肠炎变化以十二指肠最为严重；腹腔内常有破裂卵黄存在，或在其他器官上附着干酪样的卵黄物质。成鹅的症状与鸭相似。仔鹅的发病率和死亡率较成鹅严重，以急性为主，不采食，精神委顿，拉稀，咽喉部有分泌物，喙和蹼发紫，1～2d死亡。

慢性型多见于流行后期，或由急性病例转来。鼻有黏性分泌物，鼻窦肿大，喉头积有分泌物而影响呼吸。经常腹泻，逐渐消瘦。局部关节发炎，常局限于脚或翼关节和腱鞘处，关节肿大，跛行。剖检除见到急性病例的病变外，鼻腔、上呼吸道内积有黏稠分泌物，关节、腱鞘、肉髯、卵巢等发生肿胀部切开有黄灰色或黄红色浓稠的渗出物或干酪样坏死。

（四）诊断

本病根据发病特点、临床症状、剖检病理变化等可作出初步诊断，确诊则需要进行实验室检查或微生物学诊断方法。

（1）涂片镜检　取病死鸡的肝、脾接种于血琼脂平皿上，37℃培养24h后，形成圆形光滑，呈淡灰色，黏稠状，如露珠样，不溶血的小菌落。涂片染色镜检时呈革兰阴性。

（2）细菌培养　将病死鸡肝、脾、心血等分别接种于血琼脂平板、普通营养琼脂平板、麦康凯琼脂平板、马丁血清琼脂平板上进行分离培养，观察培养结果。培养物做镜检，大多数细菌呈球杆状或双球状，不表现为两极着色。必要时可进一步做培养物的生化特性鉴定。

（3）动物接种试验　取一接种环多杀性巴氏杆菌血琼脂平板培养物，混于2mL灭菌生理盐水中，分别给小白鼠皮下注射0.2mL、家兔皮下注射0.5mL、鸽或鸡胸肌内注射0.3mL，接种后24～48h即可能死亡。死后剖检，观察病理变化。同时取心血、肝、脾分别涂片，以美蓝、瑞氏染色或革兰染色，查看细菌的形态及染色特性。并分别取病料在血琼脂平板上划线，37℃培养24h后，观察其菌落特征及生长情况。试验结果与原病例一致，即可确诊。

（五）防治

（1）加强饲养管理　消除降低机体抵抗力的因素。保持好鸡场、鸡舍的环境卫生，定期严格消毒。如发生本病，立即对群鸡进行封锁、隔离、检疫和消毒。对假定健康鸡，用禽霍乱抗血清进行紧急预防注射。

（2）加强预防　在禽霍乱常发或流行严重的地区，可以考虑接种疫苗进行预防。目前，国内使用的疫苗有弱毒疫苗和灭活疫苗两种。鸡群发病后应立即采取治疗措施，有条件的地方应通过药敏试验选择有效药物全群给药。磺胺类药物、红霉素、庆大霉素、氟哌酸均有较好的疗效，同时，搞好舍内外消毒工作，对及早控制本病有重要作用。

四、鸡毒支原体感染

鸡毒支原体（Mycoplasma Gallisepticum，MG）感染，是由鸡毒支原体引起的禽类的一种慢性呼吸道疾病，其主要特征是咳嗽、流鼻涕和呼吸啰音。该病原在鸡群中长期存在。

（一）病原

鸡毒支原体具有一般支原体的形态特征，本病原既可经人工培养基增殖，也可用鸡胚进行增殖培养（7日龄卵黄囊接种）；对链霉素、红霉素、泰乐菌素和高利霉素等敏感，但对新霉素、磺胺类药物不敏感；本病原对外界抵抗力不强。

（二）流行病学特点

主要易感动物是鸡和火鸡，以4~8周龄时最易感。患鸡和带菌鸡是传染源，本病的自然带菌现象比较普遍，当鸡群接种新城疫疫苗或传染性支气管炎疫苗时，就已引起支原体病的暴发。主要有两种传播方式：一种是直接接触传播，感染禽呼出的带有支原体的小滴经呼吸道传染给易感鸡群；另一种方式是经卵传播。在一些发展中国家，经常使用非SPF鸡胚制造禽用活疫苗，经卵传播的支原体污染了疫苗，经过疫苗接种传染给被接种鸡群，导致鸡群发病。

（三）临床症状

潜伏期4~21d或更长。生产中，5~7日龄的鸡常因接种新城疫疫苗而暴发鸡毒支原体病。主要表现是呼吸道症状，表现为咳嗽、喷嚏、气管啰音和鼻炎。患鸡一侧或双侧眶下窦发炎、肿胀，严重时眼睛张不开。常有鼻涕堵塞鼻孔，患禽频频甩头，导致呼吸困难。患鸡出现轻度结膜炎，眼睑水肿等症状。在患鸡眼角可见到大量气泡样分泌物。一般慢性经过，病程长达1个月以上，如无继发感染，死亡率不高。

（四）病理变化

患鸡鼻腔、气管、支气管黏膜上有含气泡的黏液性渗出物，气管壁略水肿。气囊混浊，气囊壁上出现干酪状渗出物，开始时如珠状，严重时成堆成块。有的鸡窦腔内充有黏液或干酪样渗出物，从眼角可挤出干酪样物质。有时出现心包炎和肝周炎病变，此时也可分离到大肠杆菌。个别鸡还有肺炎病变。

（五）诊断

（1）依据流行病学、症状及病变情况可做出初步诊断，确诊需进行实验室诊断。由于鸡毒支原体病的症状并不是特有的，所以当鸡群出现呼吸道症状时，要注意与新城疫、传染性支气管炎、传染性鼻炎、滑液支原体感染及鸡霍乱进行鉴别诊断。

（2）细菌分离鉴定　病料采取气囊、气管、鼻腔及窦腔渗出物。血清学方法主要有凝集试验（平板、试管）、血凝抑制试验和酶联免疫吸附检测（ELISA）等4种。

（六）防治

目前国内还没有培育成无支原体感染的种鸡群，可以说所有鸡场都存在着鸡支原体感染，在正常情况下不出现明显症状。一旦出现应激，就可能引起该病发生。所以平时一定要做好饲养管理和免疫预防工作。

疫苗接种是一种减少支原体感染的有效方法。疫苗有两种，弱毒活疫苗和灭活疫苗。目前使用的活疫苗是F株疫苗。F株致病力极为轻微，给1d、3d和20d雏鸡滴眼接种不引起任何可见症状或气囊上变化。与新城疫活疫苗同时接种，既不增强彼此的致病力也不影响各自的免疫作用。免疫保护力在85%以上，免疫力至少持续7个月。油佐剂灭活疫苗效果也良好，用后能防止本病的发生并减少诱发其他疾病。发病后应隔离发病鸡群，紧急投服敏感抗菌类药物，同时彻底对污染环境进行消毒。

五、鸭疫里默杆菌病

鸭疫里默杆菌病又称鸭传染性浆膜炎，该病是雏鸭、雏火鸡和其他多种禽类的一种接触性、急性或慢性、败血性传染病。患鸭主要特征为纤维素性心包炎、纤维素性肝周炎、纤维素性气囊炎、干酪性输卵管炎、关节炎及麻痹。由于该病的高死亡率、高淘汰率，已成为养鸭业经济损失的重要疫病之一。

（一）病原

鸭疫里默杆菌（Riemerella Anatipestifer，RA）为革兰阴性、无鞭毛、无芽孢的小杆菌。用印度墨汁染色可见有荚膜，瑞氏染色时呈两极着色，该菌镜检时单个或成双，偶尔呈链状排列。该菌在普通培养基上不生长，巧克力琼脂、血液琼脂或胰酶大豆琼脂可用于分离培养。在血液琼脂上培养24h，形成凸起、有光泽的奶油状、边缘整齐、无色素的菌落，无溶血现象；在胰酶大豆琼脂中添加0.05%酵母浸出物、5%新生牛血清以及含有5%～10%的CO_2环境可促进其生长；在麦康凯琼脂上不生长。该菌发酵糖的能力弱，只有少数菌株发酵葡萄糖、麦芽糖、肌醇和果糖，产酸不产气；不利用柠檬酸盐，不产生吲哚和 H_2S，M. R. 和 V－P 试验均为阴性，不能将硝酸盐还原为亚硝酸盐，不水解淀粉，氧化酶和过氧化氢酶阳性。

本菌对理化因素的抵抗力不强。37℃或室温条件下，大多数菌株在固体培养基中存活不超过 3～4d，肉汤培养基贮存于 4℃则可以存活 2～3 周，55℃作用 12～16h，细菌全部失活。

（二）流行病学

（1）易感动物　樱桃谷鸭、番鸭、麻鸭、江南一号等各种品种的鸭均易感。鹅、火鸡、水禽等也有致病性，其中以雏鹅易感性较强，并表现出症状。该菌主要侵害 1～8 周龄的鸭，尤以 2～3 周龄雏鸭最易感，一般症状出现后 1～2d 死亡，1 周龄内幼鸭和 8 周龄以上大鸭少见发病，在污染鸭场的感染率可达 90%以上，病死率达 5%～75%。耐过鸭生长不良，发育受阻，饲养价值不大。临床上常见在发生过本病的鸭场，几乎批批鸭都会再感染此病。

（2）传播途径　主要通过呼吸道和消化道，以及损伤的皮肤等途径传播。因此，鸭舍和活动场粗糙不平或存在锋利物，都可能造成外伤而导致感染和传播。

（3）本病一年四季都可发生，且以冬季发病率和死亡率最高。应激对该病的发生和流行影响较大，被本病感染而无应激的鸭通常不表现临床症状。但受应激因素的影响，如饲养条件差、惊吓、患有其他疾病时均可引起本病暴发流行，加剧本病的发生和患鸭死亡。

（三）临床症状

（1）最急性型　常见不到任何明显症状而突然死亡。

（2）急性型　病初表现为精神倦怠、厌食、闭目缩颈。眼流出浆液性或黏性分泌物，常使眼周围羽毛粘连或脱落，眼周围羽毛粘结形成“眼圈”。鼻孔流出浆液或黏液性分泌物，有时分泌物干涸，堵塞鼻孔，引起咳嗽和打喷嚏。拉稀，粪便稀薄呈淡黄白色、绿色或黄绿色。嗜睡，缩颈或喙抵地面，患鸭脚软无力，步态蹒跚。濒死前出现痉挛、背脖、前仰后翻，翻倒后划腿，两腿伸直呈角弓反张状，尾部摇摆等神经症状，不久抽搐而死，病程一般在 2～3d。

（3）慢性型　多见于日龄较大的小鸭，病程 1 周以上。患鸭表现为精神沉郁，共济失调，前仰后翻，痉挛性点头运动等症状。少数鸭出现头颈歪斜，遇惊吓时出现鸣叫和转圈、倒退等，安静时头颈稍弯曲，犹如正常，因采食困难，逐渐消瘦而死亡。

（四）病理变化

形成纤维素性心包炎、肝周炎和气囊炎，在心包和肝脏表面覆盖一层易剥离的灰白色或灰黄色纤维素膜，肝肿大呈土黄色或棕红色；慢性病例可见到纤维素性化脓性肝炎和脑膜炎；脾肿大，表面有灰白色斑点；个别慢性病例出现干酪性输卵管炎和关节炎。

（五）诊断

根据流行病学、临床症状和病理变化，可做出初步诊断，确诊需进行实验室诊断。与多杀性巴氏杆菌、大肠杆菌、沙门菌和粪链球菌感染引起的败血症相似，其诊断必须根据病原的分离与鉴定。

（六）防治

最有效的预防措施是加强饲养管理，搞好环境卫生，保持适当的通风换气，避免过度拥挤等各种应激因素。受本病污染的鸭场，可在易感日龄前2～3d用敏感药物进行预防。常用的敏感药物有林可霉素、氟苯尼考、环丙沙星、氧氟沙星等。目前，预防本病的菌苗有灭活菌苗、弱毒菌苗。接种灭活菌苗可有效预防和降低鸭疫里默杆菌感染的死亡率。

单元三｜禽其他常见病

【知识目标】 熟悉禽常见寄生虫病、中毒病、普通病的发病特点；掌握其临床症状、病理变化和诊断方法。

【技能目标】 能根据患鸡的临床症状、粪便特点和实验室检测结果，准确地诊断寄生虫病、中毒病、普通病，并能提出科学的治疗方法。

【案例导入】 2011年2月28日，临潼区某养鸡户从山东某种鸡场购进罗曼商品蛋鸡苗50000羽，舍内地面平养至90日龄时移入产蛋鸡舍笼养，每笼4羽。上笼前鸡群生长较好，成活率高达98%，上笼后畜主即停用抗球虫等预防性药物，第二天鸡只开始拉稀，部分鸡粪呈酱黄色，怀疑为呋喃类药物中毒，进行紧急处理后鸡群基本恢复正常。

【课前思考题】

1. 你知道寄生虫病对鸡群的危害吗？
2. 若给你一群患有寄生虫病的鸡，你能诊断是什么病吗？
3. 鸡磺胺类药物中毒后如何进行急救处理？

一、鸡球虫病

鸡球虫病（Coccidiosis in Chicken）是由孢子虫纲艾美耳科艾美耳属的一种或数种单细胞寄生原虫寄生于鸡肠道上皮细胞所引起的以下痢、血便、死亡为特征的寄生虫性疾病。雏鸡的发病率和致死率均较高。病愈的雏鸡生长受阻，增重缓慢；成鸡没有明显的临床症状，但增重和产蛋会受到一定影响，且易诱发其他疾病，给养鸡业带来巨大的经济损失。

（一）病原

病原为艾美耳科艾美耳属的球虫，我国目前发现了9种。不同种类的球虫在鸡肠道内寄生部位不同，其致病力也不同。柔嫩艾美耳球虫（*Eimeria tenella*）寄生于盲肠，致病力最强；毒害艾美耳球虫（*E. necatrix*）寄生于小肠中1/3段，致病力较强；巨型艾美耳球虫（*E. maxima*）寄生于小肠中段，有一定的致病作用；堆型艾美耳球虫（*E. acervulina*）寄生于十二指肠及小肠前段，也有一定的致病作用；和缓艾美耳球虫（*E. mitis*）、早熟艾美耳球虫（*E. praecox*）和哈氏艾美耳球虫（*E. hagani*）寄生在小肠前段，致病力较低；布氏艾美耳球虫（*E. brunetti*）寄生于小肠后段、盲肠根部，有一定的致病力；变位艾美耳球虫（*E. mivati*）寄生于小肠、直肠和盲肠，有一定的致病力。在临床上往往多种球虫混合感染。

（二）球虫发育史

鸡球虫的发育过程可分为3个阶段：①无性繁殖阶段：在其寄生部位的上

皮细胞内以裂殖方式进行生殖。②有性生殖阶段：以配子生殖形成雌性细胞、雄性细胞，在宿主的上皮细胞内两性细胞融合为合子。③孢子生殖阶段：合子变为卵囊后，在卵囊内发育形成孢子囊和子孢子，含有成熟子孢子的卵囊称为感染性卵囊。鸡球虫的感染过程：鸡由于吞食了散布在土壤、地面、饲料和饮水等外界环境中的感染性卵囊而发生球虫感染。随粪便排出的卵囊，在适宜的温度和湿度条件下，经1~2d发育成感染性卵囊。这种卵囊被鸡采食以后，子孢子游离出来，钻入肠上皮细胞内发育成裂殖子、配子、合子。鸡球虫在肠上皮细胞内不断进行有性和无性繁殖，使上皮细胞受到严重破坏，引起发病。

（三）流行病学

各个品种的鸡均有易感性，15~50日龄的鸡发病率和致死率较高，成年鸡对球虫有一定的抵抗力；在饲养管理条件差、鸡舍潮湿、卫生条件恶劣等情况下发病率高。一般在6~10月份发病率最高，但发病季节越来越不明显，大棚饲养的肉鸡一年四季均高发球虫病。患鸡是主要传染源，凡被带虫鸡污染过的饲料、饮水、粪便等，都可感染健康鸡群。球虫虫卵的抵抗力较强，在外界环境中一般的消毒剂不易破坏，在土壤中可保持活力达4~9个月。卵囊对高温和干燥的抵抗力较弱。

（四）临床症状

患鸡表现为精神不振，缩颈闭眼，羽毛蓬乱，食欲减退，嗉囊内充满液体；鸡冠和可视黏膜苍白，逐渐消瘦；患鸡常排红褐色血样粪便，若感染柔嫩艾美耳球虫，开始时粪便为咖啡色，以后变为完全的血粪，致死率可达50%以上。若多种球虫混合感染，粪便中含有血液，并含有大量脱落的肠黏膜；病情发展很快，2~3d可出现死亡，治疗不及时，雏鸡死亡率可达50%以上。青年鸡和成年鸡多呈慢性型，产蛋下降，生长停滞，下痢带血。

（五）病理变化

患鸡消瘦，鸡冠和黏膜苍白，内脏变化主要发生在肠管，病变部位和程度与球虫的种别有关。球虫感染盲肠时，盲肠显著肿大，可为正常的3~5倍，肠黏膜出血及坏死，肠腔中充满凝固的或新鲜的暗红色血凝块。球虫感染小肠时，导致小肠肠管扩张、增厚，严重坏死。在裂殖体繁殖的部位，有明显的淡白色斑点，黏膜上有许多小出血点。肠管中有凝固的血液或有胡萝卜色胶冻状的内容物。浆膜面点状出血，并可透视到肠内容物出血。

（六）诊断

根据流行病学资料、症状表现和病理变化可做出初步诊断，确诊需进行实验室诊断。对慢性患鸡或进入康复阶段的患鸡，可取粪便检查，发现大量卵囊即可确诊。对急性患鸡应检查肠道的病理变化，同时由病灶部刮取病料，通过检查是否有裂殖体、裂殖子或配子阶段的虫体来判断是否感染。

（七）防治

1. 加强饲养管理

成鸡与雏鸡分开喂养，以免带虫的成年鸡散播病源导致雏鸡暴发球虫病；保持鸡舍干燥、通风，定期清除粪便，对粪便进行堆放发酵消毒。搞好环境卫生，坚持对笼具、料槽、水槽定期消毒。

2. 做好预防工作

目前，鸡球虫疫苗的免疫接种较少，主要依靠药物进行预防。生产中常用的药物有磺胺类药物、地克珠利、妥曲珠利和马杜拉霉素等，在使用时应选择合适的抗球虫药并抓住最佳用药时机。

二、磺胺类药物中毒

磺胺类药物是一类化学合成的抗菌和抗寄生虫药物。用药剂量过大或连续使用超过7d，即可造成中毒。

（一）病因

临诊上常用的磺胺类药剂分为两类：一类是肠道内容易吸收的，如磺胺嘧啶、磺胺间甲氧嘧啶、磺胺二甲基嘧啶、磺胺喹噁啉和磺胺甲氧嗪等；另一类是肠内不易吸收的，如酞磺胺噻唑、磺胺脒及琥珀酰磺胺噻唑等。在防治家禽寄生原虫病中，有些磺胺药的治疗量与中毒量又很接近，因此，用药量大或持续大量用药、药物添加饲料内混合不均匀等都可能引起中毒。

（二）临床症状

发生急性中毒时主要表现为痉挛和神经症状。慢性中毒时精神沉郁，食欲减退，渴欲增加，腹泻，羽毛松乱，生长缓慢或停止。全身出血性变化。凝血时间延长，血液中颗粒性白细胞减少，溶血性贫血。排酱油状或灰白色稀粪。产蛋鸡产蛋明显下降，而且经久不能恢复，产薄壳、软壳蛋或蛋壳粗糙。

（三）病理变化

病变表现为全身广泛性出血。皮下、肌肉广泛出血，尤以胸肌、大腿肌更为明显，呈点状或斑状。肠道、肌胃与腺胃有点状或长条状出血。肾脏明显肿大，土黄色，表面有紫红色出血斑。肾盂和肾小管中常见磺胺药结晶。输尿管增粗，并充满尿酸盐。肝肾肿大，有散在出血点，肝脏黄染，脾脏肿大出血、梗死或坏死。胆囊肿大，充满胆汁。脾也肿胀，有出血性梗死和灰色结节区。心肌也可有刷状出血和灰色结节区。心外膜出血。脑膜充血和水肿。骨髓呈淡红色或黄色。除以上病变外，磺胺类药物中毒还会对禽的免疫器官造成影响，引起免疫器官发育受阻，导致患禽抵抗力下降。

（四）诊断

根据有超量或连续长时间应用磺胺类药物的用药史，临诊症状及患禽剖检病理变化，可做出初步诊断。实验室诊断可对怀疑饲料和患禽组织进行毒物检验分析，磺胺药物在患禽组织内是稳定的，即使停药后仍然可在组织中残留几天，通过脏器中磺胺类药物含量即可诊断。

（五）防治

平时使用该类药物时间不宜过长，一般连用不超过 5d。多选用高效低毒的磺胺类药物，如复方新诺明、磺胺喹噁啉、磺胺氯吡嗪等；1 月龄以下的雏鸡和产蛋禽禁止使用磺胺类药物；治疗肠道疾病，例如球虫病，应选用肠内吸收率较低的磺胺类药，如复方敌菌净等；用药期间务必供给充足的饮水，在饮水中加入1%碳酸氢钠和5%葡萄糖溶液；发现鸡中毒应立即停药，供给充足的饮水，并在饮水中加1% ~2%的碳酸氢钠，每千克饲料中加维生素 C 0.2g、维生素 K 35mg，连续数日至症状基本消失。

实训一　家禽尸体剖检技术

一、技能目标

学生熟练掌握家禽尸体的外部检查方法，初步掌握体腔检查的程序、剖检操作术式，根据病理变化特征能进行初步诊断。

二、教学资源的准备

（一）仪器设备

剪刀、镊子、手术刀、消毒注射器、培养皿、口罩、工作服、手套、消毒剂、肥皂等。

（二）材料与工具

24h 内死亡患禽 20 只，若是夏天应该使用 8h 内死亡的患禽。

（三）教学场所

传染病实验室。

（四）师资配置

实验时 1 名教师指导 40 名学生，技能考核时 1 名教师可考核 20 名学生。

三、知识原理

家禽一旦感染上病原就会在体内的各个器官上表现出一系列的病理变化，而对尸体进行剖检是对病情进行初步诊断的依据，只有科学诊断才能对症下药，从而将损失降到最低。因此，家禽尸体剖检是病情诊断的重要手段之一，这种手段在现在的养禽生产中应用广泛，也是广大禽病技术服务人员必须掌握的技能之一。

四、操作方法与考核标准

（一）外部检查

（1）天然孔的检查　仔细查看口、鼻、眼等天然孔有无分泌物及其数量与性状。可用剪刀在鼻窦鼻孔前将口喙的上颌横向剪断，稍压鼻部，看有无分泌物流出，注意查看泄殖孔，看泄殖腔内的黏膜、内容物及其周围的羽毛有无粪便污染。

（2）体况的检查　羽毛是否有光泽，生长是否正常，体重、状态是否正常，死后的姿势，鸡冠、内髯、头部及其他各处皮肤的颜色，有无痘印，有无肿瘤、外寄生虫等。

（3）骨骼、肌肉的检查　检查各处关节有无肿胀，有无变形、弯曲的现象。手触摸胸骨两侧的肌肉丰满度及龙骨的显突情况，可判断患鸡的营养状况。

（二）体腔检查

检查的程序和方法如下：

（1）先将手术台及死禽的体表用消毒液浸湿，然后将尸体移入搪瓷盆中进行剖检，再沿两侧翅膀基部与腿部连线切开皮肤。双手用力将两大腿向外下压，直至两髋关节脱臼，将尸体背位向下，腹部向上放入盆中。

（2）由颈下体中线至泄殖孔前做一纵切线，向两侧剥离皮肤，使死禽的肌肉暴露出来，仔细查看其皮下组织的颜色，有无充血、出血，观察肌肉丰满程度、色泽等。检查嗉囊是否充盈食物，内容物的数量、性状。观察龙骨有无变形、弯曲等。还要检查皮下组织、皮下脂肪、皮下血管、龙骨、胸腺、甲状腺、甲状旁腺、肌肉、嗉囊等的变化。再将腹壁龙骨末端横向切开，在切口的两侧分别向前，用骨剪剪断两侧肋骨，然后握住龙骨突的后缘用力向上前方翻压，这时胸腔和腹腔器官就可露出。这时要注意胸腔有无积水、渗出物或血液，同时观察腹腔内各器官位置有无异常。保持各脏器的位置不动，气囊由浆膜构成，正常时候薄而透明，有一定光泽，如果气囊变混浊、增厚，或表面被覆有渗出物或增生物，均为异常。

（3）将心脏连心包一起剪离，仔细检查心冠、心内外膜、心肌上有无出血点，看看心包膜是否增厚和混浊；心脏外形有无异常，再剪开心包，观察内膜有无出血或出血点；检查弹性强度，心包内容物的量、状态、性状；再查看心肌颜色、质地、有无出血和坏死点。

（4）检查肺脏时注意其大小、色泽、质地，有无坏死、结节、出血及切面状态等。再在肝门处剪断血管和食管，按顺序将腺胃、肌胃、肠管以及肝、脾、胰一并向后往上提，直至将直肠从泄殖腔拉出，接着观察肝脏色泽、大小、质地，表面有无肿瘤、出血、坏死灶，再切开肝脏检查切面及血管情况。

（5）用剪刀剪开腺胃和肌胃，注意腺胃内有无寄生虫，腺胃黏膜分泌物的多少、颜色、有无水肿；腺胃乳头、乳头周围、腺胃与食管、腺胃与肌胃交界处有无出血、溃烂。腺胃和肌胃交界处黏膜有无出血带。检查肌胃的硬度，检查内容物及角质情况，撕去角质膜，注意有无寄生虫，检查角质膜下有无出血和溃疡。

（6）脾脏在肌胃左内侧面，呈圆形，注意其色泽、大小、硬度，有无出血、坏死点，有无肿瘤结节等。切开脾脏检查切面及脾髓状况。关于胆囊，要观察它的大小，胆汁的量、颜色、黏稠度及胆囊壁的状况。

（7）将肠道纵行剪开，检查各段肠腔有无充气和扩张，检查内容物及浆膜有无充血、出血、结节或肿瘤，有无寄生虫。肠壁是否增厚，盲肠扁桃体有无肿大出血、坏死，盲肠腔中有无出血和栓塞物及盲肠硬度、黏膜状态及内容物的性状，盲管是否肿大，泄殖腔有无变化。肾脏贴附在腰椎两侧肾窝内，检查肾脏时，主要检查它的颜色、大小、质地，有无坏死、出血等，切面有无血液流出、花斑状条纹，有无白色尿酸盐沉积。

（8）用剪刀纵向剪开法氏囊，观察有无水肿、出血、萎缩、胶冻样物。

（9）病死母禽要检查卵巢，看其发育情况，卵泡形态、颜色、大小，有无出血、坏死、萎缩、破裂。同时，把输卵管剪开，检查黏膜情况，有无出血、溃疡及渗出物状况。

如果是公禽，要检查睾丸，看其颜色、大小，有无肿瘤，有无出血。

（10）沿下颌骨剪开一侧口角，再剪开喉头、气管、食管、支气管，查看它们有无出血、炎症分泌物、假膜和痘斑。再剖开鼻窦、眶下窦，观察其渗出物的多少、颜色，检查鼻腔和鼻甲骨，挤压两侧鼻孔，观察鼻孔分泌物及其性状。

（11）最后检查脑部，先用刀切开头部皮肤，再剥离掉，露出颅骨，将其剪掉，即可露出大脑和小脑，大腿的内侧，剥离内收肌，可找到坐骨神经，呈白色带状或线状；肩胛和脊柱之间切开皮肤是臂神经；在颈椎的两侧可找到迷走神经；观察神经的粗细、横纹和色彩。

（三）剖检的注意事项

刚开始流行应该先做流行病学调查，详细询问患禽的发病症状，免疫状况及品种、日龄、饲养方式等情况。剖检过程应遵循先外后内、无菌到有菌的程序，腹腔内的管状器官（如肠道）不要切断，以免造成其他器官的污染，给病原分离带来困难。剖检时家禽尸体必须新鲜，生前症状明显的濒死期个体，以便能看到各个脏器的典型病变。剖检的病例要有代表性，有一定数量。需进一步检查病原和病理变化，应取病料送检。送检时及时采集病料并固定，如果是整个家禽的尸体要送检，则应将尸体放入塑料袋中，固定好的病理材料可放入规定仪器中送检，剖检时要做好记录，送检材料有说明，包括送检地址、单位、家禽的品种、日龄、性别、病料的种类、数量、死亡日期、送检日期等，并附临床病例的情况说明，忌草率行事。剖检完成后，要注意把尸体、羽毛等物深埋或焚烧。如果剖检人员不小心划破自己的皮肤，应先用清水洗净，挤出污血，涂上药物，用纱布包扎；如果剖检时尸体中的液体溅入眼中，应先用清水洗净，再用20%的硼酸冲洗。剖检后所有的工作服、用具清洗干净，消毒后保存。剖检人员应用肥皂或洗衣粉洗外露皮肤，并用75%的酒精溶液消毒手部，再用清水洗净。衣服、鞋子也要换洗，以防病原扩散。

剖检是诊断疾病很重要的一种方法，需要多加练习，熟练掌握其中的技巧，才能在生产中更好地发挥它的作用。

（四）技能考核标准

考核内容及分数分配	操作环节与要求	评分标准		考核方法	熟练程度	时限
		分值	扣分依据			
家禽尸体剖检（100分）	①剖检顺序	30	按要求顺序进行剖检，每错一处扣2分，直至30分止	单人操作考核	初步掌握	20min
	②操作术式	30	要求操作术式正确，每错一处扣2分，直至30分止			
	③病变的识别	30	能识别典型的病变，每错一处扣2分，直至30分止			
	④熟练程度	10	操作不熟练扣1～3分，超过完成时间扣1～3分			

实训二　禽流感诊断技术

一、技能目标

使学生了解患有禽流感鸡群的临床症状、病理变化，至少学会一种实验室诊断的方法。

二、教学资源准备

（一）材料、仪器设备与工具

患鸡20只；解剖器械，禽流感诊断液；电泳仪；96孔微型反应板；恒温培养箱等。

（二）教学场所

畜禽传染病实验室。

（三）师资配置

实验时1名教师指导40名学生，技能考核时1名教师考核20名学生。

三、操作方法和考核标准

（一）病毒的分离鉴定

将在无菌条件下采集的发病禽的组织器官等病料加入适量灭菌生理盐水，制成10%的悬液，加入双抗，放入孵化箱内，37℃孵育30min，然后在离心机中（3000r/min）离心10～15min，后取上清液，再用0.45μm的滤膜过滤除菌，滤液备用。病料经适当处理后接种9～11d的非免疫鸡胚或敏感的鸡胚和细胞0.2mL。在37℃环境中孵化，每日照蛋2次，18h内的死胚丢弃，24～48h死亡鸡胚放在4℃环境中冷却4h或过夜。无菌收取死亡鸡胚尿囊液，测定尿囊液对1%鸡红细胞的血凝活性并观察鸡胚病变。如果有血凝活性，就应通过血凝抑制试验来确定分离的病毒是否为禽流感病毒，如果抗禽流感的血清能抑制血凝现象，就证明有禽流感病毒存在；无血凝活性者将其尿囊液和羊水继续盲传2～3代，仍无血凝活性者弃去。这种方法诊断的结果，准确性很高，但程序太繁琐，后面还要用其他方法来确诊，所以在生产上一般不用。

（二）血凝（HA）及血凝抑制（HI）试验

血凝及血凝抑制试验，是世界卫生组织推荐的常量法和微量法。主要用于禽流感病毒的亚型鉴定和血清抗体检测，禽流感病毒血凝素可以凝集鸡红细胞，使红细胞发生凝集。该方法是将抗原抗体在4℃或室温下作用1～2h，再加入1%的鸡红细胞，该方法检测的抗体效价比常规方法高2～4倍。若将抗原用乙醚裂解，其敏感性比常规方法高4～16倍。但观察时以30min内为好，否则易出现假阳性。这种方法操作简单、特异性好，但是不能直接检测病料中的病毒。具体操作方法和结果判定与鸡新城疫相同。

（三）琼脂凝胶扩散试验

该方法的原理是利用可溶性抗原与抗体在电解质的参与下在琼脂中扩散形成浓度梯度，来检测A型流感病毒群特异性血清抗体的一种试验方法。平时可用诊断试剂盒进行诊断，具体做法见试剂盒说明书。

（四）酶联免疫吸附试验（ELISA）

主要是用病毒型特异性抗原检测禽流感病毒型特异性抗体，我国有禽流感病毒的间接ELISA诊断试剂盒，该试剂盒仅需要配置生理盐水即可对大量血清同时进行检测，适用于禽流感免疫抗体的检测及现场疫病诊断，具体做法见试剂盒说明书。

四、实训报告

为了重点考核学生实验操作技能及对实验结果的分析能力。要求学生对待检病料做出初步判断，能根据实验结果进行诊断分析，并根据生产中鸡群的临床表现和病例变化提出合理的处理建议。

实训三 传染性法氏囊病的实验室诊断

一、技能目标

要求学生能根据鸡传染性法氏囊病的临床表现和病理变化进行初步诊断，再初步确定为法氏囊病；会筛选实验室诊断仪器和方法，熟悉实验室几种诊断方法的操作过程和要求；能根据实验结果进行判定。

二、教学资源准备

（一）材料、仪器设备与工具

患鸡10只；鸡胚；电泳仪，恒温培养箱；离心机；微量移液器等。

（二）教学场所

兽医诊断实验室。

（三）师资配置

实验时1名教师指导40名学生，技能考核时1名教师可考核20名学生。

三、知识原理

主要根据抗原抗体的特异性结合反应对鸡传染性法氏囊病进行实验室诊断。

四、操作方法和考核标准

（一）病毒分离

（1）法氏囊乳液的制法　先在无菌的环境下采取法氏囊组织（通常以发病死亡鸡的法氏囊和脾脏作为病毒分离的材料，其中法氏囊的病毒含量最高，其次是脾和肾），在里面加入无菌的PBS（1g/mL），将其研磨成乳状，放在-20℃的环境中冷冻，然后放在室温中解冻，如此反复3次，然后加入等量的氯仿，充分摇匀，过1晚后，在离心机内按3000r/min的转速离心，最后取上清液在-20℃冻存。

（2）接种　将上述乳剂经过绒毛尿囊膜接种9~11d的鸡胚，一枚鸡胚接种0.1mL的计量，在感染4~6d后鸡胚死亡，感染过的鸡胚发育阻滞，全身出血和水肿，脾脏可能发生斑点状坏死灶和出血斑，绒毛尿囊膜水肿出血。

（3）细胞培养　细胞培养常用鸡胚成纤维细胞，可产生细胞病变及病毒蚀斑。如果将野毒株先适应鸡胚再接种细胞则可提高分离率，一般是先将野毒通过鸡胚适应后，再接种细胞培养液。通常分离株经过2~3代的盲传之后可出现细胞病变，观察结果，70%左右的细胞出现病变时收毒用于电镜观察或蚀斑计数。

（二）琼脂免疫扩散试验

先取发病家禽，进行采血，分离血清，再取琼脂糖1.0~1.2g，放入含0.02%柳硫汞，pH为7.4，浓度为0.01mol/L的100mL磷酸盐缓冲盐水中，然后水浴加热，煮沸，中间摇几下，促其溶化均匀；再将已溶化的热琼脂液注入放在平台上的平皿中，冷却后打孔，加热玻璃板背面，使底部琼脂溶化，进行封底，编号后，按序号将被检血清依次用毛细吸管滴入每个抗原两侧的血清孔中，每份血清滴加1孔，滴满为止。抗原孔上下的血清孔中滴加标准阳性血清，抗原孔中滴满抗原，滴加完后将琼脂板倒置于潮湿的瓷盘中，加盖后置37℃温箱中48h，观察并记录结果。若血清和抗原之间出现明显致密的沉淀线，与阳性血清和抗原之间出现的沉淀线一致，则为传染性法氏囊病。结果判定如下：

（1）强阳性　在受检血清孔与抗原孔之间有明显的沉淀线，并与标准阳性血清沉淀线末端互相连接。

（2）阳性　有明显的沉淀线并向标准阳性血清孔弯曲者。

（3）弱阳性　标准阳性血清孔与抗原孔之间出现的沉淀线末端向受检血清孔内侧偏，呈弯眉状者。

（4）疑似　标准阳性血清孔与抗原孔之间的沉淀线末端向受检血清孔内侧偏弯或微弯者。

（5）阴性　受检血清孔与抗原孔之间不形成沉淀线，或者标准阳性血清沉淀线向毗邻的受检血清孔直伸或向其外侧偏弯者。

受检血清孔与抗原孔之间出现的沉淀线与标准阳性血清的沉淀线呈现交叉现象时为非特异性反应。

（三）免疫荧光抗体技术

将患鸡的法氏囊切成小块，置冷台上，以6%明胶作支持物迅速冷冻。立即用冰冻切片机切片，温度在-20~-16℃之间，切片厚约5μm，丙酮固定，做成组织切片，自然干燥，4℃丙酮固定15min，晾干，用1∶16稀释的荧光抗体染色，观察结果。

（四）酶联免疫吸附试验

将抗原吸附于1块96孔聚苯乙烯塑料板上，每孔加0.1mL，放在湿盒里，将冰箱调到4℃，放置24h，洗去孔中的液体，用滤纸拍干，然后开始加样，第1孔加样品稀释液为空白对照，第2孔加入阳性对照，第3孔加阴性对照，剩下的孔加备件样品，若样品为法氏囊乳剂，则稀释100倍，若为细胞培养物，则稀释5倍，每孔加0.1mL，放在湿盒中，在37℃下放1h，然后再洗，在每孔中加 0.1mL 酶结合物，然后在 37℃ 下放 1h，再洗板，然后每孔加 0.1mL 底物溶液，每孔加新配制的底物溶液，避光，在室温下放 20min，最后每孔加 1 滴 2mol/L 的硫酸溶液，进行结果判断。

结果判定：阳性孔呈黄褐色，阴性孔呈无色或黄色。

五、实训报告

根据实验结果，对待检病料做出初步判断，并根据生产中鸡群的临床表现和病理变化提出合理的处理建议。

情境训练

1. 河南省某养殖户养殖蛋鸡 20000 只，在 2012 年 2 月发现鸡群中有肿脸的，但数量不多，大群精神较差，采食量减少，产蛋量下降了 20%，粪便发绿，患鸡不断出现咳嗽、甩鼻，鼻孔粘有饲料。请你初步判定是何种传染病。

2. 江苏省某蛋鸡养殖户饲养蛋鸡 10000 只，在鸡十几日龄时得过一过性呼吸道病，当时养殖户没有太重视，鸡群耐过后继续饲养。后期鸡群开产后，产蛋率升到 80% 时不再增加。挑不产蛋鸡进行剖检，发现病变主要集中在输卵管，输卵管明显萎缩，请你提出进一步诊断方法，并估测可能因哪些病毒感染所致。

3. 某蛋鸡老养殖户，以前养鸡都没有患过呼吸道疾病，因此该批鸡没有接种传支和传喉等疫苗，在蛋鸡开产后，发现鸡群中有 60% 发生呼吸困难，患鸡张口伸颈呼吸，多数鸡出现脱肛，鸡冠发绀。剖检 3 只病死鸡，发现病变主要集中在喉头和气管，喉头和气管有大块干酪物堵塞，患鸡主要因窒息死亡。请问你初步怀疑是哪种传染病？使用何种实验室诊断方法？

4. 2011 年 5 月，有一养殖户带了 2 只患鸡来我校实验室就诊，通过观察发现患鸡瞳孔缩小，边缘不整齐。其中一只鸡还有典型的神经“劈叉”症状，剖检发现一侧坐骨神经肿胀、颜色发灰、横纹明显，若你负责诊断，可初步确诊为哪种传染病？请分析一下得此病的原因。

5. 2010 年 3 月 5 日，某肉鸡场饲养的 2300 只 18 日龄的肉鸡突然发病，发病初期出现零星死亡，2d 后鸡只死亡数量最多，最多 1d 死亡 80 只。场主曾饲喂过抗生素等药物，但效果不佳，当死亡数量增大时才意识到事态严重，遂带病死鸡来我院就诊，你的诊断程序和诊断方法是什么？应采取哪些防控措施才能最大限度地降低该次疫情带来的经济损失？

6. 2011 年 3 月 13 日，养鸡户张某饲养的 2000 只 260 日龄蛋鸡出现产蛋率明显下降现象，并表现为白皮蛋、软壳蛋增多，患鸡精神沉郁，肿头，眼睑周围浮肿，粪便稀薄，呼吸“咯咯”声并有鸡只连续死亡的情况。请你估测一下发生了什么病，如何进行诊断。

7. 2010 年 9 月，河南省郑州市某鸡场发生一起疑似鸡痘病例。取患鸡痘痂部位的皮肤和结节做成 1:10 的悬液接种 10 只易感鸡，第 12 天试验鸡表现精神委顿、食欲减退、体重减轻，出现典型的皮肤痘疹。结合发病情况、临床症状、剖检变化和实验室诊断，你初步诊断为何病。

8. 2009年2月25日，某鸡场购进商品肉仔鸡5000只，3月12日部分小鸡开始发病。最初几天每天死亡20～50只，3月16日之后发病率及死亡率剧增，患鸡表现为共济失调、不喜欢走动、嗜睡、头颈震颤。曾怀疑暴发新城疫，紧急接种新城疫Ⅳ系疫苗，5羽份/只，结果发病率及死亡率均未见降低，死亡最高的一天为210只；随着小鸡日龄的增大，死亡率逐渐减少，40日龄以上的鸡只除极少数头颈轻微颤抖外，其他基本正常，累计死亡率达28%～30%。通过流行病学调查，结合临床症状、病理剖检变化和实验室检查，你初步给其诊断为何病？

9. 2012年2月，某省某市部分养殖户饲养的蛋鸭出现同一症状，发病鸭近40000只。患鸭出现肿头、流泪、两脚麻痹、排绿色稀粪、体温升高等临床表现，剖检发现口腔黏膜上有粗糙的呈条纹状纵向排列的黄色假膜，病情发展迅速，最终全群死亡，养殖户损失惨重。请你速给确诊。

10. 2012年1月20日，一养殖户前来就诊。饲养5000只24日龄的黄羽肉仔鸡，7日龄用鸡新城疫、鸡传染性支气管炎二联活疫苗饮水免疫，13日龄用鸡传染性法氏囊病毒中等毒力活疫苗2倍量饮水免疫。最近几天鸡群出现采食量减少，呆立，羽毛无光泽、松乱，排黄白色粪便，个别拉血便，每天死亡10只左右。用恩诺沙星饮水3d，效果不佳。请你估测为何病，并提出诊断程序和方法。

11. 2012年1月，某养殖场饲养的6700只蛋鸡于140日龄开始发病，且发病鸡连续不断。发病率达85%，病程4周左右。到你开设的兽医门诊来就诊，你初步判断为何病，预计经治疗后痊愈率为多少？

12. 2010年5月，某省某养鸡户饲养草鸡1500余只，体重1kg左右。在饲养过程中发现部分育成鸡在1周内先后发病，表现出精神差、腹泻、呼吸困难等症状，并陆续发生死亡，病症逐渐波及全场。你到达现场后通过临床症状、剖检变化及实验室检测，诊断该鸡群为何病？经采取对症治疗、隔离消毒、无害化处理等综合治疗措施，该病会得到有效控制吗？

13. 某养殖户饲养了2000只白羽肉鸡，10日龄时发现肉鸡脸肿，流泪，眼睛里有泡沫，大群甩鼻，咳嗽，呼吸道症状明显，用了4d的氟苯尼考效果不理想，但没有伤亡个体。可以确定是鸡毒支原体病吗？

14. 河南省某养殖户养了5000只麻鸭，41日龄时发现部分患鸭出现神经症状。剖检发现心、肝上覆盖有一层纤维素样渗出物，初步怀疑为鸭浆膜炎，用林可霉素4d，大群基本正常。请说出该鸭群患病名称。

15. 近日，某养殖户使用复方敌菌净不当引起鸡中毒，现将诊治情况报告如下：2400只肉鸡13d采食量3袋。从做完疫苗后第2天开始用药（杨树花口服液、含泰乐菌素的药物、治球虫的中药拌料）。用药第1天后出现死亡，当天死亡25只，大都死亡体重较大的鸡只，大群鸡呈现精神兴奋、尖叫、乱跑现象，死亡的鸡只有腹部朝上的，也有腹部朝下趴着的，鸡爪发干。第 2 天又死亡了 20 只。剖检濒于死亡的鸡只，发现每只鸡都出现不同程度的肾肿胀，有的呈大理石样肿大，输尿管内有白色尿酸盐。有的肾充血呈绯红色肿大，有的输尿管内有黄色物。有 3 只腺胃壁有大小不等的出血斑块，腺胃乳头之间也有出血。有一只腺胃乳头出血严重呈绯红样出血。肌胃皱褶有不同程度的出血溃疡，肌胃有不同程度的糜烂。请问该鸡群为哪类疾病，若确诊应如何救治？

参 考 文 献

[1] 周新民，蔡长霞．家禽生产．北京：中国农业出版社，2010
[2] 史延平，赵月平．家禽生产技术．北京：化学工业出版社，2009
[3] 邹洪波．禽病防治．北京：北京师范大学出版社，2011
[4] 林建坤．养禽与禽病防治．北京：中国农业出版社，2006
[5] 杨凌职业技术学院养禽与禽病防治课程建设教学团队．养禽与禽病防治．北京：中国农业出版社，2010
[6] 丁国志，张绍秋．家禽生产技术．北京：中国农业大学出版社，2007
[7] 赵聘，黄炎坤．家禽生产技术．北京：中国农业大学出版社，2011
[8] 黄运茂，施振旦．高效养鸭技术．广东：广东科技出版社，2011
[9] 杨慧芳．养禽与禽病防治．北京：中国农业出版社，2006
[10] 杨山．现代养鸡．北京：中国农业出版社，2006
[11] 杨宁．家禽生产学．北京：中国农业出版社，2003
[12] 郭良星．家禽繁殖学．北京：北京农业大学出版社，1999
[13] 魏刚才．实用养鹅技术．北京：化学工业出版社，2009
[14] 豆卫．禽类生产．北京：中国农业出版社，2001
[15] 李生涛．禽病防治．北京：中国农业出版社，2001
[16] 程安春．鸡病诊治大全．北京：中国农业出版社，2000